The Psychology of Number and Its Applications to Methods of Teaching Arithmetic

수의 심리학과 산술 교수법

James A. McLellan & John Dewey 지음
장혜원 · 임미인 · 신새미 옮김

KYOWOO

일러두기

- 이 번역서의 원서는 McLellan & Dewey(1895) 「The Psychology of Number and Its Applications to Methods of Teaching Arithmetic」입니다.
- 이 번역서의 각주는 원서에 제시된 것이며, 그밖에 설명이 필요한 경우 해당 쪽의 하단에 [역자 주]를 추가하였습니다.
- 원서에 이탤릭체로 표기된 것은 번역서에서 굵은 글씨체로 표기하였습니다.

저자 서문

Author Preface

전통적인 학교 교육과정에서 산술에 할당된 시간에 비해 그 성과가 빈약함을 견디지 못하여 점차 산술 학습에 대한 공격으로 이어지는 것은 자연스러울지 모른다. 가르치는 "모든 교과 중에서 산술이 가장 쓸모 없다"는 데에 모든 교육 전문가가 동의하는 것은 아니지만 필요악이라 생각하고 말하는 경향이 점차 증가하고 있으며, 따라서 산술을 최소한으로만 유지하려고 한다. 이러한 반응이 아무리 자연스러울지라도, 산술 교육의 어리석고 멍청한 방법에 대항하는 것이 아니라 산술 자체에 대항하는 것은 결코 현명하지 못하다. 만약 그렇게 생각하면, 학문적 천칭에서 움직임은 천칭의 목적 없는 흔들림을 상징할 뿐이며, 분명히 똑같이 비합리적인 흔들림에 의해 또 다른 극단으로 향하게 될 것이다. 정신적 구조의 자연스러운 낱알을 단절시키고 정신적 기계의 간단한 작동에 저항하는 방법이, 시간을 낭비하고 증오를 낳고 재빠른 지각력을 무디게 하며 부정확하고 분절된 주의 습관을 유발한다면 놀라운 일일까? 그릇된 방법은 잘못된 결과를 낳는다. 따라서 자연에 대해 매우 효과적인 해석을 도입하고 사회적 교류를 규정하는 강력한 도구인 명확한 사고 방법을 상징하는 교과목을 생략해서는, 교육이 균형을 맞출 수 없다.

학습을 "형식" 학습과 "내용" 학습으로 양분하여, 산술을 형식적이라는 바닥으로 격하시키는 것이 오늘날 만연해있다. 그러나 어떻게 형식과 내용을 분리해서, 하나는 그 자체로 좋은 것으로, 다른 하나는 기껏해야 필요악으로 간주할 수 있을까? Kant의 유명한 말을 빌리면, '내용 없는 형식은 공허하고 형식 없는 내용은 맹목적'이다. 가르치는 교과목의 틀을 구성하는 형식적 관계를 간과하는 교육은 무기력하다. 교육 문제는 "형식"을 비난한다고 해결되지 않는다. 어떤 종류의 형식을 다루고, 그것을 자체의 내용과 어떻게 관련짓는지 발견하고, 이 관계에 답하는 교육 방법에 대해 연구할 때, 비로소 교육 문제가 해결될 것이다. 수의 경우에 "형식"은 목표에 맞추는 수단의 측정된 조정이자 전체 내에서 부분의 리드미컬한 균형을 나타내기 때문에, 형식에 숙달되는 것은 즉각성, 정확성, 지각의 경제성을 나타낸다. 관련 있는 것을 관련 없는 것으로부터 구별하는 힘, 목적을 위해 관련 자료를 모으고 수렴하는 능력은 간단히 말해, 우리가 훌륭한 감각과 판단에 의해 이해하는 것(예컨대, 2와 2를 모으는 힘)을 나타낸다. 산술을 이러한 류의 형식으로 가르친다면, 정신적 훈련을 위한 독보적인 수단이라는 위상을 산술에 부여할 수 있다. 아마 가장 적극적으로 산술의 "형식적" 성질만 주장하는 교육 사상 학파가 다음에 말할 "고정 단위" 교수법을 가장 체계적으로 옹호하는 학파인 것은 우연이 아닐 것이다.

수 활동에 도덕적 본질과 동기가 결여되어 있다는 것에 대한 반대 입장으로서, 그리스 문명에 대한 연구로부터, 즉 그리스 이론과 실제가 도덕과 미적 문화에서 음율, 균형, 측정의 아이디어에 부여했던 부분에 대한 인식으로부터 많은 것을 배우게 된다. 그리스인들이 산술 훈련을 공간 형태 및 측정과 밀접하게 연결 지었다는 사실은 다시금 우연이 아니다. 단순한 형식적 측면 외에 정확성, 연속성, 인내를 요구하고, 자동적으로 데이터의 모든 오류와 어설픈 처리를 거부하며, 모든 점에서 균형의 통제 기준을 설정하는 학습이 도덕적 요소의 결여로 간주될 수는 없다. 그러나 이러한 균형과 보상의 아이디어는 형식적인 것 이상이다. 본문에서 다루겠지만, 수는 가치매김(valuation)을 나타낸다. 수는 현대 사회가 광범하고 복잡한 교환 과정에서 체계, 균형, 경제를 우리의 일상생활이 의존하는 관계 속으로 도입하기 위한 도구이다. 잘 생각해 보면 지리도, 역사도 학생이 살고 있는 사회적 환경의 실제를 깨닫게 하는 효과에 있어 산술에 못 미친다. 사회 또한 형식을 지니며, 그 형식은 가치의 기준과 가치매김의 방법을 정하는 과정에서, 거리든 크기든 성질이든 재고 세는 과정에서, 공간이든 시간이든 한계를 정하고 측정하는 과정에서, 서로 다양한 결괏값을 균형 잡는 과정에서 발견된다. 산술은 이 형식의 도입 없이는 적절하게 지도될 수 없다.

검토에 도움을 주신 토론토 사범대학교의 William Scott와 소중한 실제적인 도움을 주신 온타리오 교육대학교의 수학교육 강사인 Alfred T. De Lury에게 감사를 전한다.

James A. McLellan & John Dewey

역자 서문

산술은 수학을 배우기 시작하는 사람들에게 매우 자연스러운 출발점이고, 특히 초등학교 수학의 기본이라는 점에서 거의 모든 사람에게 친숙한 수학 분야이다. 비단 교사가 아닐지라도 누구나 가르칠 수 있다는 확신을 갖기 쉽고 자신만의 지도 전략을 피력하는 영역이기도 하다. 그러나 산술 지식에 대한 이해가 쉽다는 사실이 산술 지도의 용이함으로 이어지는 것은 아님에 주의할 필요가 있다. 실제로 초등학교 저학년을 위한 교재 집필이나 지도 경험이 있다면 이러한 생각에 흔쾌히 동의할 것이라 짐작한다.

수학교육에서 수학학습심리학이 필요한 이유는 수학 고유의 학문적 구조, 그리고 그것을 학습하는 학생의 심리적 구조와 관련된다. 심리학적 고찰은 주어진 수학 과제를 학습자가 어떤 방식으로 사고하는지를 파악함으로써 양자가 자연스럽게 조화를 이룰 수 있는 방법을 탐색하도록 길을 안내한다. 보편적인 교과로서 산술을 지도하기 위해 바람직한 방법은 무엇일까? 그에 대한 답을 얻기 위한 노력 중 하나로 McLellan & Dewey의 책 「수의 심리학과 산술 교수법」을 택하였다.

역자는 이 책을 접하면서, 흔히 이 책을 Dewey의 책이라고들 말하는 데 반해 책의 제1 저자가 Dewey가 아닌 공동저자 McLellan인 점이 흥미로웠다. 1969년 남일리노이대 출판부에서 발간된 서적 「John Dewey : the early works 1882~1898」에 따르면, McLellan은 1875~1885년에 온타리오 사범학교장이었고, 이후 교육심리 및 교육사 교수를 역임하였다. 1889년 「Applied Psychology」에서 '산술과 대수에 대한 학습'을 포함하였으며, 공동저자로서 「Public Arithmetic」과 「Psychology of Number」

를 집필한 것으로 기록되었는데 후자가 바로 Dewey와 함께 쓴 이 번역서의 원서이다. 그런데 「Applied Psychology」의 초판(1889)이 McLellan의 단독 저서였고 다만 서문에 Dewey 심리학의 많은 영향을 받았다고 했었는데, 추후 판본 표지에 Dewey 이름이 추가되었다고 한다. 더불어, 통상 연구 결과물에서 제1 저자의 역할 비중을 고려할 때, 이 책의 기본 아이디어가 주로 McLellan에서 비롯된 것이었다고 추측해봄직하다.

이 책은 수에 대한 심리학이 산술 교수법에 어떻게 적용될 수 있는지 알려주고자 하였다. 책의 제목에서 보듯이 수의 심리학이라는 이론적 측면과 산술 교수법이라는 실제적 측면을 망라하고 있다. 두 영역이 구별되지만, 실제로는 밀접하게 관련된다. 수학학습심리학에 근거한 여러 수학 교수법에서 확인되듯이, 후자는 전자를 토대로 한다. 심리학을 잘 이해해야 의미 있는 지도 방법을 도출할 수 있고, 효과적인 지도 방법을 모색하는 데 심리적 측면의 이해가 필수이다.

이 책은 총 16개 장으로 이루어진다. 1장부터 7장까지 수의 심리학을, 8장부터 산술 교수법을 다룬다. 1장은 심리학, 특히 교과 심리학이 교사에게 제공하는 가치를 다룬다. 연계적 사고와 반성이라는 도야적 가치와 전문성 신장이라는 실제적 가치이다. 과학적 심리학의 방법과 결과가 없다면 교사는 타고난 요령과 기능, 경험, 권위 있는 지도법에 의존할 수밖에 없으며, 이에 대한 적절한 선택을 위해 건전한 심리학 지식을 가져야 한다. 특히 모든 교과가 고유의 심리학적 위상과 방법을 지니므로, 합리적 산술 교수법은 수의 심리학에 근거해야 한다고 하였다. 수의 심리학을 논하는 정당성을 부여한 것이다.

2장에서는 수의 심리적 본성을 열거한다. 수는 대상이 지닌 감각적 사실이 아니라 전체와 부분, 구별하기와 관계짓기, 추상화, 그룹화, 일반화를 요소로 하는 이성적 과정임을 설명한다.

3장과 4장은 수의 기원에 관한 것이다. 수의 기원에 관련된 한계, 가치매김, 균형, 동치 등의 하위 개념들을 다루면서 결국 측정 활동에 기원을 둔다. 그리고 수 세기 활동에 포함된 추상화와 일반화를 측정의 맥락에서 살펴보고, 토지 측량을 예로 들어 분석과 종합의 과정을 설명한다. 또한, 활동의 조정으로서 측정의 세 단계(측정되지 않는 단위 사용, 측정되는 양과 동질의 단위로 측정되는 단위 사용, 동질뿐만 아니라 다른 종류의 양과 확정적 관계가 있는 단위 사용), 세기와 측정의 유사성과 차이점을 다룬다. 나아가 교육적 적용 측면에서 수를 기호 집합으로 다루는 기호 교수법과 대상의 속성으로 다루는 사물 교수법을 비판하고 측정에 의존한 합리적 방법을 주장한다.

5장에서는 수의 정의를 다루는데, 측정 맥락에서 측정 단위가 측정되는 양을 구성하기 위해 반복되는 횟수가 곧 수이다. 따라서 수는 측정 단위에 대한 측정되는 양의 비율로서 상대적 가치를 나타내며, 측정 시 부분과 횟수의 관계를 함의한다. 이를 이용하여 곱셈의 교환법칙, 등분제와 포함제의 동일성에 대한 심리학적 설명을 제공하며, 측정에 기반한 심리학적 방법과 대조되는 방법인 Grube의 고정 단위 방법을 비판한다.

6장과 7장은 수의 발달로서 산술 연산에 대한 것이다. 측정 활동으로서의 수 개념에 기초하여 덧셈, 뺄셈, 곱셈, 나눗셈, 분수 역시 측정 아이디어와 밀접하게 관련된 것으로 설명한다. 측정의 관점에서 보면 분수는 앞선 자연수 개념과 다를 바 없다. 분수는 측정 아이디어와 과정을 필수로 하며, 본질적으로 부분과 전체 만들기에 기초한다. 또한, 분수 표기법에는 수의 측정 과정인 분석과 종합(나눗셈과 곱셈)이 드러나 있다.

8장과 9장은 수 지도법에 대해 일반적인 사항을 다룬다. 5장에서 언급했던 고정 단위 방법을 최악의 방법으로 간주하며 피해야 할 교수법을 다시금 정리해준다. 그와 정반대로 자연스런 수 본능의 발달을 위한 심리적이고 합리적인 방법을 주장하는데, 물론 측정 활동을 통한 발달이다. 흔히 알려진 '모호한 전체→단위→확정된 전체'의 단계가 심리적 법칙에 따라 결정된 것임을 설명한다.

10장 이후는 수의 심리학을 산술 교수법에 적용한 구체적 사례를 다룬다. 앞서 수의 심리학에 대해 설명하면서 곳곳에 교육적 적용을 포함하였지만, 수의 표기, 가감승제, 약수와 배수, 분수, 소수, 백분율, 거듭제곱과 거듭제곱근 등 각 주제별로 더욱 구체적이다.

이 책에서 수의 본성은 측정이다. 따라서 수의 개념에는 단위와 횟수가 관련된다. 이 두 가지 요소에 의해 미지의 전체가 선택된 단위에 의해 측정되고 그 결과로 인해 확정적인 전체가 된다는 아이디어이다. 단위는 더 큰 양을 측정하는 도구이고, 따라서 모든 양은 그 단위의 통합체인 반면, 단위 그 자체도 하위 단위에 의해 측정된다, 즉 단위 자체가 하위 단위의 통합체가 된다는 양적 단위의 개념을 전제로 한다는 것이 고정 단위 방법과 구별되는 핵심이다. 이러한 수 개념으로부터 산술 연산, 특히 곱셈과 나눗셈 연산으로의 자연스런 발달이 있다.

자연수 도입시 고정 단위인 낱개를 이용하여 가법적으로 1씩 증가시키는 접근이 학생들에게 무리가 없는 방법이라 여기고 또한 비의 개념을 매우 어려운 것으로 간주하여 초등학교 수학의 마지막 단계에서 다루는 오늘날의 학교 수학을 고려할 때, 수의 본성을 '비'의 개념에 둔 이 책에서 말하는 심리적이고 합리적인 방법을 학교 수학에 적용하는 것이 지나치게 혁신적이라고 느껴질 수도 있다. 그러나 이 책은 산술 교수법과 관련한 생각 거리를 제공하며, 지도 경험에서 느껴보았던 여러 고민과 어려움에 대한 답을 찾는 데도 도움을 준다. 예를 들어, 자연수와 분수를 별개의 수 개념으로 가르쳐왔다면, 현실 맥락에 기반할 때 피승수와 승수가 지칭하는 의미 때문에 교환법칙을 다루는 것이 불편했던 경험이 있다면, 등분제와 포함제를 지나치게 구분하여 별도의 차시를 구성함으로써 다른 정의를 적용했던 과거의 수학 교과서를 떠올린다면, 그와 관련된 교수학적 불편함을 해소하는 데 이 책이 도움이 될 것이다.

번역 원고를 넘기기까지 긴 과정이었다. 측정의 관점에서 접근하여 수의 본성을 측정의 과정으로 간주하고자 했던 저자의 의도를 익히 알고 있었지만, 익숙하지 않은 다수의 문장 표현이나 문장 곳곳에 숨겨놓은 함축적 의미를 대할 때마다 저자는 자신의 의도를 쉽게 건네주지 않으려는 것처럼 보이기도 하였다. 저자의 의도와 생각을 훼손하지 않기 위해 가급적 원문 표현에 충실하게 번역하고자 했기 때문에, 이 번역서의 독자 역시 저자의 의도를 파악하기 위해 철저히 음미해야 하는 부분들이 있다. 책을 천천히 생각하며 읽어야 하는 이유이다. 저자의 의도와 생각을 파악하는 데 도움이 될만한 내용이나 원문의 오류 등은 역자 주로 표시하여 저자의 것과 구분하여 각주 처리하였다. 한편, 원문 편집상의 단순 오류로 파악되는 것은 별도의 각주 없이 내용에 맞게 수정하였음을 밝힌다.

이 책이 수학교육에 애착이 있는 연구자에게뿐만 아니라 학교 현장에서 산술을 지도하는 교사들에게 알찬 영감을 줄 수 있기를 기대한다. 이 번역서의 발행을 위해 애쓰신 교우사의 여러분께도 감사의 말씀을 전한다.

2020년 여름

역자 일동

차례 contents

01 심리학은 교사를 위해 무엇을 할 수 있나

인간 활동에 관련된 사실이나 이론의 가치는 결국 실질적인 적용으로 결정된다. 즉 어떤 확실한 목적을 달성하기 위해 사실이나 이론을 이용함으로써 그 가치가 결정되는 것이다. 사실이나 이론이 갈등을 없애고 활동을 자유롭게 하며 적은 노력으로 더 나은 결과를 만들어내는 데 효과가 있다면, 목적을 위해 수단을 완벽하게 조정하는 데 기여하는 만큼의 가치를 지닌다. 만약 사실이나 이론이 어떠한 도움도 되지 않는다면, 이론적으로 어떠한 주장을 하더라도 실제로는 쓸모가 없다. 심리학과 교육의 관계도 예외는 아니다. 일반 심리학 지식이나 특정 교과 심리학 지식의 가치는 그 성과에 의해 가장 잘 알려질 것이다. 문제에 대해 아무리 많은 논쟁을 하더라도, 실험 연구에 앞서 그 문제를 단번에 해결할 수는 없다. 그러나 교육은 심리적 발달의 법칙과 조화를 이루는 이성적인 과정이므로, 교육자는 원칙에 입각하지 않은 실행으로부터 막연한 귀납에 의존할 필요가 없으며, 그렇게 해서도 안 된다. 심리학은 경험을 배제할 수 없으며, 합리적인 경우라면 경험도 역시 심리학을 배제할 수 없다. 심리학은 실제적인 실행을 단순한 실험의 문제라기보다 이성의 문제로 만들 수 있다. 또한, 이성적이기 때문에 풍부하고 성숙한 경험에 직접적, 경제적으로 기여하도록 할 수 있다. 교육심리학자들은 심리학이 어떤 방향으로 도움이 되는지, 어떤 유형의 심리학이 도움을 줄 수 있는지, 또 도움이 될 것이라고 생각하는 타당한 근거가 무엇인지를 찾고자 한다.

I. 마지막에 제시한, 심리학이 교육자를 **도와야 한다**는 점에 대해서는 이견이 없을 것이다. 우선 심리학 연구는 교사에게 높은 **도야적 가치**(disciplinary value)가 있다. 심리학 연구는 연계적 사고력(power of connected thinking)을 개발

하고 정신의 논리적인 습관을 훈련시킨다. 철저한 교수 상황에서도 필수적인 이 특성들이, 아주 많은 사실이 축적되나 거의 조직화되지 않는 오늘날 교육 방법에서 과소평가되는 경향이 있다. "사실과 사물"에 대해 열렬히 옹호하는 우리는 지능의 차별화되고 형성적인 에너지를 받고 나서야, 사실과 사물이 축적된 지식으로서나 능력 개발을 위해서나 상대적으로 쓸모없다는 것을 분명히 알게 될 것이다. 서로 관련되지 않은 사실은 사전 속 단어들을 연계된 사고라고 할 정도의 지식에 불과하다. 그래서 "사물"을 파악하는 일은 정신에 부담을 주고 고차원적 능력의 성장을 억제할 정도로 수행될 것이다. 과도한 사물은 흔히 정신적 소화를 방해하는 결과를 초래할 수 있다. 암기한 사실의 개수가 능력 개발의 척도가 아니라는 사실은 꽤 일반적으로 인정되고 있다. 사실상 관찰에 반성이 뒤따르지 않는다면 획득된 능력은 사실의 양에 반비례하여 나타날 것이다. 그렇다고 반성과 참된 관찰이 상반됨을 의미하지는 않는다. 반성이 없다면 관찰은 제대로 된 의미를 지니지 못하며, 반성은 관찰을 위한 효과적인 준비가 될 수 있다.

사실을 과도하게 포장하는 이러한 경향이 심리학 연구로 쉽게 확인될 수 있다. 비교적 추상적인 과학에는 반성, 즉 추상화와 일반화가 있음이 분명하다. 자연 연구에서 우리는 사실을 수집하고, 사실을 바탕으로 반성할 수 있다. 한편 심리 연구에서는 사실을 얻기 위해 반성해야 한다. 정신의 미묘하고 복잡한 사실을 관찰하기 위해, 두 개의 연속적인 순간에 대한 결코 동일하지 않은 의식의 요소를 구별하기 위해, 이 추상적인 정신 현상들에 의미의 통일성을 부여하기 위해, 정신적 능력의 발달을 보장해야 할 정도의 집중력이 요구된다. 그 정신적 능력이란 머릿속에 밀려드는 어떤 종류의 사실과 생각에 지배받는 것이 아니라 그것들을 숙달하는 힘, 복잡한 주제를 구성 요소로 분해하고, 가장 중요한 것을 포착하며, 명확하게 정의하여 의식과 관련되게 유지하는 힘, 즉, 어떤 "혼돈"의 경험을 축소하여 조화와 체계를 이룰 수 있는 힘이다. 냉철한 사상가의 본질적인 특징인 이 분석 능력과 연관 능력은 명석한 교사가 갖추어야 할 가장 중요한 자질이다.

그러나 **둘째로**, 심리학 연구는 교사의 **실제적인**, 즉 엄격한 전문성 교육과 관련하여 더 높은 가치를 지닌다.

모든 사람은 교육의 주요 목적이 지능과 의지의 힘을 훈련하는 것임을 인정한다. 달성해야 할 성취 목표는 인격의 자질이다. 교육의 목적은 "소유물의 확장이 아니라 정신력의 증진"이다. 교육은 인격 형성의 과학이다. 인격은 정신력의 척도, 진리와 법의 숙달, 자연과 예술의 아름다움에 대한 사랑, 인간의 강한 공감, 그리고 도덕적인 정직함을 의미한다. 교사는 마음의 조련사, 인격의 구성자, 자연과 조화를 이룬 예술가로서 교육의 과학을 적용하여 다른 사람들이 강인함, 아름다움, 자유의 성격을 지닌 자신의 성격을 완전하게 실현하도록 돕는다. 이와 같이 말하는 것은 교육의 문제가 본질적으로 윤리적이고 심리적인 문제라고 주장하는 것이다. 이 문제는 우리가 이성적 존재로서 인간의 진정한 본성과 목적지를 알 때, 그리고 인간 본성의 완전함이 실현될 수 있는 합리적인 방법을 알 때, 해결될 수 있다. 교육자가 제안하는 모든 목표가 인간 본성 자체의 고유한 목표와 조화를 이루는 것은 아니며, 교사가 사용하는 모든 방법과 도구가 정신 고유의 작동 기제(mind's own working)와 완벽히 일치하는 것은 아니기 때문에, 시간과 에너지를 낭비할 뿐만 아니라 많은 영구적인 피해를 초래할 수도 있다. 교사의 방법이 정신의 참된 활동을 거스른다면, 정신 활동을 왜곡할 것이 틀림없고 아마 파괴할지도 모른다. 따라서 교육자가 불가능하거나 인위적인 목표를 세우지 않고 비효과적이고 왜곡된 방법을 사용하지 않는다고 확신하는 유일한 근거는, 정신적 행동의 정상적인 목적과 형태에 대한 분명하고 확정적인 지식이다. 이러한 사실을 아는 것이 진정한 심리학자이자 진정한 도덕주의자가 되는 것이며, 진정한 교육자의 본질적인 자격을 갖추는 것이다. 간단히 말하면, 심리학과 윤리학만이 교육을 순전히 경험적이고 주먹구구식인 단계에서 벗어나게 할 수 있다. 수학과 공학에 대한 지식이 건축술에 놀라운 향상을 가져왔고, 증기와 전기에 대한 지식이 통신, 여행 및 상품 운송 방식에 혁명을 일으켰으며, 해부학, 생리학, 병리학에 대한 지식이 의학을 경험주의로부터 응용과학으로 변형시켰던 것처럼, 인간의 구조와 기능에 대한 지식만이 학교를 다소 거추장스럽고 불확실하며 때로 해롭기까지 한 기관의 위상으로부터 자유롭고 강력한 특성의 모든 기관 중에서 필수적이고 확실하고 효과적인 도구의 위상으로 승격시킬 수 있다.

과학의 확실한 방법과 결과가 없다면, 교육에서 이용할 수 있는 자원은 세 가지뿐이다.

1. 첫째 자원은 **타고난 요령과 기능**, 주로 공감에서 오는 직관적인 능력이다. 이 개인적인 능력에는 대체물이 절대로 없다. “누구든지 학교에 다닐 수 있다.” 그러나 모든 사람이 유능한 화가, 유능한 엔지니어, 숙련된 예술가가 될 수 없듯이, 모든 사람이 학교에서 학생들을 가르칠 수 있는 것은 아니다. 타고난 적성을 무시하고 “방법”에 대한 지식과 사용에 전적으로 또는 주로 의존하는 것은 교육의 최선의 이익에 치명적인 오류이다. 많은 학교가 참교사의 가장 중요한 자질을 간과하여 어려움을 겪고 있다는 데는 의심의 여지가 없다. 그러나 예비교사 교육에서 심리학의 필요성을 촉구할 때, 개인의 능력을 무시하거나 개인이 가진 매력의 대체물을 찾을 수는 없다. 마음과 두뇌의 재능을 최대한으로 발달시키고 가장 유익하게 적용하기 위해 타고난 능력을 갈고닦을 최선의 기회를 제공하는 것이 중요할 뿐이다. 훈련과 본성, 문화와 자연은 결코 상반되는 것이 아니다. 항상 중요한 것은 타고난 본능을 억압하거나 대체하지 않고 발현시키는 것, 타고난 장비를 가장 완성도 높게 발전시키고 다채롭게 사용할 수 있도록 훈련하는 것이다. Pheidias[1]와 같은 부류의 사람은 자신의 기술 숙달에 필요한 원리를 배우는 것을 경멸하지 않으며, Beethoven과 같은 사람은 자신의 천재성을 표현할 수 있

1) [역자 주] 고대 그리스의 조각가

는 완전한 기술력에 필요한 지식을 무시하지 않는다. 어떤 의미에서는 위대한 예술가는 만들어지는 것이 아니라 태어난다는 것이 사실이다. 그러나 예술가의 예술적 기술에 대한 과학적 통찰력이 예술가를 만드는 데 도움이 된다는 것 역시 사실이다. 그리고 이 과정에 예술 교사가 함께 한다. 인간 본성에 대한 교사의 지식이 더 훌륭하고 과학적일수록 변화하는 상황에 대한 원리의 적용이 더욱 쉽고 기교적일 것이며, 예술적 기술의 산물은 더 위대하고 완벽해질 것이다.

그러나 교육에서의 천재성은 인간 활동의 다른 영역에서의 천재성만큼이나 드물다. 교육은 지금도, 앞으로도 영원히 평범한 사람들의 수중에 있을 것이다. 심리학이 인간 본성에 대한 과학적 통찰력의 기초로서 천재성을 가진 소수의 사람에게 매우 가치 있는 것이라면, 천재가 아닌 다수의 사람에게는 필수불가결한 것이다. 다행스럽게도 인류를 위해 "타고난" 교사가 아니더라도 대부분의 사람은 약간의 "온화한 충동(genial impulse)"으로서 교육을 위한 본능과 기술을 갖는다. 결국, 이 자질을 갖추기 위한 필수 조건은 인간의 삶과 열망에 공감하는 것이다. 우리가 모두 엔지니어나 조각가나 음악가나 화가로 태어나지 않은 반면, 우리는 모두가 부모와 교육자의 자질을 지닌다. 그래서 교육에 대해 타고난 능력은 다른 어떤 직업보다 훨씬 더 보편적이다. 만약 그렇지 않다면 인간 사회는 조화를 이룰 수 없었을 것이다. 하지만 대부분의 사람에게 이 타고난 공감 능력은 잠자고 있거나 감춰져 있으며 불규칙하게 작동한다. 이 공감 능력은 일깨워져야 하고, 길러져야 하며, 무엇보다 지적으로 지도되어야 한다. 걷고 말하는 것과 좋아하는 것 같은 본능이 강력한 본능이지만, 전적으로 "자연"적인 것은 아니다. 우리는 그 본능이 저절로 일깨워진다고 가정하지 않는다. 우리는 본능의 발달을 위해 자극하고 안내하며 적절한 조건과 재료를 제공한다. 따라서 모든 교육적 노력의 핵심에 놓여있는 이 본능이 지금은 비교적 비효율적이지만 매우 보편적이며, 다른 사람들이 자제하고 자기 표현하는 것을 돕기 위해 필요하다. 이 본능이 매우 강하고 아주 보편적이며 개인과 인류의 행복이 거의 이 본능의 발달과 지적인 안내에 달려있다는 바로 그 사실 덕분에, 그 본능은 유리한 조건이 갖춰지면 발달하고, 이성적인 교육이 없다면 도태되거나 불안정해지겠지만 대신 본능의 행동을 통해 확실하고 합리적이 될 것이라는 주장이 힘을 얻는다.

여기에 덧붙일 것은 타고난 재능이 올바른 조건 하에서 작동할 때만 최상의 결과를 도출할 수 있다는 점이다. 과학적 통찰력이 진정한 교육자에게 반드시 필요한 것은 아닐지라도, 그 밖의 사람들에게는 그들이 천부적인 재능을 지닌 교사들을 방해하지 않기 위해, 또 재능이 덜한 교사의 노력을 헛되이 하지 않기 위해 더욱 필요하다. 무지와 일상에서 부과된 조건에 가장 쉽게 적응할 수 있는 이는 그저 평범하거나 서툰 사람이다. 더 상위 유형의 정신일수록 무지와 무능함에 맞닥뜨렸을 때 더 고통받는다. 진정한 교육적 발전에 가장 큰 걸림돌 중 하나는 최상위층이 교육적 일에 신중하게 관여하기를 꺼린다는 것이다. 왜냐하면, 윤리학적 지식과 심리학적 지식의 일반적인 기준이 너무 낮아서 상위의 이상(ideal)이 종종 과소평가되며, 심지어 그것을 실현하려는 노력이 반대되기조차 하기 때문이다. 어떤 층에서든 가장 성실한 교사인 교육적 천재는 무관심이나 무신경으로 인해 거의 기대하지 않는다. 무관심과 무신경이 경험적 사실과 과학적 실증을 견딜 수 있게 해주는 것 같다.

2. 둘째 자원은 경험이다. 다시 말하지만, 경험은 필수적이다. 심리학은 개인적인 경험을 불필요하게 만드는 지름길이 아니다. 진정한 질문은 "어떤 종류의 경험을 해야 하는가?"이다. 가르침에 의해서만 교사가 될 수 있다는 것이 어떤 면에서는 전적으로 사실이다. 그러나 단순히 바이올린 현을 가로질러 활을 켜서 바이올리니스트가 되는 것 이상으로, 가르침이나 "경험"으로 통하는 모든 종류의 것들이 교사를 만들 것이다. 전문가와 예술가를 배출

하는 것은 단순한 실행이 아닌 특별한 수준의 실행이다. 실행이 합리적인 원리와 더불어 사실과 그 의미에 대한 통찰력을 바탕으로 하지 않는 한, "경험"은 그저 잘못된 행동을 그릇된 습관으로 고착화할 뿐이다. 비과학적 실행이 온당하고 합리적인 결과에 도달하는 경우는 매우 드물지만, 설령 도달한다 하더라도 불필요하게 길고 먼 길을 돌아가야 한다. 처음부터 현명한 통찰력과 방향을 따랐다면 쉽게 절약할 수 있는 시간과 에너지를 낭비하는 것이다.

인간 활동의 모든 분야에서 경험주의에 관한 최악의 것은 경험주의가 규칙과 일상을 맹목적으로 따르도록 유도한다는 것이다. 경험주의자의 특징은 새로운 환경에 직면할 때 무기력하다는 것이다. 과학자의 특징은 새로운 것과 시도해보지 않은 것을 해결하려고 노력하는 능력이 있다는 것이다. 과학자는 새로운 조건 하에서 효과적으로 적용할 수 있는 원리를 통달하고 있다. 전자는 과거의 노예이고, 후자는 미래의 관리자이다. 경험적 공식에 복종하고 판에 박힌 일상에 애착하는 것은 항상 경험주의자의 특징에 부합한다. 경험주의자는 시간이 지남에 따라 점점 더 틀에 박힌 사람이 되고 예술가로부터 점차 멀어진다. 배워서 지적으로 흥미롭게 적용한 것일지라도 점점 더 기계적으로 변하는 경향이 있으며, 그 적용은 점점 더 우둔하고 무감각한 절차가 된다. 새로운 목표에 적응하는 것으로 결코 생기가 돌거나 빨라지지 않는다. 따라서 기계적인 교사는 모든 직업에서의 경험주의자와 마찬가지로 주변 환경을 타락시키고 멍청하게 만드는 영향을 미친다. 기계적인 교사는 그저 단순한 판매원이 되어 학교를 단지 기계 상점으로 만들 뿐이다.

3. 셋째 자원은 **방법과 장치에 있어 권위 있는 지도**이다. 현재, 진정한 대립은 타고난 기능과 경험 대 심리적 방법 사이가 아니라, 오히려 어떻게 골랐는지 아무도 모르는 장치, 먼 과거에서 물려받은 방법, 또는 돌팔이 교사가 **즉석**에서 만들어낸 방법 대 합리적으로 정당화될 수 있는 방법, 마음의 힘을

아는 자연적 산물인 장치, 그리고 적절한 양분을 동화시키면서 성장하는 방식 사이에 있다. 과거의 교육적 경험의 정점에서, 또는 교육학의 최근 최고의 발견에서 비롯된 많은 방법이 오늘날 존재하며, 이것들이 교사들을 끊임없이 압박한다는 단순한 사실 때문에 그 방법들을 시험할 수 있는 기준이 절대적으로 요구된다. 모든 방법이 기초한 원리에 대해 아는 것만이 교사가 모든 교육적 질병을 위한 만병치료제로 특허받은 의약품처럼 권장하는 교육용 처방전에 의존하지 않도록 할 수 있다. 교사가 정신의 실제적 작용에 대한 기초를 잘 가르칠 수 있고 정상적인 목표와 방법을 실현할 수 있다면, 잘못된 장치와 스키마에 관심을 빼앗기지 않을 것이다. 교사는 "어리석은 사람들이 경험의 약을 삼키듯" 잘못된 장치와 스키마를 받아들이지 않을 것이며 이를 본능처럼 거부할 것이다. 교사는 모든 새로운 제안과 새로운 방법을 과학의 확실한 시험대에 올려놓을 것이다. 자신의 과업을 더 발전시킬 방법을 선택하고 합리적으로 적용할 수 있으며, 그 방법들이 가장 효과적으로 사용될 수 있는 장소, 방향, 조건을 분명히 알 것이다. 기계에 압도되어 사용되는 것과 기계를 사용할 수 있는 것의 차이점은 외부에서 부과된 방법 대 심리학적 원리에 대한 안목으로 자유롭게 채택한 방법의 차이이다.

요약하자면, 교사는 윤리적 원리와 심리적 원리에 대한 건전한 지식을 가져야 한다. 첫째, 그러한 지식은 논리적 습관을 형성한다는 간접적 가치 이외에, 타고난 기능의 완전한 사용을 보장하는 데 필요하기 때문이다. 둘째, 그러한 지식이 시간과 에너지를 최소한으로 소비하면서 완전한 경험을 얻는 데 필요하기 때문이다. 셋째, 교육자가 모든 종류의 정책과 도구에 휘둘리지 않고, 자신을 끊임없이 설득하도록 많은 방법과 방편을 시험할 수 있는 자신만의 기준을 세우기 위해서이다. 그 기준에 따라 어떤 권력이나 영향에도 흔들림 없이 시험에 통과한 것은 선택하고 그렇지 않은 것은 버릴 수 있어야 한다.

Ⅱ. 이제 우리는 심리학이 다음의 기능을 어떻게 수행하는지 더욱 분명하게 살펴볼 것이다. 타고난 재능을 개발 및 지도하는 기능, 경험을 합리적이게 하고 따라서 최선의 결과를 만들어내는 기능, 제안된 장치에 대한 기준을 제공하는 기능.

교육에는 절대 분리할 수 없지만 구별하기는 쉬운 두 가지 주요 단계가 있다. 하나는 유기적인 전체의 부분으로서 학교의 조직과 업무에 관련된 것이다. 다른 하나는 이 학교 구조를 개별 학생에게 적용하는 것과 관련된 것이다. 이 차이는 주, 카운티, 디스트릭트 등의 행정구역을 막론하고, 학교의 교육위원회, 교육부 장관, 장학관의 학교에 대한 태도와 학교 내에 있는 개별 교사의 태도의 차이로 설명될 수 있다. 전자(조직 체계의 관리자)는 전체로서 학교의 구조에 더 많은 관심을 두고 있다. 그들이 실시하는 설문 조사는 광범위한 영역에 걸쳐 시행되는데, 어떤 경우에는 전국의 유치원에서 대학에 이르기까지, 어떤 경우에는 시, 구 단위의 초등학교에서 고등학교까지 확장된다. 관리자들의 주요 업무는 어떤 일반적 원리에 근거하여 학교 체계를 조직하고 관리하는 것과 관련된다. 해당 교육 기관의 목표 및 수단은 무엇일까? 어떤 교과를 공부해야 하는가? 어떤 단계에서 그 교과들을 도입하고 어떤 순서로 지도할 것인가? 즉, 학교의 다양한 요소들을 시의적절하게 어떻게 배치할 것인가? 또, 매 학기 학습과 방법의 상관관계가 있는가? 각 교과를 독립적인 교과로 지도할 것인가? 아니면 하나의 유기적인 전체로 통합할 방법을 모색할 것인가? 이 모든 것들은 대부분 개별 교사의 권한 밖에 있다. 말하자면, 일단 교육 기관 내에 있는 교사는 기관의 목적, 일반적인 업무 체계, 기관의 구조가 정해져 있다는 것을 발견하게 된다. 한 개인은 프랑스나 영국, 미국, 캐나다 중 어디에 살지 결정할 수 있다. 하지만 그가 어디에 살지 선택한 후에는 시민권을 행사할 일반 조건이 정해진다. 이는 대부분 개별 교사에게도 마찬가지다.

그러나 주어진 제도와 법체계에 살고 있는 시민은 행동하기를 끊임없이 요구받는다. 시민은 자신의 이익과 활동을 같은 나라의 다른 사람들과 맞춰야 한다. 개별적인 목적을 위한 수단의 선택과 강한 개성의 규제 없는 활동에 허용 범위가 있을 뿐만 아니라, 동시에 개별 장비와 획득의 자유로운 운영과 실현을 위한 기회와 자극도 있다. 직접 통제할 수 없는 구조와 시스템이 더 좋을수록, 개인 행동의 영역은 더 넓고 자유로우며 강력해질 것이다. 이제 개별 교사는 하나의 완전체 기관인 학교 내에서 자신의 직무를 발견하게 된다. 교사는 이 유기적 조직체, 가르치는 과목, 교육 방식 등을 학생 개개인에게 맞게 적용해야 한다. 개별 교사의 입장에서는 이러한 개인적 적응과 개별 학생의 입장에서 개인적 동화 외에, 학교 측의 일반적인 배치는 순전히 무의미하다. 학교의 일반적인 배치는 이 개별 영역 내에서 그 목적과 타당성을 지니는 것이다. 지리학, 산술, 문학 등이 교육과정에 제공될 수 있으며 연속성과 공존성에 기초하여 순서가 정해질 수 있다. 그러나 이것은 개별 학생의 지능과 기질을 알기 전에는 모두 쓸모없고 형식적인데, 그 지능과 기질을 확인할 수 있는 매체가 개별 교사이다.

이제, 요점은 심리학과 윤리학이 이러한 두 가지 기능을 보조해야 한다는 것이다. 이미 언급했듯이 이 두 기능은 서로 분리될 수 없다. 이 기능들은 그저 학교생활의 일반적인 동시에 개별적인 측면일 뿐이다. 그러나 학습의 목적을 생각할 때, 이 두 기능을 구별하는 것은 편리하며 심지어 중요하다. 우리는 학습의 목적과 주요 방법, 학습의 순서와 관계처럼, 학교 조직을 하나의 전체로 보는 관점에서 심리학과 윤리학을 고려할 수 있다. 심리학과 윤리학을 개별 교사가 처방된 학습과 방법을 지능적이고 효율적으로 사용할 자격을 갖추도록 하는 서비스의 관점에서 고려할 수 있다. 또한 개별 교사가 개인의 정신을 작동할 수 있는 통찰력의 관점에서, 그리고 주어진 어떤 교과든 개인의 정신과의 연결성의 관점에서 고려할 수 있다.

교육학 자체가 지닌 결정적인 이론적 오류 다음으로, 오늘날 교육학의 상당 부분이 실질적으로 쓸모없거나 심지어 해롭다고 여겨지는 주된 이유는 심리학의 이 두 기능을 구별하는 데 실패했기 때문이라고 할 수 있다. 기관 전체의 조직을 참조하여 의미를 도출한(만약 어떤 의미가 있다면) 고려 사항, 원리, 격언을 마치 개별 교사가 특정 학생들에게 특정 교과를 가르치는 방법에 대한 구체적인 정보와 방향을 얻을 수 있는 것처럼 제시하여왔다. 한편, 개별 교사에게 특정 시기의 일시적 목적을 달성하는 방법에 대해 간단한 제안 정도의 가치를 지닌 방법들이 마치 교육적 조직체의 영원하고 보편적인 법칙인 것처럼 제시되어왔다. 결과적으로 교사는 혼란스럽다. 교사는 매우 모호하고 이론적인 교육적 격언으로부터 특정한 실제적 결론을 도출하거나(예: 전체로부터 부분으로, 구체로부터 추상으로 진행), 단지 임시방편인 것들을 합리적 원칙으로 채택하게 될 것을 안다. 사실 교사는 전체 교육 체계가 형성되고 관리되는 일반적인 원리를 이해하고 심지어는 비판할 수 있어야 한다. 교사는 단지 복종이 기대되는 이등병이나 외부 에너지를 받아서 전달하기만 하는 톱니바퀴 같은 존재가 아니다. 교사는 행동의 지적인 매체여야 한다. 그러나 교사가 의도치 않은 일을 하기 위해서 원리와 장치를 얻고자 하거나 자신을 적합하지 않은 목적에 맞추려 한다면 혼란만이 야기될 것이다.

다시 말해, 한편으로는 그저 모호한 원리이며 다른 한편으로는 너무 구체적이고 상세화된 방법이 만연한 교육학에서 악은, 심리학이 할 바가 무엇인지 묻지 않고 심리학을 실질적인 응용 분야에서 분명한 가치를 부여하는 형태로 제시하지 못한 것에서 기인한다.

Ⅲ. 이는 우리에게 긍정적인 질문을 던져준다. 심리학은 어떤 형태일 때 제 역할을 가장 잘할 수 있는가?

1. 심리적 기능은 일정한 순서로 성숙한다.

발달이 정상적으로 이루어진다면, 어떤 충동이나 본능이 나타나고 특정 흥미가 무르익으면서 다음 단계를 준비하게 된다. 아동은 생애 첫 6개월 동안 몇 가지 간단한 적응 활동을 익힌다. 어딘가에 도달하고, 무언가를 보고, 똑바로 앉으려는 본능이 발휘되기 시작하며, 이윽고 완성된다. 이 본능은 곧 다음 활동을 위한 도구가 된다. 아동은 이렇게 획득한 능력을 추가적인 능력 획득을 위한 수단으로 사용한다. 대체로, 특정 자세에서 눈, 팔, 손 및 신체를 서로 연관지어 제어할 수 있게 되면, 아동은 닿을 수 있는 범위에 있는 것들을 조사하고 만지고 다루며 던지기도 한다. 그러면서 어느 정도 신체적 통제가 가능해지며 대상들로 이루어진 간단한 세상을 스스로 만들어낸다.

그러나 아동의 본능적인 육체적 통제는 계속된다. 아동은 계속해서 몸의 균형을 잡고 조정하는 능력을 길러서, 결국 몸의 움직임을 통제할 수 있게 된다. 아동은 움직이지 않을 때만이 아니라 기거나 걷는 것처럼 움직일 때도 몸을 다루는 법을 배운다. 그러면서 아동은 더 나은 성장의 수단을 얻는다. 아동은 사물에 대한 지식을 확장하며 매일 자신의 작은 세상을 넓혀 나간다. 또한 아동은 돌아다니면서 하나의 대상에서 다른 대상으로 옮겨간다. 즉, 대상들을 단순하고 엉성하게 연결하는데, 이는 뒤따르는 관련짓기와 일반화 활동의 기초가 된다. 이 과정은 아동을 12~15개월의 시기로 이끈다. 그리고는 이미 가끔씩 작동해온 모방이라는 또 다른 본능이 무르익어가며 주도권을 잡는다. 다시 말해서, 아동이 이미 습득한 활동을 자신이 본 다른 사람의 활동에 맞추려고 시도하는 것이다. 아동은 손과 발성 기관 등을 간단히 움직여 보려고 노력한다. 아동은 자신의 눈과 귀가 그를 둘러싼 세계에 대해 알려주는 바를 재현할 도구를 이미 가지고 있다. 그러면서 아동은 말하는 것과 다른 사람들의 단순한 행동을 반복하는 것을 배운다. 이 기간은 (대략) 30개월 정도까지 이어진다. 이러한 성취는 결과적으로 다른 행동들의 도구가 된다. 아동은 이제 모든 신체 기관, 운동 및 감각을 통제할 수 있다. 따라서 다음 단계는 이러한 활동을 지금까지 해왔던 것처럼 무의식적으로 하는 것이 아니라 의식적으로 서로 연관시키는 것이다. 예를 들어, 아동은 블록을 볼 때 던지기, 집짓기 등 일련의 활동 가능성 안에서 바라보게 된다. 부러진 인형의 머리는 아동의 감각 앞에서 더 이상 단순한 사물이 아니다. 그것은 "인간 삶에 대한 아동의 꿈의 편린"을 상징한다. 이는 의식 속에서 관련 행동 전체를 상기시킨다. 아동은 그것을 쓰다듬고 말을 걸고 재우려 노래를 부르며, 한마디로 마치 온전한 인형인 것처럼 다룬다. 부분 활동이나 단일 지각에서 관련 행동과 성질의 전체 체계나 회로를 볼 수 있는 이 단계에 도달하면, 상상력이 활발히 작동하게 된다. 상징성의 시기, 의미 인식의 시기, 유의미성의 시기가 도래한 것이다.

그러나 동일한 일반적 절차가 계속된다. 각 기능이 성숙하고 활발하게 작동함에 따라 각 기능은 더 포괄적이고 깊은 의식적 활동을 위한 경로를 마련한다. 모든 교육의 특징은 초기 활동에 집중하고 최상의 발달을 촉진하기 위한 자료와 조건을 제공하는 데 있다. 이는 교육이 적절한 목적을 향하여 자유롭게 충분히 작동하도록 한다. 이제 첫 단계에서조차 부모의 선견지명과 현명한 지도는 대부분의 부모가 의식하는 것보다 훨씬 많은 것을 성취하게 한다. 그러나 이 단계에서의 활동은 매우 간단하고 강압적이어서 학생들은 다른 가능성 없이 어떤 식으로든 스스로 해결한다. 하지만 의미의 의식적 인식 단계, 즉 행동의 의식적 지시 단계에 이르면, 발달의 과정은 훨씬 더 복잡해진다. 부모와 교사에게 더 많은 가능성이 열려있으므로 적절한 조건과 지도에 대한 수요는 분명히 늘어난다. 올바른 조건과 지도가 제공되지 않는 한, 활동은 자유롭게 전개되지 못한다. 어떤 활동은 좌절되고 소멸되어 버리는 한편, 그보다 강력해서 남게 되는 활동에서는 불만족스러운 갈등이 계속되고 결국 비정상적인 성장을 초래한다. 어느 한 충동이 여타의 것보다 강력하기 때문에 비정상적으로 표출된다. "제멋대로 행동하는 사람"은 행동에 있어서 고집이 세고 변덕이 심하고 무책임하며, 지적 조작에 있어서 불균형하고 불규칙하다.

심리적 기능의 발달에 있어서 단계의 순서와 연결에 대한 지식만이 소극적으로는 앞서 말한 교육적 악을 막을 수 있으며, 적극적으로는 심리적 힘의 완전한 의미와 자유롭지만 정돈되거나 규칙을 준수하는 심리적 행동을 보장할 수 있다. 한마디로, 교육 자체는 심리적 기능의 연속적 발생 과정에서 한 기능을 더 높은 기능으로 가장 자유롭고 풍부한 방식으로 성숙시키고 이행할 수 있게 하는 조건을 제공하는 작업이다. 그리고 이 결과는 그 발생 과정에 대한 앎에 의해서만 확보될 수 있다. 즉 심리학적 지식에 의해서만 가능한 것이다.

이른바 심리학, 교육심리학이 이러한 통찰력을 주지 못한다면 교육적 목적에서 가치가 없는 것이 분명하다. 이 실패는 다음의 두 가지 이유 중 하나로 발생하기 쉽다. 하나는 심리학이 심리적 생애의 실제적 발달에 대해 직접 함의하는 바가 없이 너무 모호하고 일반적이라는 것이고, 둘째는 다른 극단에서 함의나 해석 없이 정련되지 않고 까다로우며 이해되지 않는 다수의 사실만 제공한다는 것이다.

(1) 정신의 "능력(faculties)"이라는 이론에 기초한 심리학은 첫째 종류의 대표적 사례이며, 이에 기초한 교육적 적용은 필연적으로 기계적이고 형식적이다. 이는 대개 교실의 실질적인 상황에서 직접 적용되는 일이 거의 또는 전혀 없는, 그럴듯한 추상화일 뿐이다. 정신은 다수의 독립적인 능력으로 분리된 것으로 여겨지고, 교육은 이 능력의 "배양"에 관한 일련의 수칙(precepts)으로 축소된다. 첫째로, 교사는 추상적인 기능이 아니라 살아있는 개개인과 대면하기 때문에 이러한 수칙들은 쓸모가 없다. 심리학이 다양한 능력을 결속시키는 통일성이 있으며 그것들이 정말로 별개가 아니라는 것을 가르칠 때조차, 이 통일성은 순전히 외적인 방식으로 제시된다. 다양한 (소위) 능력들이 어떤 식으로든 동일한 기초 과정에 대한 표현으로 보이지 않는다. 그러나 둘째로, 이 "능력" 심리학이 교육자에게 그저 부정적으로 쓸모없는 것은 아니지

만, 분명히 거짓이므로 해로운 영향이 있다. 정신적 현실은 이미 언급된 단일 기능적 원리를 전개하는 연속적인 성장이다. 지각, 기억, 상상력 및 판단이 처음부터 완전한 형태로 나타나는 것은 아니지만, 한 가지 정신적 활동이 존재하며, 그것이 더 발달하고 복잡해짐에 따라 성장 단계에 따라 더욱 두드러진다. 그러므로 교육자가 요구하는 것은 이러한 전반적인 정신력에 관한 막연한 정보가 아니라 근본적인 단일 활동과 그 활동이 이러한 능력들을 세분화하는 조건에 대한 명확한 지식이다.

(2) 교육적 목적을 위해 관련 없는 사실, 아동의 삶의 일화, 또는 특정 세부 사항에 대한 조사를 단순히 제시하는 것의 가치가 크게 과장될 수 있다. 지적으로 수집되었더라도 과학 전문가를 위한 것일 뿐인 다량의 자료가 종종 이를 통해 교육적 실천을 이끌 수 있는 것처럼 소개되기도 한다. 교육자가 스스로 적응해야 하는 일반 원리를 밝히거나 성장 계열을 제안하는 해석된 자료만이 실질적인 도움이 될 수 있다. 그리고 아동의 마음에 대한 사실의 해석은 반드시 성인의 마음에 대한 사실을 아는 것에서부터 시작해야 한다. 육체와 마찬가지로 정신적 발달에서도 자연은 도약하지 않는다. "아이는 어른의 아버지"라는 말은 심리학적 사실에 대한 시적 표현이다.

2. 모든 교과는 고유의 심리학적 위상과 방법을 지닌다.

모든 특별한 교과, 예를 들어, 지리학은 사실의 집합으로 나타나는데, 이는 사실에 대한 정신의 태도에 기초하여 분류된다. 실세계에서는 사물 그 자체로 유기적인 통일성이 있으며, 지질학, 지리학, 동물학 및 식물학의 사실은 구분되지 않는다. 이러한 사실은 외적으로 다른 구획으로 분류되지 않고, 모두 함께 묶여있다. 사실은 여러 개이지만 대상은 하나다. 사실을 구분하고 몇 개의 묶음으로 통합하는 것은 단지 흥미이자 인간 활동의 절실한 욕구이다. 이 분류의 기저가 되는 근본적인 흥미와 목적이 발견되어 관심을 끌지 못하면, 그것을 다루는 교과는 저항을 최소화하는 유용한 방법으로 제시될 수 없다. 이 발견이 바로 심리학 연구이다. 예를 들어, 지리학에서 우리는 어떤 사실의 분류를 다루는데, 단지 그 자체만이 아니라 인간 활동의 수정과 발달에 미치는 영향이라는 관점에서 다룬다. 특정 산맥이나 강이 단순히 산맥이나 강으로 다루어지면 지질학이지만, 식물과 동물의 속 분포와 관련하여 다루어지면 생물학적 해석을 지니는 것이며, 목초지, 상품 운송, 고정된 정치적 경계선 등 인간 활동에 개입하고 그 활동을 수정하는 조건을 제공하는 쪽으로 다루어지면 지리학적으로 중요한 의미를 갖는 것이다.

다시 말해서, 지리학의 통일성은 인간 행동의 어떠한 통일성이며 인간적 흥미이다. 따라서 지리 정보가 이러한 흥미를 끄는 방식으로 제시되지 않는 한, 지리학의 교수법은 불확실하고 자꾸 바뀌며 혼란스러울 수밖에 없다. 그러한 방법은 아동의 정신을 저항이 적은 쪽이 아니라 저항이 많은 쪽으로 움직이게 하며, 흥미가 사라진 일관성 없고 비현실성이 가득한 곳에 내버려 두게 한다. 모든 방법은 수단을 어떤 목적에 적응시키는 것을 의미한다. 목적이 파악되지 않으면, 수단을 선택하는 데 합리적인 원칙은 없다. 여러 방편 중 기회 선택이라는 점에서, 방법은 우연적이고 경험적이다. 그러나 이러한 흥미의 정교화, 그리고 마음이 흥미를 깨닫는 구체적인 방법을 발견하는 것은 의심할 여지 없이 심리학의 영역이다. 마음은 생산과 교환시 환경과 인간 활동의 관계를 자신에게 이미지화하는 명확한 방식이 있다. 이 이미지화에는 일정한 성장 순서가 있다. 이것을 아는 것이 심리학이다. 다시 말해, 이것을 아는 것은 지리 교육을 합리적이고 유익하게 이끌 수 있으며, 문화적으로나 학문적으로나 그 교과의 연구로부터 가능한 최선의 결과를 보장할 수 있다.

산술에서의 적용

이어서 이 관점으로부터 수의 심리학을 제시하고자 한다. 수는 특정 흥미, 특정 정신적 요구를 나타낸다. 수는 사실의 기본적인 속성은 아니지만, 사실을 해석하고 배열하는 확실한 방법, 즉 사실을 이해하는 확실한 방법이다. 대상의 수를 세거나 측정하는 것과 같은 정신적 활동을 야기하는 흥미와 요구는 무엇인가? 그리고 이 활동은 어떻게 발달하는가? 우리가 이러한 질문에 답할 수 있는 한, 수를 다루는 지도법의 확실한 지침을 지닌 것이다. 우리에게는 제시된 다양한 방법과 장치를 시험하고 비평하기 위한 확실한 근거가 있다. 우리는 그 방법과 장치가 특정 활동에 적합한지, 그리고 그 활동을 토대로 하여 더 심화시키는지만 질문하면 된다. 이뿐만 아니라 우리는 올바른 방법을 제시하기 위해 사용 가능한 규준을 가지고 있다. 우리는 이런 방향의 정신 활동 이론, 즉 수의 심리적 본성과 그 기원에 대한 문제를 실질적인 의미로 번역하기만 하면 된다. 교사가 수의 본성과 근원 및 수의 성질을 심리적 사실로 인식할 때, 수를 구성하는 과정에 정신이 어떻게 작용하는지를 알고 있는 것이며 아동이 수를 생각하는 것을 도울 준비가 된 것이다. 또 마음의 정상적인 움직임에 유익한 방법을 사용할 준비가 된 것이다. 다시 말해서, 산술에서 합리적인 방법은 수의 심리학에 근거해야 한다.

02 수의 심리적 본성

우리는 왜 어떤 크기에 대해서 "몇 개?", "얼마나 많이?"라고 묻고, "그만큼 많이"라고 말할 수 있을 때까지 세고 측정하는가? 우리는 왜 정확한 양적 특성을 부여하려는 시도 없이는 우리의 감각적 경험을 있는 그대로 수용하지 않는 것일까? 우리의 경험을 가능한 한 정확한 측정과 관련시킬 수 있는 심리학적 이유와 정신적 필연성을 찾을 수 있다면, 수의 본성과 기원 및 수의 합리적 처리를 학교 공부로 간주하는 건전한 결론으로 안내할 원리를 갖게 될 것이다. 우리는 여기서 수는 심리적 산물이고 그 근원에 심리적 근거를 지닌다고 암묵적으로 가정해왔다. 수의 기원의 문제를 다루기에 앞서, 수의 심리적 본성에 대한 가정을 좀 더 굳건한 기초 위에 놓아보자.

수는 감각적 사실(sense fact)이 아니라 이성적 과정이다.

사물이 여러 개 존재한다거나 이 다중성이 눈과 귀에 감지된다는 사실만으로는 수에 대한 의식을 설명하지 못한다. 새가 둥지를 트는 나무에 수백 개의 나뭇잎이 있지만, 그렇다고 새가 셀 수 있는 것은 아니다.

아주 많은 소음이 생후 2~3주된 유아의 귀를 때리고, 셀 수 없이 많은 대상이 눈에 들어와도 아이는 그 소음과 대상을 양적으로 의식하지 못한다. 아이는 그것을 수량화하거나 측정하지 못한다. 더욱이, 감각적 사실은 수에 대한 아이디어 없이 개입하기도 한다. 말하자면, 한 아이 앞에 5개의 대상을 놓고, 모든 다른 것으로부터 아이의 마음을 분리시켜 이 대상들에 주의를 고정시킨다고 해서, 수 5에 대한 아이디어를 제공하는 것은 아니다. 수는 감각을 사용하여 파악되거나 소위 외재적 에너지나 속성에 의해 마음에 각인될 수 있는 대상의 성질이 아니다. 대상(측정되는 사물)은 정신이 수에 대한 아이디어를 구성하는 것을 돕는다. 그러나 대상이 수는 아니다. 대상에 대한 순전한 지각이 수를 구성하는 것도 아니다. 아이든 성인이든 수에 대한 아이디어 없이 공이나 큐브 모음, 종이 위의 점, 바나나 뭉치, 동전 더미를 지각할 수 있다. 수에 대한 확정적 개념이 수반되지 않고도 사물에 대해 명료하고 적합한 지각이 가능하다. 그러한 개념, 즉 명료하게 정의된 수의 아이디어는 정신이 대상을 정돈할 때까지, 대상을 어떤 방식으로 비교하고 관련지을 때까지 의식에 개입할 수 없다.

지적인 과정의 요소

예를 들어, 3개의 사물을 3으로 단순 인식할 때 다음의 지적 조작이 연루된다. 3개의 대상을 1개의 연계된 전체나 그룹을 형성하는 것으로 인식하기. 즉 3개의 대상을 개별로 인식하는 동시에, 3개로 구성된 하나로, 통합체로, 전체로 인식해야 한다. 대상 중 하나가 사탕이고 나머지 두 개가 종이 위의 점이라면, 사탕만이 주목되어 두 점은 전혀 의식되지 않을 수 있다. 이것이 원시인의 수학적 획득이 왜 그렇게 미약한지에 대한 한 가지 이유인 것은 의심의 여지가 없다. 아동이 사탕에 대해 그러하듯이, 원시인들은 주의를 끄는 하나의 대상에 사로잡혀, 우주에 있는 나머지는 그들의 감각에 아무리 큰 영향을 미친다 해도 주의를 끌지 못한다.

아니면, 아동은 사탕뿐만 아니라 점도 의식할지 모른다. 그러나 이 다양한 대상들이 연계된다거나 하나의 전체를 이룬다는 것은 인식할 수 없다. 대상의 질적 차이가 너무 커서 아동의 정신이 그것들을 관련지어 모든 것을 일반적 관점에서 하나의 그룹을 형성하는 것으로 보는 것은 어렵고, 불가능하기조차 하다. 사탕과 점은 별개이고, 완전히 다른 것이다. 여기서 다시금 합리적 세기는 관심 밖이다.

결국, 3개의 유사한 대상을 단순히 제시하는 것이 3이란 아이디어를 보장한다고 결론 내릴 수 없다. 단지 공간상 위치나 시간상 순서만으로도 질적으로 충분히 달라서 개별 대상을 구별하게 되므로, 그 대상들을 하나의 모호한 전체로 녹여 내기 어렵다. 따라서 수의 아이디어 획득에 요구되는 추상화가 어려운 것은 부분적으로 이 추상화가 복잡하기 때문인데, 다음의 두 가지 요인을 포함한다. 각 대상의 개별성을 만드는 차이점이 주목되어야 하는 한편, 다른 낱개들이 하나의 전체인 합으로 파악되어야 한다. 그때, 3을 세는 것조차도 지적 추상화의 상당한 능력을 필요로 한다. 다른 대상들이 질적 차이가 있음에도 불구하고 하나의 그룹을 형성하는 것으로 인식되어야 한다. 반면, 유사한 대상의 그룹은 질적 유사성에도 불구하고 분리된 사물로 이루어진 것으로 인식되어야 한다. 예컨대, 3개의 다른 색 큐브는 한 그룹으로 이해되어야 하는 반면, 정확하게 유사한 3개의 큐브 한 그룹이 3개의 개별 큐브로 이해되어야 한다. 달리 말해, 세는 대상은 그 물리적 유사성이나 차이점이 무엇이든 간에 수적으로는 하나의 전체의 부분들이고, 확정된 통합체를 구성하는 단위들이라는 면에서 유사하다.

4~5세 아동이 의자, 책, 돌멩이, 놀잇감을 세는 분명히 기계적인 조작을 할 때 또는 수 기호의 이름을 단지 말할 때조차 종종 기뻐하는 모습을 보이는데, 이는 새롭게 획득하거나 신속하게 성장하는 추상화와 일반화의 능력에서 비롯된 진정한 기쁨이다. 아동이 의자 한 개가 다른 모든 의자와 다른 의자일지라도 어떤 점에서는 다른 모든 의자와 동일하다는 것을, 그것이 의자라는 것을 이제 정확하고 객관적인 방식으로 알기 때문에 추상화가 있다. 아동은 이전에 사물들이 하나의 전체로 분류될 수 있는 공통 성질이나 용도에 대한 의식적이고 객관적인 인식을 방해할 만큼 주의를 환기시켰던 모든 감각적인 질적 차이를 무시할 수 있게 되었다. 이제 사물의 어떤 특성을 무시할 수 있는 능력은 더 중요하다고 간주되는 다른 관점에서 기본적일 뿐만 아니라 가장 고차원의 형태로 추상화의 본질에 관한 것이다. 한편 일반화는 추상화의 다른 면일 뿐이다. 양자는 한 활동의 상호 관련된 단계이다. 이제 정신은 감각적으로 매우 뚜렷하고 매력적일지라도 덜 중요한 것으로 보이는

특성으로부터 벗어나서, 대상이 어떤 성질이나 용도에서 결정적으로 다를지라도 **공통** 성질이나 용도를 지닌 대상들을 하나의 전체 내에서 파악한다. 아동에게 다른 색깔의 대상 모음에서 **빨간** 것을 모두 고르도록 하면, 아이는 빨갛지 않은 모든 것을 무시할 뿐만 아니라 빨간 대상 자체의 모양, 크기, 재료 등 다른 성질을 모두 무시한다. 이 **추상화**가 완성되면, 정신적 과정의 다른 측면, 곧 **일반화**의 결과로서 빨간 사물의 그룹에 대한 관념이 생긴다.

아동이 세기를 하려는 의식적인 경향의 표출은 그의 정신에서 추상화하고 일반화하려는 의식적인 능력의 자각과 일치한다. 이 능력은 색, 소리 등의 즉각적 호소에 저항하는 능력, 단지 보고 듣고 다루는 기쁨에 흡수되지 않도록 마음을 유지하는 능력이 있을 때만 드러날 수 있다. 이것이 **추상화** 능력을 의미한다. 그러나 감각적 성질의 자극에 저항하고 다른 성질에 주목하는 바로 그 능력은, 또한 감각에 의해 직접 파악되지 않는 어떤 원리(여러 대상이 모두 지닌 어떤 용도나 기능)에 기초하여 다른 대상들을 함께 묶을 수 있는 능력을 의미한다. 이것이 바로 **일반화**이다.

구별과 관계

다른 대상들로부터 전체를 형성하는 이 능력은 좀 더 자세히 연구될 수 있다. 이 능력은 구별과 관계라는 상호 관련된 두 가지 능력을 포함한다.

1. 구별

성인인 우리는 정신적 경험의 본성과 발생에 관해 항상 스스로를 기만하고 있다. 대상은 어떤 성질을 우리에게 직접 제시하기 때문에, 우리는 그 성질이 대상 자체에 내재한 것이며 어떠한 지적인 조작과 별개로 모든 사람에게 제시된다고 가정하기 쉽다. 대상이 **지금** 우리에게 어떤 성질을 지니는 것이 **단지 이전에 수행된 분석 때문**이라는 것을 잊는다. 우리는 대상에서 보도록 배운 것만을 본다. 지각은 결국 분석-종합의 정교한 과정으로부터 비롯된 개념의 내용에서 기인한다. 삼각형에 대한 기하학 전문가의 지각은 기하 초보자의 것과 아주 다르다. 누군가는 물을 보면 그것이 산소와 수소로 이루어져 있다는 것을 의식하는 화학자가 될지 모른다. 또는 어떤 꽃을 흘낏 보고 나서 난초, 미나리아재비와 같은 이름이나 이 식물류에 속하는 여러 성질을 즉각 회상하는 식물학자가 될 수도 있다. 이런 식으로, 우리는 모두 나무는 잎이 아주 많고, 의자는 몇 부분이 있고, 정육면체는 면이 몇 개인지 한눈에 알 정도로 수에 대한 아이디어에 충분히 친숙해 있다. 이러한 지식은 지금 직접적이고 "직관적"일지라도 과거에 했던 구별의 결과이다. 우리는 그 구별이 아동에게는 "직관"이 아니라고 확신한다. 아동에게 나무, 집, 정육면체, 칠판, 6개 대상의 그룹은 부분들의 전체가 아니라 하나의 정해지지 않은 전체이다. 분리된 뚜렷한 부분에 대한 인식은 항상 어느 기간에 확정적으로 수행된 분석이나 구별 행위를 함의한다. 그러한 확정적 분석에 앞서 아직 구별되지 않은 부분들의 전체에 대한 아이디어인 모호한 종합이 선행해왔다.

대상이 우리에게 지니는 성질의 확정성이나 구체성이 아동에게도 마찬가지라고 가정할 때, 교사는 가장 길을 헤매게 된다. 교육계의 격언인 '구체에서 추상으로'를 적용할 때, 교사는 "구체적인 것"이 아동의 마음에 실제로 있는지 확인할 필요를 간과하기 쉽다. 교사는 또한 정의 과정인 구별 짓기와 관계 짓기에서 마음 자체 활동의 산물로서만 실제로 존재할 수 있는 것을, 마치 학습자의 의식 속에 이미 존재하는 것으로 쉽게 가정해버린다. 삼각형, 원, 쓰인 단어, 5개 대상의 모음이 아동에게 구체적인 전체라고, 즉 단지 아동의 감각에 존재하는 어떤 물리적 전체가 있기 때문에 확정적으로 파악된 정신적 전체라고 가정하는 것은 심각한 오류이다. 그 결과, 확정적 아이디어는 아동의 마음에 그 아이디어에 대응하는 것이 아무것도 없을 때 이후 작동의 기초로서 가정된다. 아동의 마음에는 모든 종류의 부적절한 감정과 아이디어를 반영한, 정말로 모호하고 변화하는 이미지의 파노라마만이 있다. 따라서 앞서 주목한 격언이 '감각에 앞서는 구체적 사물, 그로 인한 마음 속 구체적 지식'이라는 의미로 번역된다면, 정말로 나쁜 오류가 된다.

또는 첫째, 분리된 확정적 낱개, 둘째, 상호관련성, 셋째, 유기적 전체라는 잘못된 공식에 이끌리는 교사는 보통 아동이 모호한 윤곽을 지닌 전체만 다루어야 하는 데서 구별과 정의를 도입한다. 그리하여 정신적 행동의 시적이고 자발적인 특성을 아동의 발달 단계상 조화로부터 동떨어진 강압적인 기계적 분석으로 대체한다. 이와 관련하여 기본적인 수 지도의 만연한 방법 중 한 가지 사례가 있다. 아동은 "수로 할 수 있는 모든 것"을 알 때까지 또는 안다고 간주될 때까지 처음부터 수의 '분석'을 반복 연습한다. 아이디어가 의식 속에서 명료하게 개발될 수 있기 오래 전에 관련 아이디어를 암묵적으로 사용함으로써, 아동이 여러 연산을 수행하고 확정적 결과에 도달할 수 있으며, 그래야 한다는 것을 잊은 것 같다. 사실이 기본적인 정신적 활동을 자극하고 이끄는 것과 적절히 연계하여 제시한다면, 아동은 그 과정의 본성을 의식적으로 인식하는 자신의 방법을 천천히, 그러나 확실히 느끼게 된다. 이와 같은 수 관계의 반성적 파악을 향한 무의식적인 발달은 시기에 맞지 않는 분석으로 인해 심각하게 지체된다. 왜냐하면 궁극적으로 그 분석은 아직 발달하지 않은 반성 능력에 호소하기 때문이다.

다음의 두 가지 오류는 분명히 논리적으로 상반된다. 하나는 주의 깊은 분석인 구별 과정의 필요성을 간과하는 것이고, 다른 하나는 분석과 정의 외에는 아무것도 안 하는 것이다. 양자는 서로 논리적으로 상반되는 반면, 실제적으로는 종종 결합된다. 둘 다 모호한 전체로부터 일관성 있는 전체로의 변화시 전이 단계로서 구별이 차지하는 위치를 명확하게 파악하는 데 실패한다는 한 가지 기본 오류로부터 발생한다. 예를 들어, 보통의 수 지도법에서 이러한 두 실수가 결합되어 나타난다. 수의 확정적 아이디어가 수 관련 표를 듣고 암기하는 것으로부터 형성될 것이 당연시 될 때에는, 심지어 부분의 전체를 이해하고 부분을 확정적인 전체와 관련짓는 아동 자신의 행동과 별개로 어떤 대상을 지각하는 것으로부터 형성될 것이 당연시될 때에는 구별의 본질적인 과정에 전혀 또는 거의 주목하지 않는다. 다른 한편, 분리의 관점에서 수행된 너무 많은 정의가 있다. 수 지도시 출발은 한 사물로 시작하여 다른 대상이 도입되고 이어 다른 대상이 이어지는 식으로, "수 1을 발달시키기 위해" 단일 대상들을 끝없이 변화시킨다. 이때 전체를 부분들로 녹여내는 예비 활동뿐만 아니라 모든 부분들의 전체를 만드는 연결은 생략된다.

2. 관계, 즉 합리적 세기

이는 단위(부분)를 표시하거나 구별하는 것뿐만 아니라 서로 어떤 순서 관계로 놓는 것과 관련된다. 아동이 하나를 다른 것과 구별할 때 어느 것인지, 그리고 어떻게 연계되는지 놓친다면, 그룹에 대한 아이디어를 얻지 못하여 셀 수 없다. 그 아동에게는 관련 없는 것들이 여럿 있을 뿐이다. 세면서 "2"에 도달할 때 우리는 여전히 "1"을 기억해야 한다. 그렇지 않으면 "2"를 갖지 못하며, 단지 또 다른 "1"을 가질 뿐이다. 사물 2개가 우리 앞에 있고 단어 "2"를 말할 수 있지만, 개념 2는 없다. 개념 2는 2개의 구별되는 각각을 함께 놓고 함께 파악하는 행동과 관련 있다. 상반되는 것[2] 사이의 긴장이 주로 세기에서 유아적 기쁨의 기초가 된다. 수는 연속된 역설이고, 모순의 연속된 타협이다. 두 사물이 일종의 모호한 하나(oneness)를 형성하면서 서로 단지 섞이거나 또는 단지 따로 분리되어 있으면, 세기는 없고 "2"도 없다. 세기 조작에 매력을 부여하는 것은 상호 관련된 구별과 동일시, 즉 분리하기와 통합이 동시에 행해지는 것이다. 이 활동은 항상 기본적인 이성적 기능(fundamental rational functions)이라는 것의 그저 평범한 연습일 뿐이다. 따라서 이 활동은 성인이 광범위하고 복잡한 경험의 영역을 단일 체계로 환원하는 위대한 일반화로부터 깨달을 수 있는, 정신적 이동에서 쉽고 능숙한 능력에 대한 동일한 감각을 아동에게 제공한다. 아동이 주변에 있는 친숙한 대상을 세면서 1,

2) [역자 주] 이후 문장에서 '구별과 동일시' 또는 '분리하기와 통합'이라고 표현한 두 가지 반대 활동을 말한다.

2, 3, 4를 말할 때, 가장 높은 조작 형태의 구별과 동일시가 나타난다.

교육적 요약

수의 아이디어는 최상의 환경에서 제시될 때조차 대상에 의해 마음에 부과되는 것이 아니다. 수는 모호한 전체를 확정적으로 만드는 조작을 할 때 마음이 대상을 다루는 방식의 산물이다. 이 조작은 (a) 대상을 뚜렷한 개별적인 것(단위)으로 인식하는 **구별**, (b) **일반화**와 관련된다. 일반화는 두 개의 하위 과정과 관련된다. (1) **추상화**: 각 대상을 하나로 제한하기에 충분한 것만을 제외한 다른 모든 특성을 무시하는 것. (2) **그룹화**: 유사한 대상(단위)들을 전체 또는 류(class), 즉 합으로 모으는 것. 따라서 :

1. 수는 사물의 단순한 제시가 아니라 확정적인 수 관련 아이디어로 이끄는 구별, 추상화, 그룹화의 정신적 운동을 자극하고 돕는 제시에 의해서만 지도될 수 있다.

2. 이 과정에서 대상 간에 충분한 질적 차이가 있어야 한다. 이 차이는 개별적인 것들을 구별된 것으로 인식하는 것을 돕는 데 유용하지만, 모든 개별적인 것을 그룹화하고 하나의 전체, 즉 합의 부분으로 파악하는 능력을 저해할 정도는 아니어야 한다. 이 원리의 적용은 대부분 환경(감각 적성 등)과 교사의 전략에 좌우될 것이다. 어떤 경우에는 처음에 다른 색깔 큐브를 사용하는 것이 가능하다. 이때 큐브라는 공통 성질이 관계를 용이하게 하는 반면, 다른 색깔이 각 대상이나 대상의 그룹을 하나의 단위로 개별화하는 역할을 한다. 또 다른 경우에 색깔의 차이는 관계 짓기 과정에서 주의를 분산시키고 다른 단위들을 하나의 합으로 파악하는 것을 방해할 수 있다. 필요한 구별은 공간상에서 그저 위치의 차이만으로도 충분할 것이다.

3. 어떤 경우든, 목표는 학생이 실제적인 감각 차이를 최소화하고 나아가 수학적 추상화와 관계에 관한 능력을 갖게 할 수 있어야 한다는 것이다. 구별은 각 대상이나 부분의 개별성 또는 단일성을 인식하기에 충분한 정도로만 작용해야 하며, 그 이상 작용해서는 안 된다. 목표는 그룹을 그룹으로, 개별, 낱개, 요소 부분들을 그 자체가 아닌 단지 그룹에 확정적인 가치를 부여하는 것으로 쉽게 인식하는 것이다. 말하자면, 예컨대 3, 4, 5의 인식은 가능한 한 거의 직관적이어야 한다. 전체에서 부분 또는 부분들의 전체에 대해 지각한 다음, 각 부분 그 자체에 대한 의식적인 인식이 아니라, 각 부분을 별도로 인식된 다른 부분들과 의식적으로 결합해야 한다.

4. 수 개념을 구성할 때 마음의 자연스런 행동을 촉진하기 위한 출발점은 단일 대상이나 측정되지 않는 전체가 아니라, 사물 그룹 또는 측정되는 전체여야 함이 분명하다. 측정되지 않는 단일 대상에 주의를 고정시키면 그 대상을 질적 전체로 만드는 성질들을 구별하고 통합할 것이지만, 그 대상을 확정적인 양적 전체로 만드는 부분들을 구별하고 관련지을 수는 없다. 마찬가지로 분명한 것은, 수의 추상화와 관계 짓기에서 사물 그룹을 움직일 때 도미노의 점 배열처럼 사물을 분석적 형태로 배열하는 것이 큰 도움이 된다는 것이다.

03 수의 기원 : 수의 측정에 대한 의존성, 측정의 활동 조정에 대한 의존성

수의 심리적 본성을 수용한다면, 우리는 이제 수의 심리학적 기원에 대해 다룰 준비가 된 것이다. 앞서 살펴보았듯이, 수는 단순한 감각 지각으로부터 발생하는 것이 아니며, 감각 지각된 사물을 이해하고 정의하며 관련짓는 어떠한 이성적인 과정으로부터 발생한다. 그러나 우리는 이러한 과정, 즉 수에 대한 추상화와 일반화가 수의 기원 자체를 설명한다고 가정하지는 않는다. 그 과정들이 수를 발생시키기는 하지만, 우리가 그러한 과정을 수행하는 데는 몇 가지 이유가 있다. 우리가 지금부터 발견해야 하는 그 이유가 수의 기원 문제의 근원을 이룬다.

한계(limit)에 대한 아이디어

모든 인간이 자신이 원하는 만큼의 땅을 마음대로 사용할 수 있다면, 아무도 땅을 수학적으로 정확하게 측정하려 하지 않을 것이다. 물론 로빈슨 크루소에서처럼, 주어진 목적에 요구되는 양에 대한 대략적인 어림이 있을 수 있다. 그러나 에이커(acres), 로드(rods), 야드(yards), 피트(feet)와 같은 단위의 확정적 수치는 없을 것이다. 그러한 정확성은 필요치 않을 것이다. 만약 모든 사람에게 음식이 충분하여 음식에 신경을 쓸 필요가 없다면, 우리는 작은 열매를 쿼트(quart)로 재거나, 달걀과 오렌지를 더즌(dozen)으로 세거나, 밀가루 무게를 파운드(pound)로 재지 않을 것이다. 인간이 원하는 것을 아무 때나 가질 수 있다면, 우리는 양에 대해 전혀 걱정할 필요가 없다. 인간의 활동과 관련된 모든 것이 어떤 식으로든 무제한이라면, 그것이 무엇이든 간에 "그것의 한계는 얼마인가?", "그것이 얼마나 있는가?"라고 물을 필요가 없을 것이다.

무언가가 실제로 무제한은 아닐지라도, 에너지 소비가 적거나 거의 없어서 항상 충분하다면, 실질적으로는 무제한이므로 결코 측정하지 않을 것이다. 사물이 제한적이고 인간의 에너지로 해야 하는 것의 양을 구하기 위해 그 한계를 결정하는 일이 가치 있는 것은, 우리가 그 사물들을 얻기 위해 애쓰고 노력해야 하기 때문이다.

즉, 한계는 모든 양에 있어서 기본 아이디어다. 한계에 대한 아이디어는 우리가 활동할 때 어떤 저항을 만나기 때문에 발생한다.

에너지의 경제성

우리가 노력을 기울여야 하기 때문에, 그리고 장애물에 직면하기 때문에, 우리의 에너지는 제한적이다. 따라서 우리의 에너지를 절약할 필요가 있다. 즉, 최선의 가능한 결과를 얻을 수 있는 방식으로 에너지를 처리하거나 분배해야 한다. 이러한 절약은 에너지를 축적하거나 보관하는 것을 의미하는 것이 아니라, 가장 효과적인 방법으로 에너지를 분배하는 것이고, "우리의 수단을 잘 절약해서 멀리까지 가도록" 하는 것이다. 만약 우리가 특정 목적을 달성하는 데 필요한 것보다 더 많은 에너지를 쓰거나, 마찬가지로 필요한 것보다 더 적은 에너지를 쓴다면 낭비다. 우리가 원한대로 자원을 최대한 활용하는 데 실패하게 된다. 필요한 만큼 정확하게 우리의 에너지를 조정하면, 계획을 가장 성공적으로 수행하고 힘의 낭비를 최소화하면서 가장 어려운 과제를 수행할 수 있다. 인간이 지닌 에너지의 한계로 인해, 모든 활동은 해야 할 일과 비교하여 에너지의 균형을 이루어야 하고, 그 균형이 아주 정확할 때 가장 유익한 결과를 얻는다. 만약 원시인의 화살이 그의 활에 비해 너무 무겁거나 너무 가벼워서 사슴 가죽을 관통하지 못한다면, 두 경우 모두에서 에너지의 낭비가 발생한다. 활이 온 힘을 다해 구부려야 할 만큼 너무 두껍고 투박하거나 매우 얇거나 고르지 않아서 너무 적은 탄력이 화살에 주어진다면,

이는 결실 없는 행동일 뿐이고 원시인의 노동은 고통으로 끝나고 만다. 활과 화살은 크기, 형태, 무게가 서로 정확하게 조정되어야 한다. 그리고 활과 화살은 사냥의 종료와 같은 당면한 목적을 위해, (수학자가 말하는 의미로) 동치 또는 균형을 이루어야 한다. 이는 측정 과정을 포함하며, 그 결과는 다소 확정적인 수치가 된다.

수단과 목표 : 가치매김(valuation)

같은 원리가 수단과 목표 사이에 존재하는 관계의 측면에서 달리 언급될 수 있다. 우리의 모든 목표가 일체의 지연, 연기 또는 저항하는 일 없이 도달되고 우리가 생각만 해야 했던 목표를 실현한다면, 측정의 필요성은 존재하지 않을 것이며, 엄밀한 수학적 의미에서 수와 같은 것은 없을 것이다. 그러나 우리의 활동에 대한 점검, 즉 에너지의 한계는 요구가 충족되는 것을 지연시킨다. 실현해야 할 목표는 멀고 복잡하며, 따라서 공간상 거리, 시간상 길이와 같은 적절한 수단을 사용하여 일종의 양을 고려해야 하는데, 이는 정확한 측정을 의미한다.

예를 들어, 특정 목적을 달성하는 데 일련의 수단 중 하나는 여행을 떠나는 것이다. 여행은 어떤 길이와 관련되며, 주어진 시간 내에 최대 비용 내에서 이루어져야 한다. 이는 신중한 계산, 즉 측정 및 수치적 아이디어와 관련된다. 간단히 말해서, 양은 삶의 모든 활동에 개입되며, 에너지의 한계는 그것의 경제적인 사용, 즉 목적을 위한 수단의 정확한 조정을 요구한다. 그리고 그러한 주의 깊은 활동 조정은 양의 정확한 **측정**에 달려있다.

아동과 원시인은 현시점의 사물에 관심을 갖기 때문에 수에 관한 매우 불완전한 아이디어를 지닌다. 목표를 달성하려는 수단의 경제적 조정에 대한 필수적인 요구가 없다. 현재의 지금 이 순간만을 살고 있는 이들에게는 그러한 조정을 필요로 하는 어떠한 계획이나 멀리 있는 목표도 없다. 그들은 현재가 어떠한 미래 또는 영원한 재화를 얻는 데 어떻게 사용되어야 하는지 묻지 않는다. 그러나 아동이나 원시인이 자신의 행동을 일정한 순서로 배열해야 하고 어떠한 행위 과정을 스스로 규정해야 한다면, 멀리 있는 무언가를 달성하기 위한 양의 아이디어가 생겨난다. 원시인이 목적 없이 막대를 가지고 놀고 있을 때 그 막대를 어떠한 원하는 목표와 연결 짓지 않기 때문에, 그것의 양적인 값에 대해 생각하지 않는다. 그러나 그 막대로 화살을 만들고자 한다면, 즉시 측정(정량화)이 시작된다. 그는 몇 개의 막대를 살펴보고, 이 막대는 너무 크고, 저 막대는 너무 작다고 생각한다. 이 막대는 너무 부서지기 쉽고, 저 막대는 너무 탄력이 크다고 생각한다. 이 막대가 적당한 크기, 무게, 탄성을 지녔다고 생각한다. 이 모든 것이 단순한 양적 아이디어다.

돌을 가지고 노는 아동의 경우도 그렇다. 아동이 돌을 명확한 목표를 위한 수단으로 생각하는 것이 아니라 돌 그 자체로 만족하는 한, 돌의 무게, 크기, 수에 대한 아이디어는 마음에 두지 않는다. 그러나 아동이 돌을 목표물을 향해 던지려고 한다면, 대강의 측정이나 가치매김이 시작된다. 이 돌은 너무 무겁거나 너무 크고, 저 돌은 너무 가볍거나 너무 작다. 또는 돌을 가지고 집을 지으려고 하거나 울타리를 만들고자 한다면, 즉시 크기와 모양에 주목하고 아마도 자신이 생각하는 이상적인 집과 울타리에 필요한 수에 대해 모호한 관념을 형성하기 시작할 것이다. 아동이 양과 수에 대해 가장 모호한 아이디어만 지닌다면, 수단과 목표를 정확히 비교할 수 없으며 건물을 짓기 위한 처음의 노력은 순전히 임시적일 것이다. 이상적인 "놀이용 집"이나 양의 우리 또는 정원은 아동의 수단에 비해 너무 크다. 아동은 집을 완성하거나 울타리를 "둥글게 지을" 만큼 돌을 충분히 가지고 있지 않다. 더 작은 크기로 지어야 한다. 아니면 재료를 다 쓰지 않은 채 구조가 완성되고, 나머지 돌로 아마도 집이나 정원에 추가할 다른 작품을 만든다. 이 모든 과정에는 양을 더 신중하게 비교하기, 수단을 목표에 맞게 더 잘 조정하기, 더 정밀하게 측정하기, 그리고 수에 대한 아이디어를 명확히 하기 위한 접근이 있다.

다시, 원시인은 사냥감을 찾기 위해 여정을 떠나야 한다. 사냥터까지의 먼 거리는 그를 "측정자"로 만든다. 그는 사냥터가 얼마나 먼지, 얼마나 오래 가야 하는지, 얼마나 많이 들고 가야하는지 등을 생각해야 한다. 그가 사냥터에 도달하는 방법을 선택한다면 수적 가치매김은 보다 분명해질 것이다. 짧고 긴 것, 가깝고 먼 것이 더욱 세밀하게 정해질 것이다. 목표에 도달하는 데 이용 가능한 여러 가지 수단을 비교하는 것은 우리에게 양에 대한 모호한 아이디어를 제공할 뿐만 아니라 그 양을 정확하고 수치적이 되도록 하는 경향이 있다.

수 판단의 발달 과정에서 최선의 선택을 하기 위해 여러 수단을 비교하는 이러한 과정의 중요성은 다음과 같이 설명될 수 있다. 껍질 밖으로 막 나온 병아리가 옥수수 낟알이나 파리를 정확하게 쪼아 먹을 것이다. 이를 보고 병아리가 거리를 측정했다고 말할 지도 모른다. 그러나 병아리가 거리에 대한 아이디어를 가지고 있다거나 그 범위를 어림하는 어떤 의식적인 과정이 있음을 의미하지는 않는다. 실제로 여기에는 측정, 비교, 선택도 없고, 단지 자극에 대한 직접적인 반응만 있다. 따라서 거리감이 없다. 태어난 지 6개월 정도 된 보통의 아동은 팔이 닿는 범위 내의 물건에만 손을 뻗친다. 반면 그 이전에는 거리에 상관없이 물건을 잡으려고 시도했을 것이다. 두 물건이 하나는 손이 닿는 곳에 있고 다른 하나는 그보다 멀리 있는데, 아동이 거리를 비교하여 더 가까이 있는 물건을 선택하지 않는다면 아동은 아직 측정하지 못하거나 거리에 대해 의식하지 못하는 것이다. 아동이 거리를 비교하여 더 가까이 있는 물건을 선택한다면 초보적인 수준의 측정을 수행하고 거리에 대한 대충의 아이디어를 지니는 것이다. 마찬가지로, 기기, 걷기 등은 측정에 관한 것을 함의하지만 측정 과정을 포함하지는 않는다. 따라서 아동은 여러 길 중 하나를 선호하고 선택하기 시작할 때까지, 길이, 크기, 형태에 대한 공간적 가치를 인식하지 못한다. 아동이 여러 길 중 하나를 선호하여 선택할 수 있게 되면, 자신의 행동을 쉽게 하기 위해 다양한 경로를 참조하고 비교를 위한 기준을 얻게 된다.

요약

목표를 위한 수단의 의식적인 조정, 특히 가장 적절한 것을 찾기 위해 여러 수단의 비교를 요구하는 조정과 같은 것은 '더 많고 더 적은', '더 가깝고 더 먼', '더 무겁고 더 가벼운' 등과 같은 모든 양적 아이디어의 근원이다. 양(量)이란 어떤 목표를 참조한 사물의 가치매김을 의미한다. 다른 가능한 수단들과 비교하여 그 수단이 가치가 있고 효과적인지 비교한다. 이와 같은 두 관념, (a) 가치매김(측정) 과정에서 양적 아이디어가 발생한다는 것, (b) 가치매김이 목표에 맞추어 수단을 조정하는 것(궁극적으로, 활동)에 의존한다는 것은 양과 수에 대한 모든 관념의 시작이며, 양과 수를 다루는 모든 것의 견고한 기초가 된다.

균형 또는 동치에 대한 아이디어

이제 우리는 앞선 설명에서 균형이나 동치(valens, worth ; æquus, equal)를 겨냥하여 함의되는 바에 더욱 주목할 것이다. 수단을 목표에 맞추어 조정하는 과정은 단순히 목표에 부합하는 어떠한 사물의 가치를 대충 어림하는 과정이 아니다. 이미 말했듯이, 목표를 달성하는 데 필요한 에너지의 양, 즉 목표 달성에 필요한 수단의 양만큼만 사용할 때 경제적이고 성공적이다. 사용된 수단은 추구했던 목표와 균형을 이루어야 한다. 예를 들어, 모든 기계는 특정 수단을 목표에 맞게 조정하는 것을 나타낸다. 그러나 좋은 기계가 있고 나쁜 기계가 있다. 좋은 기계와 좋지 않은 기계의 차이점은 무엇인가? 좋은 기계는 기계 자체와 부분들의 배열에 있어 일반적으로 어떤 목표에 잘 조정되어있을 뿐만 아니라 도달해야 할 정확한 목표에 맞추어 정확한 조정을 나타낸다는 사실에서 명백한 차이점이 발견된다. 일련의 기계적 원리를 목재와 철로 구현한 것이며, 동치를 나타낸다. 이제, '더 작고 더 크고', '더 무겁고 더 가볍고' 등의 모호한 양적 아이디어를 정확한 거리, 정확한 길이, 정확한 무게, 정확한 탄성 등의 확정적인 양적 아이디어로 변형시키는 것은 정확한 균형과 동치에 대한 필요에 기인한다. 이는 수에 대한 아이디어의 도입을 요구한다. 수는 주어진 한계 내에서 양의 확정적인 가치매김, 확정적인 측정이다. 우리가 수단과 목표를 여러 확정적인 단위로 세어 낼 수 없다면, 어떠한 경제적인 조정과 정확한 균형도 있을 수 없다.

요약

수는 균형 맞추기와 그 필요성, 또는 어떤 한계 내에서 목표에 맞게 수단을 정확하게 조정한다는 관점에서 주어진 양을 정확하게 측정하는 과정에서 발생한다.

예시

수 발달의 논리적 단계는 다음과 같이 예시될 수 있다. 첫째, 누군가 캠프 같은 목적지로부터 멀리 떨어져 있다고 인식한다. 둘째, 그 사람은 빨리 이동하면 해지기 전에 캠프에 도착할 수 있다고 인식한다. 셋째, 현재 시각(출발 시각)은 하루 중 어떤 한 시각인 2시이며, 일몰은 한 시각, 예컨대 7시에 발생한다는 것을 인식한다. 현재 위치는 캠프로부터 정확하게 몇 마일 떨어진 곳이라고 인식한다. 결과적으로 캠프에 도착하기 위해 그 사람은 주어진 시간, 예컨대 1시간 내에 몇 마일을 이동해야 할 것을 인식한다. 이 마지막 단계가 동치이자 균형이다.

추상화와 일반화의 이유

우리는 이제 모든 수 세기에 포함된, 감각적 성질을 무시(추상화)하고 전체를 참조(일반화)하는 이유를 살펴볼 준비가 되어있다. 우리는 어떤 사물을 그 자체가 아니라 단순히 어떤 목표를 위한 수단으로만 간주할 때, 그 목표와 관련된 하나의 성질을 제외하고는 사물이 갖는 어떠한 성질도 고려하지 않는다. 만약 내가 단지 밭에서 땅의 양만을 알고자 한다면, 밭의 일부는 중식토이고 나머지는 기름진 양질의 토양이라는 사실을 고려하지 않는다. 이러한 성질은 밭의 크기에 영향을 주지 않으며 내 목적에 맞지 않는다. 나는 오로지 도달하고자 하는 목표인 밭의 절대적인 넓이의 결정에 필요하고 충분한 수학적 측정에만 관심이 있다. 그러나 내가 밭의 금전적 가치를 계산해야 해서 양질의 토양이 하나의 가치를 지니고 점토질 토양이 또 다른 가치를 지닌다는 것을 안다면, 목표와 관련 있는 이러한 성질들이 측정을 통제하는 것으로 주목되어야 할 것이다. 반면 점토의 종류, 양토의 특성, 수분 및 건조함 등 다른 모든 성질은 밭의 금전적 가치의 문제와 무관한 것으로 무시될 것이다.

마찬가지로, 우리가 상점에서 옷감의 전체 양을 알고 싶다면, 우리는 옷감의 모든 특별한 성질은 무시하고 옷감이게 하는 한 가지 성질을 추상화한다. 실크, 모직, 린넨, 면이 아무리 차이가 있다해도, 우리의 현재 목적인 모두 옷감이라는 하나의 성질을 지닌다는 점에서 유사하다. 그러나 재고량을 확인할 때와 같이 총 금전적 가치를 확인해야 하고 여러 종류의 옷감의 가격이 다르다면, 실크, 린넨, 모직, 면의 특별한 성질을 추상화하고 가격에 아무런 영향을 미치지 않는다고 여겨지는 색과 무늬 같은 다른 모든 성질은 무시해야 한다. 다시 말해, 우리가 주목해야 할 성질과 무시할 성질을 결정하는 것이 항상 당면한 목표다. 우리는 이 목표를 참조하여 도움이 되는 특별한 성질을 추상화하거나 선택한다. 측정이 목적이라면 나머지는 우리에게 아무런 의미가 없다.

달성해야 하는 목표를 똑같이 참조하는 것이 일반화를 구성한다는 것은 명백하다. 우리는 선택된 여러 대상이 관련되어 하나의 전체 또는 류(類)를 구성하는 것으로 생각한다. 여러 대상의 차이 그 자체가 무엇이든 간에, 모두 같은 목표를 향하기 때문이다. 보고 듣기에 그 대상들이 완전히 다르더라도,

하나의 동일한 목표를 향하도록 돕는다는 공통 역할이 그것들을 하나로 묶어놓는다. 도달해야 하는 목표에 대한 참조가 추상화와 일반화 양쪽을 통제한다.

도서관에는 다양한 종류의 책이 있다. 입문서, 사전, 소설, 시가 다양한 언어로 인쇄되어 있고 책의 크기와 두께도 매우 다양하지만, 기록되거나 인쇄된 기호를 통해 지식을 교환한다는 하나의 목적에 부합한다는 점에서 모든 책이 함께, 하나의 그룹을 형성하는 것으로 간주될 수 있다.

측정 과정

우리는 (1) 모든 수에 관련된 추상화와 일반화의 심리학적 과정에 주목하고, (2) 수의 기원이 되는 측정 과정을 요구하는, 수단을 목표에 맞추는 경제적 조정의 필요성에 대해 추적해왔다. 이제 이러한 후자의 본질에 더 자세히 주목해야 한다.

측정 단계

우리는 규모, 크기, 무게 등의 모호한 어림으로 시작하여, 확정되지 않은 얼마만큼으로부터 확정적 양으로의 정확한 결정으로 나아간다. 이는 철이 무겁다고 말하는 것과 주어진 온도와 위도에서 얼마만큼의 철이 정확히 얼마만큼 무겁다고 말하는 것 사이의 차이이다. 또는 칠판의 크기가 적당하다고 말하는 것과 칠판에 몇 제곱피트가 포함된다고 말하는 것의 차이이다. 대략의 추측에서 정확한 진술로 발달하는 것은 단위의 선택과 인식에 달려있으며, 시공간에서 단위의 반복이 전체를 구성하고, 결국 측정한다. 원시인은 자신의 캠프가 몇 날만큼 떨어져 있다고 말하면서 시작할 수 있다. 여기서 단위는 그가 일출과 일몰 사이에 이동할 수 있는 거리이다. 그는 하나의 행동 단위로 측정하지만, 그것이 얼마만큼인지 말할 수 없기 때문에 그 단위 자체가 측정되지는 않는다. 또는 몇 걸음인지 표시하여 측정한다. 걸음이 단위이며, 하루 동안 이동한 거리에 비해 상대적으로 확정적이거나 정확하지만 절대적으로는 측정되지 않는다. 단위 자체가 정확하게 정의되는 경우에만 모호한 양으로부터 정확한 수치로 넘어간다.

다양한 측정 척도의 양

그러나 측정 과정은 한 단계 더 나아갈 수 있다. 정확한 측정을 위해 단위 자체가 같은 종류의 양의 단위로 측정되어야 한다. 그러나 단위는 다른 종류의 양과 확정된 관계를 지닐 수도 있다. 따라서 우리는 **다양한 측정 척도**로 표현된 양을 비교할 수 있다. 예를 들어, 무게와 부피를 직접 비교할 수 없지만, 간접적으로는 비교할 수 있다. 만약 철 4 세제곱인치가 물 29 세제곱인치만큼 무게가 나가고, 금 4 세제곱인치는 물 77 세제곱인치만큼, 그리고 꿀 2 세제곱인치는 물 3 세제곱인치만큼 무게가 나간다는 것을 발견한다면, 세제곱인치의 철을 금의 페니 무게나 꿀의 파운드와 비교할 수 있는 수단을 갖게 된다. 따라서 서로 다른 부피와 무게의 척도가 양자를 하나의 공통 기준과 비교함으로써 함께 고려된다. 화폐 가치를 비교하는 경우를 생각해 보자. 캘리코 면 3야드의 값을 같은 성질의 캘리코 면 9야드의 값과 직접 비교할 수 있다. 그러나 서로 다른 성질의 캘리코 면의 길이를 비용 면에서 직접 비교하거나 캘리코 면의 길이를 실크의 길이와 직접 비교할 수는 없다. 반면, 캘리코 면 1야드가 8센트, 실크 1야드가 1달러 60센트의 가치가 있음을 알고 있다면, 우리는 캘리코 면의 어떤 양의 가치를 실크 양의 가치로 정확하게 측정할 수 있다.

측정할 양과 종류가 다른 단위를 발견하지 못해서 아직 비교할 수 없다면, 정확한 측정은 항상 시간, 무게, 부피 등 하나의 동일한 척도 내에 국한될 것이다. 단지 한 척도의 얼마만큼이 다른 척도의 주어진 양과 같을지 추측할 수밖에 없다.

더욱이, 한 척도의 어떤 단위를 다른 양으로 정의할 수단이 없다면, 주어진 척도 내에서의 측정은 불완전하다. 우리는 파운드가 온스로 얼마나 되는지, 온스가 드램으로 얼마나 되는지 알 수 있지만, 결코 이 순환을 벗어날 수 없다. 온스, 파운드 등이 실제로 얼마만큼인지 결코 알 수 없는 것이다. 이 측정은 과학적 단계라고 할 수 있는 최고의 발달 단계에 도달할 수 없다.

이 과학적 단계에 도달해야 완벽한 측정이 가능해진다. 예컨대, 무게 척도인 파운드는 온스 같은 무게만으로는 완벽하게 확정되지 않는다. 파운드는, 말하자면, 특정 조건에서 구리의 양이 물 얼마만큼을 대체할 것인지를 발견할 때, 보다 정확하게 확정된다. 우리의 단위가 궁극적으로 확정되는 것과 같은 그런 방식으로만, 또 측정 단위가 그 자체로 완벽하게 측정될 때만 완벽하게 정확한 과학적인 측정이 가능하다. 하나의 양을 한 측면에서 유사하지만 다른 종류인 양으로 이렇게 측정하는 것이[3] 측정 도구로서 수의 완성이다. 수가 이 단계를 넘어설 수는 없지만, 이 지점까지 발달하기 전에는 불완전한 측정 도구이다. 따라서 측정의 3단계가 있다.

1. 길이를 단위 "걸음"으로 측정하고 사과를 단위 사과로 측정하는 것처럼, 정의되지 않은 단위를 사용하는 측정이다.

2. 야드, 파운드, 달러 등과 같이, 같은 종류의 양의 단위와 비교하여 그 자체가 정의된 단위를 사용하는 측정이다.

3. 다른 종류의 양과 확정적 관계를 갖는 단위를 사용하는 측정이다.

3) 이러한 비교의 일반적 기초는 항상, 궁극적으로, 공간상 이동이다.

세기와 측정

수는 측정에서 비롯되며 어떤 것의 수치적 가치에 대한 선언이라고 말한다. 그러나 우리는 세기(예: 명수법, 수 매김)를 측정과 구별하는 것에 익숙하다. 우리는 보통 **몇 개** 있는지(how many) 알아보기 위해 대상들, 특정 사물들, 성질들을 세는 반면, **얼마나 많은지**(how much) 알아보기 위해 특정 대상, 성질을 측정한다. 단지 **몇 개인지**(how many) 총합을 구하기 위해 의자, 침대, 부목, 발, 눈, 아동, 꽃의 수술 등을 센다. **얼마나 많은지**(how much)를 확인하기 위해 거리, 무게, 크기, 가격, 비용 등을 측정한다. 어떤 저자들은 자신들이 크기의 양(how much)과 다수의 양(how many)이라고 부르는 이 "두 종류"의 양이 완전히 구별된다고 말한다. 그럼에도 불구하고, 모든 세기는 측정이며 모든 측정은 세기이다. 우리가 도서관에 있는 책의 수를 셀 때 도서관을 **측정**하며, 이는 한 도서관에 해당하는 도서의 양이 어느 정도인지 알아보는 것이다. 1년의 날 수를 셀 때, 1년의 시간적 가치를 측정한다. 학급의 아동 수를 셀 때, 전체로서 그 학급이 큰 학급인지, 작은 학급인지 등을 측정한다. 수술이나 암술을 셀 때, 꽃을 측정한다. 요컨대, 우리는 셀 때 **측정**하는 것이다.

한편, 연속량("크기의 양")을 측정할 때에도 세기가 똑같이 필요하다. 우리는 측정 단위를 어떤 양에 적용하여 완벽히 정확하게 부분들로 표시하지만, 그 부분들을 **셀 때까지는** 측정이 이루어진 것이 아니다. 따라서 무게를 측정하는 유일한 방법은 밀도의 **여러 개의 단위 수**를 세는 것이다. 거리의 경우에는 길이의 **여러 개의** 특정 단위 수를 세는 것이다. 비용 또는 가격의 경우에는 달러 등과 같은 값의 여러 개의 단위 수를 세는 것이다. 즉, 우리는 **측정**할 때 센다. 측정과 구별하여 보통 세기라고 부르는 것의 차이점은 정의되지 않은 단위로 수행한다는 것이다. 단위가 측정되지 않기 때문에 세기는 모호한 측정이다. 사과 10개, 책 5권, 말 6마리 등을 말할 때, 우리는 그 부분들인 **몇 개**(how many)인지를 세어, 전체인 **얼마만큼**(how much)인지를 측정한다. 그러나 이러한 부분이나 단위의 1이 얼마만큼(how much)의 양인지 알지 못한다. 우리가 책이나 사과의 정확한 크기, 무게 또는 가격을 알았다면, 보다 정확한 측정과 가치매김을 할 수 있었을 것이다[4]. 반면, 세기와 구별하여 우리가 보통 측정이라고 부르는 것은, 그 자체가 여러 개의 확정적 부분들로 측정되는 어떤 단위로 단지 세는 것이다. 만약 내가 책 4권을 센다면, 측정 단위로 사용되는 단위인 "책"은 그 자체가 양적인 단위가 아니라 질적인 통합체일 뿐이고, 책 4권이라는 수량은 확정적으로 측정된 양은 아니다. 만약 각 책의 무게가 6온스이거나 각 책의 값이 60센트라고 말한다면, 그 측정 단위 자체는 질적이기도 하고 양적이기도 하다. 책 4권의 값이나 무게는 확정적으로 측정된 양이다.

엄밀히 말하면, 단위로 사용되는 단지 질적인 전체는 오직 덧셈과 뺄셈만을 허용한다는 것과 그 자체로 질적이면서 양적인 전체는 곱셈과 나눗셈까지 허용한다는 것을 추후 살펴볼 것이다. 그러나 전체들이 가치가 같다고 간주되거나 가정된다면, 당연히 곱셈과 나눗셈 연산이 가능하다. 이것은 단위들에서 같은 (측정된) 가치를 가정하기 때문일 뿐이다. 사과 15개를 5명의 소년에게 "똑같이" 나누어 주면 각 소년에게 사과를 3개씩 주게 되고, 이 "균등" 분배는 측정 단위(사과)의 동일성을 가정한 것이다.

얼마(much)와 몇 개(many)

어떤 한계 내에 있는 전체는 양(muchness)을 제공한다. 예를 들어, 지갑 안에 있는 돈의 양, 밭 안에 있는 땅의 양, 장애물을 옮기는 데 드는 압력의 양 등이다. 이 "얼마(much)", 즉 양은 측정되기 전까지는 모호하고 정의되지 않는다. 이는 단위로 나뉘어 그것이 몇 개(many)인지 세어서 측정된다. 우리는

4) 저자들이 이와 같이 측정되지 않은 단위를 많이 사용하는 것은 대단히 유감스러운 일이다. 특히 분수에서 그렇다. 사과 절반, 파이 절반은 실제적 표현이지만, 결코 수학적인 표현이 아니다. 이를 수학적으로 만들기 위해 우리는 전체가 몇 온스인지 또는 몇 세제곱인치인지 알아야 할 것이다.

거리를 여러 개(so many)의 야드로 "나눈" 다음, 그 거리가 얼마만큼(so much)인지 안다. 지갑에 있는 돈을 합산하고나서, 그 값이 얼마인지 안다. 어떤 사람에게 목재 더미가 있다. "얼마나(how much)" 가지고 있는가? 만약 판자의 크기가 일정하다면, 판자 하나의 피트의 수(몇 피트)를 구한 다음, 판자의 수(몇 개)를 세고, 전체가 몇 피트인지를 구한다. 즉 확정되지 않은 "얼마(how much)"가 세기를 통해 확정된 "얼마만큼(so much)"이 되는 것이다. 그때 다시, 목재의 금전 가치를 구하고자 한다면, 즉 얼마나(how much) 가치가 있는지 구하고자 한다면, 1000당 얼마만큼(몇 달러)으로 총 피트 수를 세어야 하고, 그 결과인 몇 달러가 목재의 가치를 나타낸다. 몇(many)인지, 즉 특정 단위를 세는 것이 전체의 가치를 측정한다. 세기는 다른 의미를 갖지 않으며, 가치의 측정이 다른 방법으로는 발생할 수 없다.

수단과 목표가 상대적인 것과 마찬가지로, 모든 수의 이 두 가지 측면이 서로 상대적인 것이 분명하다. 수단이 목표와 균형을 맞추는 것처럼 몇 개(so many)가 얼마만큼(so much)을 측정한다. 목표는 전체, 즉 특정 한계 내에 있는 모든 것이다. 수단은 부분적인 활동, 즉 전체를 인식하게 하는 단위들이다.

어떤 종류와 가치의 집을 짓기 위해서 우리는 몇 개(so many)의 벽돌, 몇(so many) 세제곱피트의 돌, 얼마만큼(so much)의 목재, 며칠(so many) 치의 작업 등이 필요하다. 집은 도달해야 할 목표이다. 나머지 것들은 수단이다. 집은 일정한 비용으로 짓는다. 이러한 여러 가지 요소에 개입하는 단위를 세어서 가치를 매기는 것이 비용을 알 수 있는 유일한 방법이다.

04 수의 기원 : 요약 및 적용

요약 : 완전한 활동과 종속된 행동

앞서 여러 관점에서 본 하나의 동일한 원리에 대해 설명했으므로, 이제 양에 대한 이와 같은 서두의 검토를 요약하여 진술할 준비가 되어있다. 측정해야 할 크기나 양을 정하는 것은, 어떠한 경우라도, 내적으로는 연속적이지만 외적으로는 한계가 있는 몇몇 활동이나 움직임이다. 이 전체를 측정한다는 것은 원래의 연속적인 활동을 몇 개의 작거나 부분적인 활동으로 분해(분석)하는 것이고, 이러한 활동들이 일정 횟수 반복되어 원래의 연속적인 활동과 동일한 결과를 제공(종합)하는 것이다.

앞장에 제시되어 있듯이, 수가 측정으로 귀착하고 측정은 활동의 조정으로 환원된다는 아이디어를 구현하는 이 공식은 수의 모든 처리에 있어 핵심이 된다. 독자는 더 나아가기에 앞서 이 공식의 의미를 반드시 이해해야 한다. 이해 정도를 시험하기 위해 독자는 스스로에게 다음과 같은 질문을 던질 수 있다. "1년은 어떤 통합된 활동이다. 그것은 어떤 활동을 나타내는가?" 언뜻 보기에는 태양이 하늘의 같은 지점으로 분명하게 돌아오는 것, 즉 외적인 변화이다. 그러나 1년을 시간 측정의 단위로 삼는 것에 대해, 다른 어떠한 주기적인 변화보다 이것에 이토록 중요성을 부여하는 유일한 이유는 태양의 움직임이 파종에서 파종에 이르기까지, 수확에서 수확에 이르기까지 인간 활동의 주기를 통제하기 때문이다. 이는 역사적으로 인류의 움직임이 태양의 움직임에 의해 통제되는 농업 사회, 아니면 유목 생활의 조건에 이르고 나서야 태양의 움직임을 시간의 척도로 사용하였다는 사실로 설명된다. 따라서, 하루는 단지 외적인 변화, 자연의 반복적인 움직임이 아니라, 인간 행동의 리드미컬한 주기를 나타낸다. 또, 어떠한 활동이 파운드(pound), 부셸

(bushel[5]), 피트(foot)로 표현되는가[6]? 십진법과 열 손가락 사이에는 어떤 관계가 있는가? 달러는 어떤 활동을 나타내는가? 만약 달러가 우리가 통제할 수 있는 어떤 활동을 나타내지 않는다면, 그것이 가치에 대한 척도일 수 있나? 왜 아동은 윤기 없는 달러보다 반짝이는 페니를 높이 평가하는가? 등.

예시 : 측정 단계

어떤 밭에서 땅의 양(quantity)[7]을 구하려 한다고 가정해 보자. 밭의 가로와 세로를 따라 눈이 움직인다. 여기에는 어떤 양만큼 움직임에 대한 감각이 있다. 밭의 테두리에 한정된 이 활동은 본래의 모호한 얼마(muchness), 즉 측정할 양을 구성하며, 따라서 모든 후속 절차를 결정한다. 그런 다음 분석이 시작되는데, 이러한 원래의 연속적인 활동을 일련의 작고 불연속적인 활동으로 분해하는 것이다. 눈이 밭의 변을 따라 내려가다가 세로의 반인 지점에 고정된다. 이 과정은 세로의 반의 반, 반의 반의 반 지점에서 반복된다. 따라서 세로는 대략 여덟 부분으로 나뉘며, 각 부분은 어림하여 대략 20걸음이다. 밭의 가로도 같은 방식으로 구한다. 눈은 세로에서의 가장 작은 부분 중 하나와 같아진다고 판단할 수 있게 측정할 때까지 밭의 가로를 따라 움직인다.

이 과정이 반복되고, 우리는 가로가 이 부분을 6개 포함한다고 어림한다. 이러한 눈의 멈춤이나 불연속적인 이동을 통해 밭의 가로와 세로에 대한 대강의 아이디어를 형성할 수 있고, 따라서 그 넓이를 대략 어림할 수 있다. 변을 나누는 눈의 이동이 분석에 해당하고, 그것은 측정 단위를 제공한다. 눈의 분리된 이동(단위들)을 세는 것이 종합이고, 그것은 총 수치를 제공한다.

그러나 본래의 연속적인 이동을 하위 활동 단위로 쪼개는 것은 분명히 대

5) [역자 주] 곡물이나 과일의 무게 단위로, 1부셸은 8갤런에 해당하는 양을 일컫는다.

6) 이러한 측정의 역사적 기원은 심리학적 관점의 설명을 도울 것이다.

7) [역자 주] 땅의 양은 결국 넓이를 의미하는 것이지만, 본문에서 양(quantity)과 대조적인 용어로 성질(quality)을 사용하기 때문에 여기서도 '넓이'가 아닌 '양'이라고 원문 용어를 그대로 제시하였다.

략적이고 결함이 있으며, 이로 인해 결과적인 종합은 불완전하고 부적절하다. 우리가 확신할 수 있는 유일한 것은 하위 행동들이 수행된 횟수이다. 하위 행동이 매번 같은 길이를 측정한다는 것은 순전히 가정이며, 길이가 각각 20야드라는 것은 단순한 추측이다. 따라서 밭의 넓이를 보다 정확하게 어림하기 위해 가로와 세로를 보폭으로 표시하여, 세로가 170걸음이고 가로가 130걸음임을 구할 수 있다. 아마도 이것이 더 정확한 어림일 것이다. 왜냐하면 (a) 눈의 이동이 같다는 것보다 여러 보폭이 실질적으로 서로 같다는 것을 훨씬 더 확신할 수 있고, (b) 보폭이 보다 확정적이고 통제된 이동이어서, 우리는 측정 단위인 보폭이 실제로 얼마인지에 대해 훨씬 더 명확한 아이디어를 갖기 때문이다.

그러나 여러 보폭이 서로 같다는 것 역시 가정이다. 이 측정 단위 자체가 일정하거나 측정되는 것이 아니며, 결과적으로, 필요한 측정은 여전히 불완전하다. 따라서, 보폭을 대신해서 그 자체로 확정되는 측정 단위, 예컨대 체인이 적용되고, 체인을 밭의 가로와 세로에 몇 번 내려놓기를 반복한다. 이제 하위 행동은 일정하다. 하위 행동은 측정 도구에 의해 통제되므로, **매번**(every time) 정확히 같은 **간격**(space)을 표시한다[8]. 부분적인 활동이 확정되면, 결과인 수치(예: 8체인×6체인) 역시 확정된다. 게다가 체인 자체도 일정한 개수의 같은 부분으로 측정될 수 있다. 우리는 하위 측정 단위인 링크를 적용해서 링크가 체인에 몇 개 들어가는지 결정할 것이다. 이렇게 더 작은 행동으로 분석함으로써, 단위의 의미가 의식 속에 좀 더 확정적으로 자리 잡게 된다[9].

그러나 이 분석–종합이라는 수학적 측정이 활동의 완전한 조정에는 아직 불충분하다. 결국, "이 측정된 성질의 가치는 무엇인가?", "그 성질은 무엇

---

8) 모든 측정에서 **공간**(space)과 **횟수**(time) 요소가 어떻게 나타나는지 주목하라. **공간**은 구체적인 값을 나타내고 **횟수**는 추상적인 수를 나타내며, 둘 다 측정된 크기이다.

9) 여기에서 우리가 한 모든 일이, 가로와 세로를 따라 눈을 움직이는 원래의 활동을 처음에는 연속적으로 하고, 이어서 비연속적인, 보다 통제되고 세밀한 일련의 하위 이동이었음에 주목한다면, 하위 행동의 조정으로 종합적인 활동을 구성한다는 측정의 기원에 관한 주장(41쪽)의 의미가 다시 한번 명백해질 것이다.

에 유용한가?" 이 질문에 답을 얻을 때까지 활동의 완벽한 조정은 있을 수 없다. 이에 대해 답하는 것은 수 측정의 세 번째이자 마지막 단계로 우리를 이끈다. 예를 들어, 어떤 밭에서 부셸 당 주어진 가격으로 옥수수 몇 부셸을 생산한다. 그러면, 이 밭은 부셸 당 더 높은 가격으로 밀을 생산하는 작은 밭만큼의 가치가 없는 것이다. 또 단순히 밭의 크기 이외에도, 기르는 작물의 가치뿐만 아니라 그것을 경작하는 비용도 고려할 필요가 있다. 여기에는 훨씬 더 완벽한 활동 조정이 있어야 한다. 분석은 몇 제곱로드에 관련될 뿐만 아니라, 작물의 금전적 가치와 생산 비용도 포함한다. 종합은 이 복잡한 측정의 결과를 다른 가능한 에너지 분배의 결과와 비교한다. 분석을 통해 조건이 완전히 확정되고, 종합을 통해서는 최선의 결과를 보장하기 위해 조건들을 완전하고 경제적으로 조정할 수 있다.

통합된(또는 연속적인) 활동을 나타내는 측정된 양이 통합체, 즉 전체이다. 하위 활동 또는 부분적인 활동을 나타내는 측정 부분은 통합된 전체를 구성하는 요소이자 단위이다. 모든 측정에서 이러한 각 측정 부분들은 그 자체로도 전체 행동(한 걸음, 하루의 여행 등)이다. 그러나 측정 단위의 기능 면에서 각 측정 부분은 보다 종합적인 행동을 구성하는 단순한 수단으로 즉시 축소된다. 목표, 즉 전체는 하나(1)이고, 그것은 많은 부분으로 구성된다.

요약

모든 수치적 개념과 과정은 다수의 하위 행동을 완전하고 더 종합적인 행동을 구성하는 방식으로 서로 맞추는 과정에서 발생한다.

1. 이렇게 서로 맞추거나 조정하거나 균형을 맞추는 것은 하위 행동들이 상위 행동과 같은 종류인 경우에 정확하고 경제적일 것이다. 예를 들어, 돌담을 쌓고자 한다면, 수단인 하위 활동의 사용은 수단인 특정 돌의 사용 및 목표인 돌담 둘 다에 대한 공통 척도를 찾아야 정확해진다. 크기,

즉 차지하는 공간의 양이 이 공통 요소이다. 그러므로 몇 세제곱피트가 필요한가의 관점에서 과정을 확정하는 것이 경제적이다. 처음에 돌의 부피를 알지 못한다면, 크기를 돌의 개수로 표현하는 것은 불가능할 것이다. 그러므로 다시 한번, 추상화와 일반화는 모든 수치적 과정에 관련된다. 돌의 특별한 성질은 무시되고 유일하게 고려할 것은 돌이 몇 세제곱피트인가이다(추상화). 그러나 돌은 그 크기가 얼마만큼 인지를 통해서 전체 돌담에서 자신의 위치와 다른 돌의 위치를 나타낸다(일반화).

2. 특정 성질을 갖는 목표, 즉 전체가 크기를 제한하는 한계를 제공한다. 양은 한계가 있는 성질이며, 어떤 양적인 전체 또는 한계가 있지 않다면, 양은 존재하지 않는다.

3. 수는 주어진 크기와 동등한 가치를 지닌 활동을 구성하기 위해 수단인 하위 활동 단위를 사용함으로써 발생한다. 동치를 구성하는 이러한 과정이 수 매김(numbering)이다. 따라서 몇몇 질적인 전체를 측정하는 과정을 제외하면, (심리학적으로) 수치적 구별은 없다[10].

4. 이 측정, 즉 가치매김(본래의 모호한 질적인 전체를 확정하는 것)은 모호한 양을 정확한 수치로 변환할 것이다. 구성의 하위 활동이나 통합체 그 자체가 측정되는 정도로만 측정을 완수할 것이고, 그 또한 수치이다. 구성의 하위 활동이나 통합체가 그 자체로 수치적인 양, 즉 여러 부분으로 세어 측정된 하나의 통합체가 아니라면, 그러한 하위 활동과 종합적인 활동은 정확히 같은 종류가 될 수 없다. (원리 1)

5. 따라서 얼마(much)와 몇 개(many), 측정되는 전체와 측정하는 부분, 값과 수, 통합체와 단위, 목표와 수단은 순전히 상호 관련된 특성의 것이다.

10) 이 원리를 무시한 교육적 결과는 Grube 방법이나 **고정된** 단위의 사용에 대한 논의에서 살펴볼 것이다.

교육적 적용

이제 양과 수의 심리학적 기원에 관한 원리를 교육에 적용해야 한다. 우리는 (a) 수치적 조작과 측정 과정을 야기하는 삶에서의 필요, 인류와 개인의 실제 경험에서의 요구를 살펴보았다. 또한 (b) 그 필요를 충족시키고 요구를 완수하기 위해서 수가 어떤 형태라고 가정해야 하는지 살펴보았다. 이제, 이러한 아이디어와 원리가 교육의 과정에서 얼마나 실질적으로 적용되는지 알아보아야 한다.

학교와 학교 운영은 자연적이거나 인위적인 것 둘 중 하나이다. 학교가 인위적이어서 경험을 얻고 사용하는 정상적인 과정을 포기하거나 왜곡한다면, 이는 학교의 목표에 어긋나며 방법상 비효율적이라는 점은 모두가 인정할 것이다. 그러므로 학교에서 수의 발달은 삶에서의 정상적인 심리학적 발달의 원리를 따라야 한다. 이 정상적인 기원과 발달이 정확하게 설명된다면, 우리는 교육의 수단으로서 수의 진정한 위치를 결정하기 위한 방법을 지닌 것이다. 수치 개념과 연산 자체의 발달에 부합하는 교육적 원리를 보여주기 위해서는 수에 대한 아이디어를 더 발달시켜야 할 것이다. 하지만, 우리는 수가 경험의 다른 단계들과 관련하여 어떻게 다루어져야 할지 결정하기 위한 원리를 이미 갖고 있다.

두 가지 방법 : 사물, 기호

심리학 이론을 교육적 실천으로 번역하는 심리학 법칙에 부합하는 원리를, 서로 반대되면서도 둘 다 정상적인 심리학적 성장과 일치하지 않는 두 가지 지도 방법을 대조하면서 가장 명확하게 추출할 수 있다. 이 두 가지 방법은 수를 단지 기호의 집합으로 가르치는 것과 대상의 직접적인 속성으로 취급하는 것이다.

기호의 집합으로 지도하는 전자의 방법은 덧셈, 뺄셈 등을 "숫자"로 하는 것이라고 가르치며 행동가(doer)를 "답"이라고 부르는 어떤 결과로 안내하는 정교한 규칙을 제공하는 구식(아직 쓸모없지는 않은)으로 설명된다. 이 방법은 수 기호를 맹목적으로 다루는 것에 지나지 않는다. 예를 들어, 아동은 그저 숫자 3과 12를 취하여 덧셈, 뺄셈, 곱셈 등의 이름으로 그럴듯하게 보이는 특정 "연산"을 수행한다. 아동은 그 숫자가 의미하는 바를 거의 알지 못하며, 연산의 의미는 더더욱 모른다.

둘째 방법인 단순한 지각이나 관찰 방법은 사물을 이용한 물리적인 조작에 거의 전적으로 의존한다. 콩, 구두못, 부목, 의자, 블록 등 다양한 종류의 대상들을 여러 가지 방법으로 가르고 모으면서, 수와 연산에 대한 진정한 아이디어가 필연적으로 발생한다고 가정된다.

이 두 방법은 모두 동일한 근본적인 심리학적 오류에 의해 가치가 떨어진다. 이 방법들은 수가 대상을 다루는 정신 활동 내에서, 그리고 그러한 활동을 통해 발생한다는 사실을 고려하지 않는다. 첫째 방법은 대상을 완전히 배제하거나, 또는 적어도 대상을 숙고하지도, 체계적으로 사용하지도 않는다. 기호에 중점을 두고 있지만 기호가 상징하는 바를 명확하게 보여주지는 않으며, 미래의 경험으로 공허한 추상화(empty abstractions)에 의미를 부여할 가능성만 남겨 둔다. 둘째 방법은 대상을 도입하기는 하지만, 대상을 사용하는 정신 활동을 무시하면서 대상을 강조하는 한 이 방법 또한 수를 무의미하게 만든다. 이 방법은 사고(즉, 수학적 추상화)를 사물에 종속시킨다. 실질적으로, 그것은 첫째 방법보다 개선된 것으로 간주될 수 있다. 왜냐하면, 어떤 목표를 실현하기 위해 사물을 사용하는 활동을 완전히 억제하는 것은 불가능하기 때문이다. 그러나 이 활동이 부수적이거나 중요하지 않을 때는 이 둘째 방법은 심리학 원리에 기초한 지도로서 지녀야 하는 지능 및 기능에 있어 한참 미흡해진다.

기호의 방법이 실제로 여전히 널리 사용되고 있지만, 이를 옹호하는 교육자는 없다. 모두 그 방법을 비난한다. 왜 이 방법이 비난받아야 하는지를 이전의 논의에 비추어 지적하는 것 이상으로 더 언급할 필요는 없을 것이다.

기호의 방법은 수를, 그것을 만들어내는 정신 활동과 별개인 독립적인 실체로 다룬다. 수의 자연적 발생과 사용을 간과하므로, 결과적으로 이 방법은 기계적이고 인위적이다. 이는 감각을 기호에 종속시킨다.

사물의 방법은 확정적 수 개념을 위해 대상을 관찰하고 모호한 지각을 취하는 방법이다. 수를 마치 사물 자체에 내재한 속성인 것처럼 취급하고, 단지 정신이 그 속성을 파악하여 사물로부터 그 속성을 "추상화"하기를 기다린다. 그러나 우리는 수가 실제로 **가치를 측정하는 하나의 방식**이고, 수 자체가 사물에 속하는 것이 아니라 사물을 어떤 용도나 목적에 경제적으로 맞추는 데서 발생한다는 것을 보았다. **수는** (심리학적으로) **사물로부터** 얻어지는 것이 아니라, 사물 **속에** 부여되는 것이다.

따라서 수에 대한 아이디어와 과정을 사물 **없이** 지도하는 것과 단순히 사물로 지도하려는 시도는 거의 똑같이 터무니없는 일이다. 수에 대한 아이디어와 연산은 신체적 구성 행동의 도움이 당연한 어떠한 정신적 구성 행동에 의해서만, 즉 사물의 배열에 의해서만 정상적으로 획득되고 충분히 숙달될 수 있다. 우리에게 아이디어를 제공하는 것은 사물에 대한 단순한 지각이 아니라, **사물을 구성적인 방식으로 이용하는** 것이다.

기호의 방법은 수가 전적으로 추상적 추론으로 발생한다고 가정한다. 사물의 방법은 수가 감각에 의한 단순한 관찰로부터 발생하고, 수는 사물의 속성이며 의식을 포착할 기회만을 기다리는 외적인 에너지라고 가정한다. 실제로, 수는 (정신적인) **구성** 활동, 어떤 목표에 도달하기 위해 어떤 사물을 실제로 사용하는 활동으로부터 발생한다. 이 구성적인 이용 방법은 그 자체로 추상적 추론의 원리와 확정적인 감각 관찰의 원리를 결합한다.

정신적인 과정을 돕기 위해서, 만약 작은 정육면체 블록을 큰 정육면체를 만드는 데 사용한다면, 여러 사물을 양적 측면에서 연속적으로 면밀히 관찰해야 한다. 만약 부목으로 표면을 감싼다면, 특정 부목들에 주목해야 한다. 사실, 이러한 관찰은 그 자체가 목표인 단순한 관찰보다 더 자세하고 정확해야 할 것 같다. 사물의 방법의 경우에는 아무런 흥미도, 목적도 없으며, 집중하기 힘들고 산만해진다. 이 방법에는 관찰을 안내하고 지시하는 목표가 없다. 구성적인 활동을 수반하는 관찰은 그 활동의 일부이다. 이러한 관찰은 활동의 자극의 깊이인 강도를 지닌다. 이 관찰은 활동에 대한 흥미를 공유하고, 그 활동에 의해 안내된다. 사물 전체에 대한 관찰이 이루어지는 경우, 구별한 것들을 별도로 주목해야 하고 별도로 기억해야 한다. 주목된 사실들을 수행하는 데 내재적인 것은 없다. 여기에 있는 2개의 블록과 저기에 있는 2개의 블록으로 4개를 만든다는 것은 기억을 통해 자체적으로 수행해야 할 외적인 사실이다. 그러나 두 집합이 특정 값의 전체를 구성하는 데 사용될 때 그 사실은 내적이다. 이는 확정적인 부분을 봄으로써 확정적인 전체를 보는 행동의 정신적 방식의 일부이다. 어떤 경우에 반복은 단순히 암기를 의미하지만, 다른 경우에는 활동의 반복과 지적 습관의 형성을 의미한다.

합리적 요소는 구성적인 활동이 어떤 원리에 따라 진행된다는 사실에서 발견된다. 구성은 규칙적이거나 순서가 있는 어떠한 방법을 따른다. 목표에 도달하기 위해 수단을 결합하고 전체를 만들기 위해 부분들을 결합하는 방식, 그와 같은 행동 방법이 관계이다. 이러한 관계에 따라 행동하는 것은 합리적이며, 연산의 본성을 의식적으로 파악하기 위해 이성의 확정적 인식을 준비한다. 합리적인 행동은 시간이 무르익으면 추상적인 추론으로 자연스레 넘어갈 것이다. 분석과 종합의 추상화와 일반화 습관이 발달하여 사고를 확정적으로 통제하게 된다.

합리적 방법의 요소

좀 더 자세히 살펴보면, 기호 표현 그 자체로 수를 다루는 것은 어린 시기의 아동에게 기호가 어떻게 발생하고 기호가 의미하는 것이 무엇인지 보여주지 않은 채 추상화를 도입하는 것이다. 또한 다양한 연산 수행에 관한 어떠한 이유나 필요도 명확히 하지 못한 채 모두 (a) 종합 – 덧셈, 곱셈, 거듭제곱, (b) 분석 – 뺄셈, 나눗셈, 제곱근 구하기로 환원하는 것이다. 사물의 방법, 즉 관찰의 방법은 수와 사물의 관계를 보여주지만, 이러한 관계가 존재하는 이유를 분명히 하지는 않는다. 관계의 가치나 측정의 사용을 설명하지 못하며, 연산을 측정 능력의 내적 발달이 아니라 순전히 수의 외적 조작으로, 즉 수 매겨지는 사물을 가지고 수행하는 것으로 여긴다. 어떤 확정적인 사물의 구성과 연계하여 수에 대한 아이디어를 발달시키는 방법은 분명히 (a) 자연스런 통합체, 즉 모든 수가 적용되는 한계(크기), (b) 전체를 구성하는 데 도움이 되는 측정 단위(특정 사물), (c) 이 요소 중 둘째 요소가 첫째 요소를 구성하거나 확정하는 데 사용되어 수치를 결정하는 측정 과정을 야기한다.

(a) 이 방법만이 출발점이 되는 크기에 대한 아이디어를 자연스럽게 제시한다. 도달해야 할 목표인 측정 대상은 주어진 양에 대한 이러한 아이디어를 제공하며, 따라서 수 아이디어의 발달과 사용을 위한 자연스런 기초를 제공한다. 단순히 대상으로서의 수나 단순히 관찰된 대상으로서의 사물에는 통합체의 원리, 즉 자연스런 일반화를 위한 토대가 존재하지 않는다. 어떤 목표를 위해 여러 사물을 사용하는 것만이 그것들을 하나로 합친다. 우리는 어떤 양적인 전체를 세고 측정한다.

(b) 모든 대상은 그것이 하나의 단일 행동을 나타내는 한 그 자체로 전체이자 통합체인 반면, 관찰된 하나의 대상이 그저 단위인 대상은 없다. 우리가 수 3으로 인식하는 대상이 아동의 감각 앞에 있을 수 있지만, 아동은 아직 그 대상들을 서로 다른 세 개의 단위로 인식하거나 합 3을 인식하지는 못할 것이다. 혹자는 각각의 대상이 1이고, 그래서 수 발달을 위한 자연스런 기초를 제공한다고 말한다. 출발점은 하나의 대상이고, 여기에 다른 대상이 "더해지고" 이어서 셋째 대상이 더해진다는 것이다. 그러나 이는 각각의 대상이 단위가 아니라 하나의 전체

(whole)인 1이고 모든 다른 전체와 구별되고 배타적이라는 사실을 간과한 것이다. 즉, 그것을 관찰 대상으로 삼는다는 것은 주요 관심을 전적으로 사물 자체에 집중시킨다는 것이다. 집중은 그 사물이 무엇인지(질적인 전체)를 결정짓는 성질들을 구별하고 통합할 것이다. 그러나 이때, 모든 수에 관련된 추상화와 관련짓기 행동을 할 여지는 거의 없을 것이다. 수치적 단위는 그저 하나의 전체, 즉 그 자체로 하나의 통합체가 아니라, 우리가 살펴보았듯이, 더 큰 전체를 구성하거나 측정하는 수단으로 사용되는 통합체이다. **이러한 사용만이 대상을 질적인 통합체에서 수치적 단위로 변형시킨다.** 따라서 순서는 다음과 같다. 첫째, 모호한 통합체 또는 전체, 둘째, 구별되는 부분들, 셋째, 이 부분들로 전체를 측정하는 것을 인식하기, 여기서 전체는 **이제 확정된** 통합체, 즉 합이다. 또는, 간단히 말해, 확정되지 않은 전체, 부분들, **관련된** 부분들(이제는 단위들), **합**이다.

(c) 단순한 기호 표현으로서 수 자체를 가지고 시작하거나, 또는 지각되는 대상 그 자체로 시작한다면, 부분을 모아서 전체를 구성하거나(크기를 측정하기 위해 단위를 사용하는 것) 전체를 단위들로 쪼개는 연산을 수행하는 데에, 즉 주어진 통합체를 측정하기 위해서 기준 참조를 발견하는 데에 내재적 이유, 즉 **정신 자체의** 이유가 없을 것이다. 둘 중 어느 입장에 서더라도 이러한 연산[11]은 순전히 임의적이다. 우리는 원한다면 수나 수 기호를 가지고 무언가를 할 수 있다. 이때 연산은 수의 본성 그 자체로부터 해야만 하는 무언가가 아니다. 대상의 구성적인(또는 정신적인) 사용의 관점에서 보면, 이는 정반대이다. 이러한 과정들은 그저 **구성적인 행동의 단계이다**. 게다가, 지각된 대상의 방법에서, 덧셈, 곱셈, 나눗셈 등의 연산은 **물리적인** 축적, **물리적인** 증가, **물리적인** 분할로 간주

11) 후속 장에서 모든 수치적 연산은 이와 같은 기본적인 과정에서 발생한 것임을 설명할 것이다.

되어야 하는 반면, 수의 본성 그 자체로 연산은 순전히 정신적이고 추상적이다. 사물의 심리학적 사용의 관점에서 볼 때, 이러한 과정은 물리적인 대상에 대해서 수행되는 것이 아니라, 확정적 가치를 수립하는 것과 관련하여 수행된다[12]. 반면, 각 과정은 그 자체로 구체적이고 실제적이다. 그것은 추상적 사고에 의해 파악되어야 할 것이 아니라, 행해지는 것이다.

마지막으로, 측정 도구로서 수 대신에 기호를 가르치는 것은 충동적이든 습관적이든 간에 기존의 모든 활동에 영향을 미친다. 관찰된 사물의 속성으로서 수를 가르치는 것은 다른 모든 활동에서 수를 배제하는 것이다. 주어진 목적에 따라 사물의 긴밀한 조정을 통해 수를 가르치는 것은 모든 가장 심오한 활동으로 수를 다시 실행하는 것이다.

가장 심오하게 본능적이거나 획득된 모든 경향은 목적을 달성하기 위해서 수단을 끊임없이 사용하는 방향으로 향한다. 이것은 모든 행동의 법칙이다. 합리적으로 사물을 사용하는 원리에 근거할 때, 수의 지도는 이러한 경향을 보다 확정적이고 정확하게 만드는 것이다. 수의 지도는 이 과정을 단순히 지시하고 조정하며, 따라서 우리는 다양한 요소를 주목하고 상호 간의 관계 속에서 측정한다. 더욱이, 이것은 전체를 하위 활동으로 분해하고 하위 활동들을 하나의 전체로 합치는 규칙적이고 자연스러운 원리인 리듬의 원리와 모든 쉽고 우아하며 만족스러운 활동의 기초에 끊임없이 의존한다.

12) 곱셈은 증가를 의미하기 때문에 분수를 곱할 수 없고 나눗셈은 수를 증가시키지 못한다는 등 학교에 도입되는 복잡한 문제는 연산을 값의 종합과 분석이라는 정신적 과정 대신 물리적인 통합과 분리로 생각하는 데서 비롯된다. 만약 곱셈이 물리적인 증가를 의미한다면, 10달러와 $\frac{1}{3}$을 곱하는 것은 불합리하다. 만약 곱셈이 값의 측정을 의미한다면, 10달러(하나의 측정된 양)의 수치를 어떠한 방법으로 취하여 결과적인 수치를 구하는 것은 완벽하게 합리적이다.

05 수 아이디어의 정의, 양상 및 요소

앞서 살펴본 단계를 다음과 같이 요약할 수 있다. (1) 에너지(또는 성질)의 한계는 부피, 무게 등과 같이 어떤 정의되지 않은 얼마(muchness)나 크기를 제공하여 에너지를 양으로 변환시킨다. (2) 이러한 양의 불확정적 전체가 측정 과정을 통해 확정적 수치로 변환된다. (3) 이 측정은 크기 단위를 사용하여 주어진 양과 같아질 때까지 단위들을 모으면서 수행된다. (4) 이러한 크기 단위가 그 자체로 측정될 때(그 자체가 확정적 수치를 가질 때)에만 전체 크기가 측정되고, 적절한 전체 수치를 구성하게 된다. 40피트는 단위 자체가 정의되기 때문에 적절하게 측정된 양을 나타낸다. 반면, 달걀 40개는 측정 단위가 확정적이지 않기 때문에 부적절하게 측정된 양을 나타낸다. 만약 달걀이 지금보다 20배 만큼 더 비싸진다면, 파운드로 달걀의 무게를 재어야 할 것이다. 그래야 부정확한 측정이 정확한 측정으로 바뀔 것이다. 앞서, 측정된 양을 구성하는 심리학적 과정을 살펴보았기 때문에 이제 수를 정의할 수 있다.

수의 정의

양을 수로서 가장 간단하게 나타내는 데에 두 가지 요소가 관련된다.

1. 기준 단위 ; 참조 단위

기준 단위는 측정될 양과 반드시 같은 종류의 크기이다. 달리 말해서, 측정될 양의 통합체와 그것을 측정하는 양의 단위는 동질의 양이다. 인치(측정 단위)와 피트(측정되는 통합체), 파운드와 톤, 분과 시간, 다임과 달러는 각각 동질의 양이다.

2. 수치

수치는 측정되는 양을 구성하는 데 기준 단위가 몇 개(how many) 필요한지 나타낸다. 수치의 예는 다음과 같다. 옷감의 야드 값이 17센트이다. 상자에 36세제곱인치를 담는다. 지갑에 10달러짜리 8장이 들어있다. 여기서 17, 36, 8은 그저 센트, 세제곱인치, 10달러짜리와 같은 측정 단위가 그만큼 있음을 나타낸다. 17, 36, 8은 양의 수치를 표현한다. 그것들은 순수한 수이며, 순전히 정신적 과정의 결과이다. 수치만 있다면 그것은 측정되는 양과 측정 단위의 상대적 가치인 비율을 나타낸다. 수치가 측정 단위와 함께 사용되면 이는 측정되는 양의 절대적 가치(또는 크기)를 표현한다.

산술 지도 시 많이 범하는 오류는 수치와 절대적 크기를 동일시하는 실수, 즉 측정의 도구인 수를 측정되는 양과 동일시하는 것이다. 수는 그저 측정 단위의 반복으로 얻어지는 산물이다. 수는 단지 측정 단위가 몇 개 있는지를 나타낼 뿐이다. 수는 순전히 추상적이며, 정신이 확정적인 부분들을 이용하여 하나의 통합되고 확정적인 전체를 구성하는 일련의 행동을 나타내는 것이다. 이러한 몇 개(how many)를 크기에, 양에, 즉 한계가 있는 성질에 적용함으로써 절대적 가치(수치적으로 정의된 양)가 표현된다. 이를 혼동하는 것의 사례를 들자면, 나눗셈을 하나의 ① 수를 많은 ② 수의 같은 ③ 수들로 나누는 것이라고 하는 것이다. 이러한 상태의 정의는 전혀 의미가 없다. 여기서는 수를 측정되는 양과 혼동하고 있다. 의심의 여지 없이 이 정의는 나눗셈이 어떤 확정적인 양을 많은 수의 서로 같은 확정적 양으로 나누는 것을 의미한다. 이 정의에서, ②만 수라는 용어가 옳게 사용되었다. ①과 ③은 둘 다 측정되는 크기를 의미한다. 측정되거나 수가 부여되는 양은 많은 수의 부분으로 나뉘거나 많은 횟수 반복될 수 있다. 그러나 어떤 수도 곱해지거나 부분으로 나뉠 수 없다. 단지 수로서의 수는 항상 측정 단위인 "얼마만큼(so much)"이 측정되는 양인 또 다른 "얼마만큼(so much)"을 구성하기 위해 몇 번 반복되는지의 횟수를 뜻한다. 이미 언급했듯이, 그것은 질적인 전체에 대해 작용하는 정신의 기본 활동인 '구별'과 '관계'에 기인한다. 수를 곱하거나 부분들로 나눈다고 말하는 것은 단단함과 붉음을 곱하거나 단단한 것과 붉은 것으로 나눈다고 말하는 것과 같다.

2 곱하기 4, 8 나누기 4와 같이 산술에서 줄곧 사용되는 문제들은 구두로(적어도 정신적으로)가 아니라 문자로 쓰이면 터무니없을지라도, 적절하게 해석된다면 충분히 타당하다. 첫째 식은 어떤 종류의 단위 2개만큼의 가치를 가진 양을 4번 취한다는 것을 의미한다. 마찬가지로 8÷4는 어떤 종류의 양 전체가 같은 종류의 단위 4개나 2개로 측정되는 것을 의미한다. 물론, 우리는 모든 수학 계산에서 궁극적으로 순수 기호로 연산하며, 그 연산은 측정 단위에 영향을 미치지 않는다. 그러나 초기에는 측정되는 양을 지속적으로 참조해야 하며, 항상 기호와 과정을 해석할 준비가 되어있어야 한다.

3. 이에, 수는 참조 단위인 크기와 구별되고 측정되는 통합체 또는 한계가 있는 질적인 크기와도 구별된다.

수는 측정 단위로 사용된 어떤 크기를 그것과 같은 종류의 크기의 상대적 가치를 나타내기 위해 반복하는 것이다. 이는 항상 "몇 개인가(how many)?"라는 질문에 답이 된다.

이러한 "몇 개(how many)"는 두 가지 관련 측면을 가정한다. 단위로서 한 부분이 전체 양을 구성하기 위해 몇 번 사용되거나 반복되어야 하는지, 또는 한 부분을 한 번씩 취한다면 단위로서 몇 개의 부분이 전체를 구성하는지이다. 전자의 경우에 측정 단위의 반복 횟수가 정신적으로 좀 더 두드러진다. 후자의 경우에는 측정하는 부분들의 실제 수이다. 예를 들어, 40야드를 생각할 때, 우리는 단위가 40번 반복되는 것을 생각할 수 있는 한편, 통합된 전체를 실제로 구성하는 40개의 부분들을 생각할 수도 있다.

이미 말했듯이, 수와 측정 단위는 함께 쓰임으로써 양의 절대적 크기를 제공한다. 수 자체는 상대적 가치를 나타낸다. 수는 항상 비율[13], 즉 참조 단위에 대한 측정되는 양의 관계를 표현한다. 순수한 수로서의 7은 1피트에 대한 7피트, 1인치에 대한 7인치, 1일에 대한 1주일, 1000달러에 대한 7000달러 등의 비율을 동등하게 표현한다. 7 자체만으로는 의미를 지니지 않으며, 전혀 확정적인 가치도 없다. 그저 가능한 측정을 명시할 뿐이다.

다음 정의들을 비교하여 알 수 있듯이, 심리학적 분석을 통해 얻은 이러한 정의는 엄밀한 수학적 토대 위에 가장 위대한 수학자들에 의한 것이다.

Newton - 수는 하나의 양과 동류의 또 다른 양의 추상적인 비율이다.

Euler - 수는 하나의 양과 단위로 택한 또 다른 양의 비율이다[14].

수의 단계

수의 여러 가지 양상이 앞서 말한 것과 직결된다. 측정되는 통합체인 양은 "대상의 집합"이든 물리적 전체이든 간에, **연속적**이고 정의되지 않은 **얼마**(much)이다. 측정값으로서의 수는 이산적이며, **몇 개**(how many)이다. 측정하기 전의 크기인 얼마(muchness)는 그저 통합체이고, 측정 **후**에는 정수로 간주되는 합, 즉 하나의 전체를 구성하는 부분들(단위들)의 집합이다. 이는 단위들이 모여 합을 만들면서 몇 번 참조되었는지를 보여주는 수이다. 측정된 크기인 양은 항상 구체적이다. 이는 길이, 부피, 무게, 넓이, 비용 등 특정 종류의 크기이다. 단지 측정 단위가 몇 개인지 정의하는 "수"는 항상 추상적이다.

측정 **부분들**과 반복 **횟수**에 대한 관념은 양의 수치를 표현하는 수와 불가분하다. 이산적으로는 통합체를 구성하는, 한 번에 취해진 여러 부분이다. 추상적으로는 한 부분이 여러 번 취해진 것이다. 앞서 언급했던 것처럼, 하

13) 따라서 다시금, 순수한 수를 곱하거나 부분으로 나누는 것은 터무니없다. 우리는 비율을 부분들로 나눌 수 없다.

14) 생존하는 가장 예리한 수학자 중 한 명인 J. C. Glashan은 다음과 같이 정의하였다. "단위는 임의 대상의 무리를 세거나 임의의 크기를 측정할 때 사용하는 임의의 참조 기준이다. 수는 단위와 같은 종류의 양의 상대적 크기를 나타내기 위해 단위에 적용한 것이다." (그의 '고등학생용 산술' 등을 참조하라.)

나는 수가 매겨지는 부분들에 더 주의를 기울이고, 다른 하나는 부분들의 수에 더 주의를 기울인다. 양자는 동일한 측정 크기에 대해 절대적으로 상호관계가 있는 관념이다. 즉, 50달러의 가치는 1달러를 50번 사용하거나 부분 50개의 전체인 50달러를 1번 사용하는 것으로 결정된다고 간주할 수 있다. 수치적 과정과 그 결과인 수치는 똑같다. 어떻게 해도 측정 단위에 대한 측정되는 양의 비율인 수에 도달하게 된다. 양의 측정 시 부분과 횟수 간의 관계에 대한 이러한 관념은 연산의 해석에 필수적이므로, 이를 좀 더 살펴볼 것이다.

달러 지폐 한 뭉치의 금액을 알고 싶다고 하자. 예컨대, 편리한 측정 단위로 5달러를 정한다. 정의되지 않은 전체를 5달러 그룹 각각으로 분리한다. 이 그룹들을 세어 5달러 그룹이 10개 있음을 안다. 즉, 수치는 10이다. 이제 측정 단위와 그것이 반복되는 횟수 둘 다에 대한 확정적인 아이디어를 지니며, 따라서 그 지폐 뭉치의 금액에 대한 확정적인 아이디어에 도달했다. 우리는 모호한 전체인 정의되지 않은 전체로 시작했다. 전체를 부분들로 분해하고(분석), 부분들을 관련지어(세기) 통합체에 다시 도달했다. 같은 통합체지만, 그것을 대하는 정신적 태도는 같지 않다. 이제 기지의 수의 확정적 부분들로 구성된 확정적 통합체인 것이다. 이는 단위들의 합이다. 이렇듯 확정하는 과정에서 분석 측면의 강조점은 부분들, 즉 단위에 있다. 종합 측면의 강조점은 확정된 통합체, 즉 합에 있다. 부분들은 목표를 위한 수단이다. 부분들은 오직 목표인 합을 위해서만 존재한다. 10개의 단위, 즉 10번 반복된 단위는 하나의 합(한 번에 취해진 합)을 구성한다.

더욱이, 측정 단위 자체가 더 작은 단위인 달러로 측정되기 때문에, 이러한 더 작은 단위를 수단으로 하여 양을 측정하는 데에 동일한 심리학적 설명이 적용된다. 5달러 단위를 10번 취한 것은 5달러 단위들 10개를 한 번 취하는 것과 동일하다. 또한 이 5달러 단위의 임의의 부분을 10번 취한 것과 그러한 부분들 10개를 한 번 취하는 것이 동일하다는 것을 알고 있다. 즉, 1달러를 10번 취한 것은 10달러 전체를 한 번 취하는 것과 같다. 그리고 이는 5달러 내의 모든 달러에 해당되므로, 이때의 측정은 한 번에 취하는 10달러 전체, 두 번에 취하는 10달러 전체와 같이, 즉 5번에 취하는 10달러 전체를 제공한다. 달리 말해, 5달러씩 10개 그룹(또는 단위)의 측정은 필연적으로 상호 관련된 측정인 10달러씩 5개 그룹을 함의한다.

모든 확정적인 양적 아이디어를 유도하고 횟수와 부분의 상관관계에 관한 부분과 전체 만들기의 이러한 리드미컬한 과정은 간단한 직관으로 예시될 수 있다. 어떤 길이를 측정하는데, 3피트 부분 4개를 포함한다고 가정해 보자. 그다음, 부분들(측정 단위)과 수치(반복 횟수) 사이의 관계가 다음과 같이 지각될 수 있고, 여기서 점은 횟수와 양의 단위 둘 다를 상징한다.

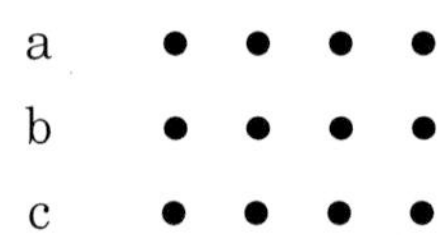

3피트 단위로 측정하면 4번 센다. 즉, 3피트를 4번 취하는 것으로 양이 표현된다. 3개의 하위 단위 각각이 4개의 세로 열로 표현된다. 그러나 이 측정 과정은 4피트를 3번 취하는 것으로 표현되는 상관 과정과 관련될 수밖에 없다. 3피트로 측정할 때 4번 반복된다는 것을 알기 때문에, 3피트의 3개의 부분 각각을 4번 반복하여 가로로 a, b, c 3개 행을 제공한다는 것을 인식한다. 즉, a는 4피트인 하나의 전체이다. b는 4피트인 둘째 전체이다. c는 4피트인 셋째 전체이다. 합하여 4피트를 3번 취한 것이다. 간단히 말해, 1피트 4번은 4피트인 하나의 전체이다. 이것은 원래의 척도인 3피트의 각 피트에 대해 사실이고, 따라서 3피트 4번은 4피트 3번이다.

(a) 12피트는 4피트짜리가 몇 개인지, (b) 12피트를 만들기 위해 4번 셀 때 하나가 몇 피트짜리인지, 이 두 질문은 정확하게 같은 방법으로 해결되는 것이 분명하다. 첫째 경우에서 3개(번)나 둘째 경우에서 3피트, 둘 다 4피트짜

리들로 12피트를 세지 않고서는 구할 수 없다.

양의 측정에서 "부분"(측정 단위의 수치)과 "횟수"(측정되는 양의 수치) 사이에 존재하는 이러한 필수 상관관계는 교환법칙(인수들의 곱은 곱하는 수의 순서에 상관없이 같다.)이라고 알려진 곱셈의 기본 원리에 대한 심리학을 제공한다. 예를 들어, 두 인수를 곱할 때 어느 수든지 피승수일 수 있고 승수일 수도 있다. a×b는 b×a와 같다.

일부 저자들은 피승수가 구체적일 때는 교환법칙이 성립하지 않는다고 주장한다. "왜냐하면, 4달러를 3번 취하는 것은 의미가 있지만, 3이라는 수를 4달러 번 취하는 것은 의미가 없기 때문이다."라고들 말하는데, 이는 전적으로 사실이다. 그럼에도 불구하고, 수의 정신적 본질과 교환법칙의 심리학적 기초에 대한 오개념을 토대로, 이의 제기가 가능하다. 심리학적으로 말해서, 피승수가 항상 순수한 수일 수 있을까? 수의 본질에 대해 앞에서 다루었던 설명이 옳다면, 피승수는 그것이 비록 숫자로 쓰여 있을지라도 항상 측정되는 양을 표현하는 것으로 이해되어야 한다. 피승수는 항상 구체적인 것이다. 이미 말했듯이, 4×3은 4개의 측정 단위를 3번 취함을 의미한다. 만약 수 자체가 순전히 정신적인 것이라면, 다시 말해, 정신의 근본적인 분석-종합 과정의 결과라면, 두 기호 모두 순수한 수를 나타내고 교환법칙이 성립한다고들 말하는 3×4의 의미는 과연 무엇인가? 실제로 3을 4달러로 곱하는 것을 제안하는 것은 의미 없지만, 마찬가지로 하나의 순수한 수를 횟수의 추상화에 해당하는 다른 수로 곱한다는 제안 역시 의미가 없다.

따라서, 만약 교환법칙이 "피승수가 구체적(이는 측정된 양을 가리킴)일 때 성립하지 않는다면," 어떤 경우에도 교환법칙은 성립하지 않는다. 그러한 법칙은 없다. 그러나 수가 측정에서 기인한다는 심리학적 설명이 참이라면, 교환법칙은 존재한다. 예를 들어, 20파운드를 4파운드로 측정하면 그 결과를 4파운드×5로 나타내며, 이와 심리학적 상관관계가 있는 것은 5파운드×4이다. 문자와 역할 둘의 상호 교환이 있는 것처럼, 인수 간의 진정한 교환이 이루어지게 된다. 하나의 식에서 측정되는 양을 나타내는 기호가 다른 식에서는 순수한 수를 나타내기도 하며, 반대의 경우도 가능하다. 어떤 식에 있는 4파운드가 교환된 식에서도 4파운드로 남아 있다면, 과연 교환이 이루어진 것일까?

우리는 실제 측정 부분들을 수치와 동일시하는 오류에 대해 언급하였다. 다른 한편으로, 이제 그것들의 필수적인 연결, 즉 교환법칙에 주목하지 못하는 것이 종종 혼란의 원인이 된다고 말할 수 있다. 이제 "나눗셈"의 신비에 대해 어떠한 언급도 하지 않고, 복합량의 환산 및 대분수의 가분수 환산 규칙에 대한 논의를 살펴보자. 우리는 41야드를 피트로 환산하기 위해 규칙 중 일부에 따라 41에 3을 곱한다. 또 다른 규칙에 따르면, 이는 곱이 123야드이므로 잘못된 것이다. 3피트에 41을 곱해야 하고, 따라서 옳은 결과인 123피트를 얻게 된다. 몇몇 규칙 개발자는 비록 앞의 규칙이 틀릴지라도 이를 따를 수 있다고 말한다. 왜냐하면, 이는 항상 옳은 규칙과 동일한 결괏값을 가져오고, 실제로 대개 더 편리하기 때문이다. 규칙이 거짓인데도 항상 옳은 결과를 도출한다는 사실이 의아하다. 앞서 언급했던 부분들과 횟수 사이의 관계로 인한 어려움이 사라진다. 식에서 41야드는 측정되는 양을 나타낸다. 41은 그 양의 수치를 나타내고, 1야드는 측정 단위를 나타낸다. 따라서 양에 대한 우리의 관념은 기본적으로 3피트짜리 부분 41개이고, 3피트에 41을 곱한다. 그러나 이 관념은 상관관계에 있는 41피트짜리 부분 3개와 관련된다. 따라서, 더 편리하다고 생각한다면 41피트에 3을 곱할 수 있다.

유사한 설명이 예컨대 $3\frac{3}{4}$달러를 가분수로 바꾸는 것과 같은 환산에도 적용된다. 이 경우, 분수의 분모가 직접적인 측정 단위, 즉 달러를 4등분한 것 중 하나라는 것을 나타낸다. 따라서 3달러를 단위($\frac{1}{4}$달러) 4개짜리가 3부분 있는 것이라고 상상하여, 4에 3을 곱한다. 또는 단위 3개짜리가 4부분 있는 것이라고 상상하여, 3에 4를 곱한다.

교육적 적용

1. 모든 연산은 세 가지 요소를 포함하며, 이 세 가지 요소가 도입될 때에만 자연스럽고 완전하게 이해될 수 있다. 그렇다고 이 요소들이 항상 형식화되어야 한다는 의미는 아니다. 반대로, 초기의 형식화는 혼란스러울 수 있고, 집중하기에 너무 큰 부담이 될 것이다. 그러나 세 가지 요소가 있어야 하고, 사용되어야 한다.

모든 문제와 연산은 (1) 전체 크기(특정 수치를 갖는 하나의 통합체)에 기초하여 진행되어야 하고, (2) 이 전체를 측정하는 어떤 단위가 있어야 하며, (3) 전체 크기와 단위, 둘 중 하나와 다른 것의 비율인 수를 가져야 한다. 간단한 덧셈 사례를 가정해 보자. 존은 2달러, 제임스는 3달러, 알프레드는 4달러를 갖고 있다. 그들은 모두 얼마를 가지고 있는가? (1) 전체 크기, 얼마(muchness)가 여기에서 구하고자 하는 것이다. 아동이 이 전체 양을 여러 부분으로 이루어진 전체로 느낄 때만 이 문제가 의미를 지닐 것이다, (2) 측정 단위는 1달러이다. (3) 수는 이 단위가 전체에 얼마나 있는지 측정한 것으로, 즉 9이다. 이 수를 찾았을 때 처음에는 모호하게 생각되었던 양이 얼마인지 정의되거나 측정된다. 달리 말해서, 그것의 진정한 의미를 이해하려면 심리학적으로 어떤 포괄적인 크기에 대한 사고가 연산보다 선행되어야 함을 명심해야 한다. 결론은 처음에는 한낱 크기라고만 모호하게 파악되었던 양이 얼마나 되는지를 정확하게 정의하거나 말해준다.

그렇다면, 우리는 양과 관련되지 않는, 즉 어떤 종류의 측정값이 아닌 단순한 수를 다루는 문제는 전혀 도입하지 않는가? 즉, 4, 5, 7, 8 등을 더할 필요가 없을까? 항상 사과 4개, 4달러, 4피트와 같이 어떤 구체적인 양을 더해야만 할까? 그렇지 않다. 수를 다룰 때 편의상 반드시 실제 상황일 필요는 없다. 수는 측정 도구이며, 도구로서 수를 사용하여 쉽고 정확하게 다루기 위해서는 상당한 연습이 필요하다. 그러나 확정적인 양에 기초한 연습이 이루어지기 전까지는 이렇듯 “수”로 하는 훈련이나 연습을 결코 도입해서는 안 된다. 이러한 훈련이나 연습은 측정하는 양에 대해 계속해서 수를 참조하는 정신적 습관이 형성된 후 도입해야 한다. 교사가 연습을 시킬 때도 마찬가지로, 양을 확정하는 수의 쓰임을 간과하는 반대쪽 극단보다 구체적 값을 참조하는 수를 주목하도록 하는 것이 모든 경우에서 더 안전할 것이다. 예를 들어, “수”를 더할 때, 교사는 “자, 지금 우리는 사과 더미를 가지고 있다(또는 인치를 가진다, 등). 우리가 가진 것이 모두 얼마만큼 인지 알고자 한다.”라고 말할 수 있다. 또는 교사는 모든 문제의 말미에서 “우리는 그때 무엇을 세고 있었나요? 또는 무엇을 측정하고 있었나요?”라고 묻고, 각자가 원하는 대로 해석하도록 내버려 둘 수 있다. 이를 언제까지 지속할지는 세부적인 문제이다. 다만 중요한 것은 수를 어떤 양에 계속 관련지어 생각함으로써 해석하는 습관이 형성된다는 것이다.

2. 단위를 결코 고정된 것으로 가르쳐서는 안 되며(예: Grube 방법에서처럼), 항상 측정 단위로 가르쳐야 한다. 1은 단지 하나의 사물이 아니고, 항상 세기와 그로 인한 어떤 전체나 양을 측정하기 위한 기초로 사용되는 대상이다. 절대적으로 우리가 주목하는 모든 것이 무엇이든 1이다. 우리가 주목하는 바로 그 행동에 의해 1이 만들어진다. 만약 우리가 한 번에 관찰해서 사물의 전체 체계로 취할 수 있다면, 그것이 1이다. 우리가 원자 하나를 분리해서 볼 수 있다면, 그것도 똑같이 1이 될 것이다. 숲을 전체로 본다면, 1이다. 나무, 가지, 줄기, 잎, 잎의 세포도 우리의 관심 대상이나 전체가 될 때, 마찬가지로 1이다. 그러나 이 1이라는 성질은, 즉 주의를 기울인 모든 대상에 의해 차지된 이 통합체는 수치 단위와 마찬가지로 단지 이름에 불과하다. 그 자체로는 전혀 양적인 것이 아니라, 질적인 통합체이자 의미의 통합체일 뿐이다. 한계가 있는 것, 또 어떤 수단을 사용하여 도달되는 목적으로 간주될 때에만 양적인

통합체(양 또는 크기)가 된다(28쪽). 어떤 다른 값과 동치를 구성하기 위한 수단 중 하나로 사용될 때에만 단위가 된다. 어떤 하나의 대상이 양의 자연스러운 단위이고 다른 대상들에 적용할 때 이 단위가 증가된다는 가정은 참과 정반대이다. 우리가 대상을 대상으로 취하는 것을 멈추고 그것들을 단순히 전체를 구성하는 부분들로 간주하고 나서야, 즉 하나의 양을 측정하는 단위들로 간주하고 나서야 수가 발생한다(19쪽, 33쪽 추상화 참조). 그러므로 대상의 "상세한 관찰법"은 본질적으로 잘못된 것이 확실하다. 그 방법의 장점으로 주장되는 것은 실제로는 심각한 결함이 있다. 이 방법의 옹호자들에 따르면, 아동은 "자신의 주의를 끄는 것을 보고 그에 대한 모든 것을 본다." 그러나 그 사물에 대한 모든 것을 보면서도, '그것들은 하나의 전체의 부분들이다.'라는 점을 제외하고는 사물에 대해 아무것도 보지 않는 수치적 추상화는 놓치고 있다. 사물에 개별적 의미를 부여하는 성질들의 '구별하기'와 '관계 짓기'는 있을지 모른다. 그러나 양적 단위를 확정적인 양적 전체로 구성하는 과정은 없거나, 적어도 지연된다.

이것은 달러, 인치, 파운드, 분과 같은 단위의 경우 분명히 그렇다. 그 단위들은 절대적으로 고유한 그 성질 자체로는 유용하지 않지만, 비용, 길이, 무게, 기간 등을 측정할 때 이용하기에는 유용하다. 반면, 책, 사과, 소년 등의 경우에는 그렇지 않다. 여기서 각각의 책, 사과 등은 그 자체로 하나의 단위이다. 그러나 이는 이미 언급했던, 측정에서 세기를 분리하는 오류에 빠뜨린다. 책, 크레파스, 큐브는 그 자체로 하나의 통합체이자 하나의 전체이지만, 총량(값)을 세는 데 사용되는 경우를 제외하고는 단위가 아니다. 유일한 요점은 이 세기가 매우 조잡한 측정을 제공한다는 것이다. 책, 파이 등의 단위는 그 자체로 같은 종류의 하위 단위를 이용하여 측정되지 않는다. 우리는 측정되지 않는 단위로 측정하는 중인 것이다. 따라서 그 자체로 확정적 길이를 갖지 않는 걸음으로 길이를 측정하는 것처럼, 또 그 자체로 가치가 바뀌는 감자로 다른 상품의 가격을 측정하는 것처럼 우리의 측정 결과는 매우 모호하고 부정확하다[15].

더욱이 측정 단위 자체는 측정되기 때문에, 즉 그 단위 자체가 하위 단위로 구성되기 때문에, 2, 3, 4, 5, 6 등으로 표시되는 어떤 수치적인 값을 갖는다. 측정의 기초로 취한 25파운드가 하나의 단위이고, 이것을 1이라고 하자. 이는 하위 단위인 1파운드를 참조하여 그 자체가 측정되며, 그것은 하나의 확정적 통합체인 **총량**이다. 3피트의 측정량으로 참조하면 36피트는 12라는 수치를 갖게 된다. 그리고 이 3피트는 마치 1피트로 12피트를 측정할 때 적용되는 것처럼 하나의 단위(하나 또는 1)이다. 따라서 10달러짜리 은화 9더미와 30줄짜리 25페이지의 양은 각각 9와 25라는 수치를 갖는다. 즉, 9개의 측정 단위("1")와 25개의 측정 단위("1")를 갖는 것이다. 이것이 표기법의 기본이다. 모든 측정 단위에 적용되는 수치 100은 10개의 십 단위로 구성된 양을 나타낸다. 1000이라는 수는 10개의 백 단위로 구성된 양을 측정한다. 임의의 단위에 적용되는 수 $\frac{1}{10}$은 10배를 하면 참조 단위 1인 양을 나타낸다. 임의의 측정 단위와 함께 사용되는 수 $\frac{1}{100}$은 10배를 하면 참조 단위의 $\frac{1}{10}$인 양을 나타낸다.

3. 따라서, 수치적 조작에 대한 적절한 도입 방법은 리드미컬한 '**부분과 전체 만들기(parting and wholing)**'의 정신적 조작을 요구하는 방식으로 자료를 제시하는 것이 최선이라고 요약할 수 있다. 즉, 성질이나 크기는 전체를 부분들로 분리하는 것(이는 값에 대한 정신적 분리로, 반드시 물리적 분할을 수반하지는 않음)과 부분들로 전체를 재구성하는 것을 포함하는 방식으로 제시되어야 한다. 분석은 측정 단위를 제공한다. 종합 또는 재구성은 크기의 절댓값을 제

15) 그래서 한 번 더, 우리의 산술에 있는 그릇된 아이디어가 연필, 사과, 오렌지, 보편화된 파이와 같이 부분적으로 질적이고 부분적으로만 양적인 측정되지 않는 단위들로 아주 많이 예시되며, 길이, 크기, 무게, 금액 등의 확정적 단위들로는 별로 나타나지 않는다.

공한다. 그 과정 자체가 비, 즉 순수한 수를 도출한다.

따라서 우리는 Grube 방법의 근본적인 오류를 다른 관점에서 볼 수 있다. 전체적으로 볼 때, 그의 방법은 대상을 구성적으로 사용하는 대신에 대상을 단순히 관찰하는 것에서 기인하므로, 측정 단위를 적용하여 측정되는 전체 양을 가지고 수행하는 대신에 고정된 단위를 가지고 수행한다. Grube 방법이 다른 방법들과 견주어 우수한 점은 단순히 숫자 기호만 다루는 대신 대상을 도입하는 방법이라는 점, 계획 없는 모호한 수행 대신 체계적이고 확정적인 방법을 사용한다는 점이다. 심리학적으로 말하자면, 이는 교육자에게 그 방법의 근본적인 단점을 가리는 경향이 있다. 이미 설명했기에 이에 대해 길게 언급할 필요는 없지만, 다음과 같은 점을 주목할 수 있다.

(a) 1에서 2로, 2에서 3으로 진행할 때, 수학적으로나 심리학적으로 기본적이라 할 수 있는 한계의 원리를 벗어난다. 여기에는 연산의 경계를 설정하고 연산을 하는 근거를 제공하는 그 자체 고유의 통합체를 갖는, 한계가 있는 성질도 없고 크기도 없다. 이 방법에서는 수가 연산의 근거, 역할, 양의 측정과 별개이기 때문에, 따라서 무의미하고 기계적이 된다. 수를 가지고 연산을 수행하기 위한 내적 요구나 필요성을 느끼지 못한다. 그 연산들은 인위적이다. 전체를 참조하지 않는 부분, 그리고 크기를 참조하지 않는 단위를 다루고 있는 것이다. 이는 아동으로 하여금 기계의 여러 부분을 모두 배우게 한 다음, 기계의 목적, 즉 그것이 무엇을 위한 것인지, 무엇을 하는지 알지 못하게 조심스럽게 감춤으로써 그 부분들의 존재를 전체적으로 이해할 수 없게 만드는 것이다.

(b) 처음에는 고정 단위인 하나의 대상(1)을 가지고 시작하여, 2개의 대상, 3개의 대상으로, 이어서 다른 고정 단위로 이어지는데, 여기에는 다양한 연산 간에 본질적인 심리학적 연결이 없다. 우리는 덧셈을 할

수 있고, 뺄셈을 할 수도 있으며, 비를 구할 수도 있다. 그러나 덧셈, 뺄셈, 비가 (심리학적으로) 분리된 과정으로 남는다. 순수 심리학에 따르면, 한편에서는 양의 전체로 시작하여 그 측정 단위로 분석되고, 다른 한편에서는 이 단위들이 본래 양의 값을 구성하도록 종합이 이루어진다. 우리는 전체를 나타내는 부분들과 총량을 구성하는 단위들을 갖고 있다. 여기서 덧셈과 뺄셈은 심리학적으로 대응 관계이다. 의식적으로 그중 하나 이상을 주목하든지 못하든지 간에, 우리는 실제로 이 두 가지 연산을 함께 수행한다. 이와 유사하게, 우리는 단위들(many)로부터 전체(much)로의 리듬적 구성에서 비를 정하는 과정을 거친다. 따라서 비의 원리에 대한 의식적 파악은 새로운 연산을 수반하는 것이 아니라, 이미 수행했던 연산에 대한 반성일 뿐이다. 먼저 하나의 과정, 그다음 다른 과정, 그다음 또 다른 과정으로 이어가는 방식이 Grube 방법의 법칙이다. 모든 과정을 동시에 가르친다[16]는 Grube 방법의 주장에도 불구하고, 이 법칙은 실제로는 다음과 같다. 먼저, 모든 연산을 포함하는 과정이 있다. 그다음, 주의력과 해석력이 능숙해짐에 따라서, 관련되는 바를 알아내기 위해 이미 수행된 과정을 관심의 대상으로 만드는 심리학적 법칙이다.

4. 수를 측정(즉, 주어진 양의 수치 확정)으로 인식하지 못하고 단순히 다수의 고정 단위로 간주하는 방법은 필연적으로 소모적이고 무의미한 기계적 훈련으로 이어진다. 수의 자연스러운 시작은 측정할 필요가 있는 하나의 전체라는 것이 심리학적 설명이다. Grube 방법은 (이름만 다를 뿐 실질적으로는 Grube 방법과 동일한 다른 방법들 또한) 어떤 하나의 대상이 자연스러운 출발점이며, 이로부터 2개의 대상으로, 이어서 3개의 대상 등으로 진행하는 것이라고 말한

16) 물론, 이 법칙은 결코 모든 과정을 동시에 가르치지 않는다. 이는 단지 다른 수로 진행하기 전에 하나의 '수'에 대한 모든 것을 가르치며, 이때 각 수는 그 자체로 독립체이다. 이렇게 해서는 안 된다. 여러 연산에 대한 이 문제는 다음 장에서 논의할 것이다.

다. 2, 3 등이 고정된 것이라면, 다음으로 넘어가기 전에 각각을 숙달할 필요가 있다. 4를 완전히 숙달하지 않는 한 5를 이해할 수 없다. 1~5 또는 1~10까지의 수를 학습하는 데 6개월 또는 1년이 걸리고, 학습자가 작은 수 각각의 모든 결합을 다 숙달해야만 더 큰 수에 대한 학습으로 넘어갈 수 있다는 결론은 그 전제부터 꽤 논리적이다. 그러나 이 학습(다양한 대상을 도입하고, 눈, 귀 등을 세며, 아동들을 그룹으로 나누는 등)에 아무리 이로운 점을 부여하더라도, 그 과정은 본질적으로 기계식 연습 중 하나임을 결코 부정할 수 없다. 대상에 의해 제공된 관심은 결국 수 자체에 외적이고 부정적인 채 남게 된다. 수에 수로서의 다양성이 없고, 그저 1, 2, 3 등으로 변화를 야기하는 반복적인 단조로움이 있을 뿐이다. 더욱이 암기력에만 호소하기를 거듭한다. 이 결합들은 학습해야 할 구구이다. 2 더하기 2는 4, 2×3+1=7, $1\frac{2}{5}\times 5=7$ 등의 계산 결과와 정보의 누적만을 강조한다. 결과적으로, "수"는 정신 활동에 외적인 것으로 남겨진다. 정신 행동으로부터 발달하고 내적인 정신 작용의 정상적인 습관이 되는 것이 아니라, 정신에 부과되고 정신에 의해 수행되는 무언가일 뿐이다.

참된 방법과 대조하라.

Grube 방법의 결함을 보다 명확하게 짚어보기 위해 참된 방법 또는 심리학적인 방법과 대조해 보자.

(a) 어떤 정신 과정의 수행이 늘 강조된다. 파악해야 하는 어떤 사실이나 정보는 단순히 이러한 과정의 결과이다. 주어진 전체가 하위 전체들로 세어진다. 예를 들면, 한 그룹의 대상이 하위 그룹으로 구별된다, 주어진 양의 표면이 동일한 하위 표면 단위로 잘린다, 하나의 무게가 무게의 하위 단위의 수와 같아져 측정된다 등. 그다음, 본래 전체의 수

치를 구하려면, 하위 그룹, 하위 단위나 부분들의 수를 세어야 한다. 전체를 그것의 부분들로 구별하고 그 부분들을 합하여 전체의 값을 구성하는 실질적인 과정이 온전한 관심거리다. 정신의 활동과 단절되면, 학습해야 하는 수 구구나 원리는 외부적인 것이 되고 관심은 부분적이고 결함이 있을 수밖에 없다. 또한 연산은 기계적이 되고, 연산자는 단순한 기계가 된다. 그렇지 않으면 이는 정신을 긴장 상태로 지속하는 일련의 인위적 자극에 의해서만 유지된다. 내적인 정신 활동과 마음에 강요되는 비정상적인 행동 사이의 격차를 막고자 노력해야 한다. 내적인 정신 활동이 있을 때 관심도 있다. 관심은 정상적인 활동에서 비롯되는 의식일 뿐이다[17]. 게다가, 이 '부분과 전체 만들기(값의 하위 단위로 나누어 측정하기와 이 하위 단위들을 하나의 전체로 합하기)' 활동은 정신이, 예컨대 1+1+1+1 또는 1+1+2 등이 4와 같다는 필요한 정보를 얻지 않고서는 수행될 수 없다.

(b) 심리학적 방법(측정 방식으로서의 수)에서는 기억하거나 암기하는 것이 아닌, 주의와 판단의 훈련에 호소하게 된다. 확정적인 분석과 종합의 습관을 형성하는 이 훈련은 하나의 전체에서 부분을 다른 부분과 리드미컬하게 균형 맞추는 습관을 형성하고, 또 하나의 전체를 리드미컬하거나 규칙적으로 확정적 부분들로 분해하는 습관을 형성한다. 이 습관이 형성되면, 자연스럽게 암기될 것이다. 수 구구를 기억하려고 애써서 파악하거나 전달할 필요 없이, 필요할 때마다 정신의 힘에서 재생산될 것이다. 수 구구의 학습, 즉 정보를 보존하고 기억하는 것은 습관의 형성, 즉 힘 달성의 결과이다. 수의 측정 기능을 간과한 방법으로는 확정적 습관을 이끌어낼 수 없다. 그 방법은 단지 암기력만 기를 뿐이다.

17) 주제에 흥미를 갖도록 하기 위해 외적 자극에 호소해야 하는 경우에는, 당연하게도, 활동 자체가 끝나면 정신이 관심을 다른 곳으로 옮겨가거나 무관심해지는 것을 보여준다. 이는 정신에 내재적 흥미, 자발적 동기, 스스로 개발한 에너지가 없음을 의미한다. 반면, 이러한 내적 활동이 이루어질 때는, 주제가 당연히 흥미롭고 흥미를 갖게 만들 필요도 없다.

모든 수업에서 연습 및 훈련의 필요성에 대해서는 의심의 여지가 없다. 그러나 연습 및 훈련의 참된 본질에 대해서는 의문의 여지가 있다. 고정 단위 방법에 의해 제공 가능한 연습 및 훈련의 유일한 관념은 외부의 무언가에 마음을 고정하는 능력, 수 구구를 단지 기억력에 의해서만 전달할 수 있는 능력에 대한 관념이다. 단위를 목표를 위한 수단으로, 측정의 기초로 다루는 심리학적 방법에 의하면, 훈련은 **표현하려는 노력의 정돈되고 효과적인 방향으로** 구성된다. 전자는 노예가 자신이 이해하지 못하는 일, 전혀 관심이 없는 일에 자신을 맞추는 연습이다. 후자는 자유인이 자신의 목적을 실현하는 데 효율적인 행위자가 되도록 자신을 맞추는 훈련이다.

(c) 결국, 고정 단위 방법은 자유 놀이를 통해 다양한 경향이나 지속적인 새로운 개발을 허용하지 않으면서 흥미를 잃게 하고 정신을 기계화시킨다. 이미 말했듯이 Grube 방법을 따르면, $2+2=4$와 같은 수 구구의 단조로움은 아무리 소재를 블록, 구두 못, 새 그림 등으로 바꾸어 가며 위장하더라도 늘 똑같이 남아 있다. 측정 방법을 따르면, 행동의 습관이나 일반적인 방향은 동일하게 유지되지만 새로운 수 구구에 적용함으로써 끊임없이 차별화된다. Grube 방법을 따르면 통합체는 하나의 **사물**이고, 그 사물이 목표이다. 측정 방법을 따르면 통합체는 12일 수도 있고(예: 특정 오렌지로 측정한 오렌지 1더즌, 1시간으로 측정한 오전, 1인치로 측정한 1피트, 1달로 측정한 1년 등), 100일도 수 있다(예: 1센트로 측정한 1달러).

1~5까지의 수로 지루하고 철저하게 연습하는 방법은 자발성이 허용되지 않고 아동의 실제 경험과 거의 연결되지 않으며 그 방법과 반대되는 다른 모든 다양성을 배제한다. 이 연습 방법에 의존하는 대신, 아동의 삶에서 발생하는 하나의 전체를 파악하여 아동이 그것에 관심을 갖도록 하는 자유 놀이를 제공할 수 있다. 아마도 통합체 12, 즉 1더즌은 아동에게 7보다 더 친숙하고

흥미로울 것이며, 시각 읽기를 할 수 있다는 바람이 내적 요구가 될 것이다. 그러나 Grube 방법에서는 12를 배제해야 한다. 통합체로서 25(돈으로 치자면 $\frac{1}{4}$달러), 50($\frac{1}{2}$달러), 100(1달러)은 아동의 활동에 있어서 지속적이고 생동감 있는 흥밋거리이다. 이것들 각각은 눈 1, 블록 1과 같은 1일뿐이며, 산술적으로는 블록보다 그 자체로 훨씬 더 나은 유형의 단위이다. 왜냐하면, 하위 단위로 확정적 측정이나 리드미컬한 분석이 가능하여 고정된 단위와 전혀 무관하고 외적인 연산인 나눗셈, 곱셈, 분수 등도 다룰 수 있게 되기 때문이다.

어떤 사람들은 "그러나 100이나 심지어 12도 아동이 파악하기에는 대체로 너무 복잡하고 어려운 수"라고 말할 것이다. 만약 이 수들을 단지 개별 고정 단위의 누적이나 집합으로 본다면 맞는 말이다. 성인들도 그런 의미에서는 100을 확정적으로 파악할 수 없다. 분리된 개별 사물을 단위로 보는 것을 기초로 전개되는 Grube 방법이 모든 작은 수의 결합을 전부 알아야 한다고 주장하는 것은 꽤 논리적이다. 그러나 만약 100을 하위 단위로 측정함으로써 확정적으로 가치가 정해지는 하나의 자연스러운 전체로 취급한다면, 그 주장은 틀리다. 다시 말해서, 1달러는 1이고, 이는 블록 1이나 조약돌 1과 같다. 그러나 1달러는 (고정된 사물로서 블록과 조약돌이 아닌) 두 개의 50, 네 개의 25, 열 개의 10이기도 하다.

우리가 여기에서는 문제의 이론만을 다루고 있지만, 더즌과 달러로 그러한 양을 성공적으로 다루는 것은 이론만의 문제가 아님을 독자에게 상기시키는 것이 좋을 것이다. 교실에서 발생하는 실제는 심리학에 근거하여 여기에서 말한 모든 것을 정당화하는 것 이상이다. 아동은 다양한 결합으로 1부터 5까지를 단조롭게 연습하는 6개월 동안, 경험에 의해 입증된 바와 같이, 예컨대 1개의 10부터 5개의 10, 1개의 100부터 5개의 100 등 큰 수의 조합에 있어서도 전문가가 될 것이다. 만약 수를 발생시키는 측정 과정에서 대상의 적절한 사용으로 정신 행동을 돕는다면, 아동은 4센트와 2센트가 6센트라는 것을 알고 있는 것과 마찬가지로, 4개의 10과 2개의 10이 6개의 10이고, 4개의 100과 2개의 100이 6개의 100이라는 것 등을 알게 된다. 왜냐하면, 어떤 종류의 측정 단위 4개와 같은 종류의 단위 2개는 같은 종류의 단위 6개라는 것을 알고 있기 때문이다. 이렇듯 더 큰 양과 더 큰 측정 단위의 도입은 아동을 단조로움으로 인한 의욕 상실로부터 벗어나게 하고, 다양성과 참신함, 아동의 실제 경험에 관한 지속적인 호소를 통해 연산에 대한 관심을 유지하거나 심지어 증가시킨다.

"나무에 새 4마리가 앉아있는데 2마리가 더 날아오면, 모두 6마리가 나무에 앉아있는 것"을 한 번도 본 적이 없는 많은 아동이 아버지의 소 중 한 마리가 40달러(4개의 10)에 팔렸고 다른 소는 20달러(2개의 10)에 팔렸을 때 전부 6개의 10 또는 60달러가 생겼다는 것은 들어본 적이 있을 것이다. 또는 말 한 무리가 400달러에 팔렸고 다른 무리는 200달러에 팔렸을 때 전부 600달러라는 것을 들어본 적이 있을 것이다.

이러한 큰 수가 아동의 이해 능력을 넘어선다고 주장될 때, 이 주장이 실제로 의미하는 것은 무엇일까? 만약 이것이 아동이 100을 표상할 수 없고 100을 시각화할 수 없다는 의미라면, 이는 완전히 참이다. 그러나 그것은 성인의 경우에도 마찬가지로 참이다. 그 누구도 어떤 종류의 양의 백 단위에 대해 정신적으로 완벽히 표상할 수는 없다. 그러나 우리는 누구나 그러한 백 단위의 관념을 지니고 있으며 이 관념을 통해 매우 확실하고 타당한 결과를 얻을 수 있다. 따라서 측정 단위의 상징으로서 구체적 대상을 합리적으로 사용하여 4개의 단위와 2개의 단위가 6개의 단위라는 수 구구를 알게 된 아동은 모든 단위에 대해 충분히 수행 가능한 명확한 관념을 얻게 되는 것이다. 한편, 이와 반대되는 가정은 고정 단위 방법의 오류에서 비롯된다. 즉 수치적으로 양을 알기 위해서는 수치를 정신적으로 묘사해야 한다는, 또 양에 포함된 모든 측정 부분을 한 번의 행동으로 주목해서 파악해야 한다는 유사한 오류에서 기인한다. 다시 말하지만, 성인이든 아동이든 이를 할 수 없다. 우리는 1000각형을 시각화할 수 없다. (아마도 우리 중 일부는 10각형조차도 "그릴" 수 없을 것이다.) 그럼에도 불구하고, 우리는 그 도형을 알고 있으며 그에 대한 확정적 관념을 지닌다. 그리고 어떤 주어진 조건으로 그 도형의 성질을 정확히 결정할 수 있다. 요컨대, 이는 우리가 본 것만을 안다는 오류, 알고 있는 감각이나 감각적인 상상에 제시된 것만을 안다는 오류, 그리고 정신이 지각에 작용하여 산출한 이상성과 보편성이 그 단어의 참된 의미에서의 지식이 아니라는 오류와는 반대된다.

요약

한 가지 방법은 자발성, 다양성 및 성장을 차단하고 정신을 몇 가지 수 구구의 반복으로 제한시키면서 정신을 경련시킨다. 또 한 가지 방법은 활동의 반복을 요구하고 모든 종류의 가치에 대해 관심을 기울이는 것을 이용하면서 정신을 확장한다. 전자의 방법은 "암기"를 단순한 수 구구 전달자로 만들면서 순전히 기억에 의존한다. 후자의 방법은 행동 습관이나 확정적인 정신력 형성에 의존하고, 수 구구를 자발적 활동의 결과물로 기억하게 한다. 전자의 방법은 흥미를 불러일으키지 않으므로 활동 발달을 자극하지 못한다. 또는 숙련된 교사가 자극을 계속 변화시키면서 유도할 수 있는 외적 흥미에 호소한다. 이러한 외적 흥미는 여러 활동으로 이어지지만, 힘을 조직하거나 지식을 보존하는 데 있어서 통합된 결과를 가져오지 않는다. 후자의 방법은 자연스러운 기능인 '부분과 전체 만들기'라는 정신 자체의 활동에 의존하며, 정신의 생생한 행동의 조건이자 산물인 내적 흥미로부터 지속적인 지원과 재강화를 보장한다.

06 수의 발달 : 산술 연산

수의 외적 연산과 내적 연산

덧셈, 뺄셈, 곱셈

이미 살펴보았듯이, 수는 엄밀한 의미에서 양의 측도이다. 수는 측정 단위 몇 개가 양을 구성하는지 표시함으로써 주어진 양을 확정적으로 측정한다. 따라서 모든 연산은 이 측정 과정의 단계이다. 모든 연산은 측정의 아이디어와 밀접하게 연관되어 있되, 측정의 아이디어를 수행하는 범위와 정확도에서 차이가 있다.

통상적으로, 덧셈, 뺄셈 등의 기본 연산은 산술적으로 서로 연결되지만, 심리학적으로는 구별된다. 덧셈은 수를 가지고 수행하는 하나의 연산이고 뺄셈은 또 다른 연산인 것처럼 보인다. 이는 정신적 과정인 수의 본질에 대한 오개념에서 비롯된다. 우리가 1을 1개의 **사물**, 2를 2개의 **사물**, 3을 3개의 **사물**로 간주하면, 연산을 기존의 주어진 수를 가지고 외적으로 수행하는 것으로 생각할 수밖에 없다. 이때의 수는 우리가 여러 방법으로 조작할 수 있는 고정되고 외적인 것이다. 이 여러 방법은 덧셈, 뺄셈 등일 뿐이고, 그 연산은 수 자체의 아이디어에 내재된 것이 아니다.

그러나 수가 모호한 양의 아이디어를 확정적인 것으로 변환시키는 양의 측정 방식이라면, 이러한 모든 연산은 내적이며 내재적인 수의 발달이다. 연산은 정확성과 확정성에 있어 수의 측정 능력의 성장이다. 이제 우리는 이러한 연산이 측정 방법으로서 수의 발달을 어떻게 나타내는지를 제시하고, 또한 이 사실이 교육적으로 함의하는 바를 언급하고자 한다.

측정 단계

우리는 이미 정확성과 확정성에 있어서 구별되는, 측정의 세 단계가 있음을 보았다. (1) 그 자체로 측정되지 않는 단위를 사용하여 양을 측정할 수 있고, (2) 측정되는 양과 동질의 단위로 측정되는 단위를 사용하여 양을 측정할 수 있으며, (3) (2)와 같이 확정될 뿐만 아니라 다른 종류의 어떤 양과도 확정적 관계가 있는 단위를 사용하여 측정할 수도 있다. 예를 들어, 만약 우리가 펙(peck) 척도로 사과의 수를 센다면, 측정의 (1)유형을 사용하는 것이다. 사과를 확정하는 펙 척도는 동질의 하위 단위가 없다. 그런데 우리가 사과의 파운드 수를 측정한다면, 우리는 (2)유형의 측정을 사용하는 것이다. 각각의 사과 그 자체를 몇 온스(ounces)로 측정하여 정의할 수 있고, 따라서 파운드 수와 정확한 비교가 가능하다. 우리는 이 경우에 드램(drachms), 온스 등 동질의 측정 단위에 관한 연속적인 척도를 갖는 것이다. (1)유형의 측정에서는 그러한 척도를 갖지 않는다. 마지막으로, 파운드 자체는 16온스뿐만 아니라 다른 기준과의 관계를 통해 정의될 수도 있다. 예를 들어, 39.83의 온도에서 증류수 1세제곱피트의 무게는 $62\frac{1}{2}$파운드이며, 피트 자체는 주어진 조건, 주어진 위도에서 초를 진동시키는 진자의 확정적 부분으로 정의된다(37쪽 참조).

특정 연산

이미 언급했듯이, 기본 연산은 측정 과정 발달상의 단계이다.

1. 주어진 목적에 가장 적합한 것을 선택하기 위해 양을 비교하는 것이 양적 아이디어를 야기할 뿐만 아니라 양을 더 명확하고 확정적으로 만든다는 것을 살펴보았다. 각각의 양은 처음에는 모호한 전체이다. 그러나 하나가 다

른 것보다 더 길거나 짧고, 더 무겁거나 가볍고, 즉, 더 많거나 적다. 여기에서 덧셈과 뺄셈에 대한 초기 아이디어가 시작된다. 각각의 양 자체가 모호할 때에는 양들 간의 차이도 모호한 얼마이며, 각각의 양 자체가 더 정확해지면 양들 간의 차이도 더 정확해질 것이다. 이러한 더 나은 정의는 측정의 첫째 단계인 정의되지 않은 단위의 측정으로 발생한다. 우리는 대상의 집합의 수를 세어서 측정하는 것으로 시작한다. 이는 몇 걸음, 몇 뼘 등으로 세는 것과 비슷한 방법으로 연속량의 측정을 제안한다. 이제, 부정확한 단위를 사용하면서 양에 대한, 그리고 양을 구별하는 더 많고 더 적음에 대한 보다 확정적인 아이디어를 갖게 되는 것이다. 그러나 이는 두 양의 비에 관한 명확한 아이디어는 아니다. 같은 사물이 아닌 비슷한 사물을 세는 것이다. 다시 말해서, 측정되지 않는 단위로 세는 과정은 산술적으로 덧셈과 뺄셈을 제공한다. 그 결과는 그저 양의 많고 적음에 대해서 확정적이다. 동전 한 더미가 다른 더미보다 동전 몇 개가 더 많은지, 한 거리가 다른 거리보다 몇 걸음 더 많은지 등을 보여준다. 이는 더 많다라는 관점에 있어서 상대적인 가치에 대한 아이디어를 제공한다. 그러나 한 양이 다른 양 또는 두 양의 차의 몇 배인지 또는 몇 부분인지에 대해 의식시키지는 않는다. 이것은 좀 더 복잡한 관념이며, 더 나중에 이루어지는 정신적 산물이다.

2. 정확성에 있어 양에 대한 아이디어가 발달함에 따라, 측정되는 양과 동질의 단위로 정의되는 측정의 둘째 단계에 도달하게 된다. 정확한 단위, 즉 그 단위 자체가 동일한 척도의 하위 단위로 구성되는 단위로 측정하는 이 원리는 곱셈과 나눗셈을 야기하며, 사실상 비의 원리이다. 두 양의 덧셈이나 뺄셈에서는 두 양의 비를 의식하지 않는다. 두 양의 비에 대한 아이디어를 사용하지조차 않는다. 한편 곱셈과 나눗셈에서는 항상 비를 다룬다. 곱셈과 나눗셈에서는 하나의 양이 다른 양보다 단순히 많은지 적은지가 아니라, 몇 부분 또는 몇 배인지를 발견한다. 예를 들어, 4달러에 5를 곱할 때 비를 사용한

다. 4달러씩 5개 단위로 측정된 돈의 합이 있다면, 여기서 수 5는 측정 단위에 대한 측정되는 양의 비이다. 곱셈의 역연산인 나눗셈에서 비는 더욱 두드러진다.

곱셈과 나눗셈에 관련된 비의 아이디어는 덧셈과 뺄셈에 관련된 단지 많고 적음의 아이디어보다 실용적이다. 수단을 목적에 맞춰 보다 정확하게 조정하는 데 도움이 되기 때문이다. 월급쟁이인 한 남자가 두 집 중 한 집의 집세가 다른 집보다 1년에 100달러 더 비싸다는 것을 알고 있지만, 자신의 급여에 대한 100달러의 비는 알지 못한다고 가정해 보자. 이러한 무지가 그의 결정에 별로 도움이 되지 않을 것이다. 그러나 100달러가 자신의 전체 소득의 $\frac{1}{5}$이나 $\frac{1}{50}$이라는 사실을 알고 있다면, 결정을 위해 명확하고 유익한 지식을 갖춘 것이다.

비, 즉 곱셈과 나눗셈은 더 단순한 분수의 형태와 과정으로 이끈다[18].

3. 하나의 척도를 다른 척도로 측정하는 원리는 산술적으로 비율 및 백분율, 분수의 곱셈과 나눗셈 등 비율 관련 연산을 제공하며, 등식의 아이디어를 이끈다.

산술 지도의 순서

우리는 무계획적 방식이든 "Grube 방법"으로 알려진 방식이든 일반적인 수 지도법과 근본적으로 반대인 방법을 이미 살펴보았다. Grube 방법에서는 수를 양을 측정하는 것과 관련된 정신적 조작이 아닌, 고정된 양으로 취급

18) 내적인 의미가 아닌 외적인 형태에서, 다른 분수들도 여기에 속한다. 예를 들어, 3에 대한 14의 비는 $14 \div 3$ 또는 $\frac{14}{3}$로 쓸 수 있다. 모든 경우에, 아이디어는 14단위의 가치를 3단위로 측정하면 가치가 얼마인지 구하는 것이지만, 3을 단위로 취했다는 바로 그 사실은 3에 대한 14의 비를 *통합체*로 보고 이를 구한다는 *의미*를 나타낸다. 과정은 14의 $\frac{1}{3}$이고 과정이 전체에 대한 단위의 비를 발견하려는 시도라면, *결과*가 실제로 전체 중 부분의 형태로 기록될 수 있는지는 원칙적으로 중요하지 않다.

한다. 이제, 일반적인 수 지도법과 근본적으로 반대인 또 다른 방법을 알아 볼 것이다. 모든 연산을 동시에 가르치려고 시도하느라 측정 단계의 발달에 대응하는 심리학적 복잡성에서 성장이라는 사실을 무시하는 방법이다. 이 방법에서는 각 수를 그 자체로 독립적으로 다루며, 그 수의 범위 내에서 수행할 수 있는 (형식적 비율을 제외한19)) 모든 연산을 다룬다. 논리적인 순서가 심리학적 어려움에서 성장의 순서라고 가정하는 것이다. 모든 연산이 세기에조차 함축되어 있지만 동일하지는 않다.

논리적으로, 즉 과정으로서 모든 연산은 세기에도 함축되어 있다. 총 4개의 사과를 전부 세는 것은 곱셈, 나눗셈과 관련되고, 따라서 비, 분수와도 관련된다. 사과 4개 중 3개를 세었을 때, 첫째 1, 둘째 1, 셋째 1, 즉 전부 3개의 1을 취했고, 이는 원래의 양을 구성하는 4 중 3인 것이다. 사과의 원래 양을 단위라는 부분적인 값들로 나누었고, 그 단위 중 하나를 여러 번 사용했다. 이것이 곱셈이다. 그러나, 나눗셈과 곱셈이 이 과정에 논리적으로 함축되어 있다고해서, 두 연산이 발달의 완성도에 있어 동일하고 심리학적 어려움에 있어 동등하다는 것은 아니다. 두 연산이 의식 속에서 확정적으로 발달해야 하고 두 연산을 함께 가르쳐야 한다는 것은 더욱 아니다. 도토리는 도토리나무를 암시하지만, 도토리나무 자체가 도토리인 것은 아니다. 곱셈은 단순한 세기 행동에서 함의되며 덧셈에 기원을 둔다. 그러나 곱셈은 단순한 세기가 아니며 덧셈과 같지도 않다. '2달러+2달러+2달러+2달러=8달러'로 표시된 연산이 '8이 2의 4배'라는 의식적인 인식 없이, 정신적 성장의 초기 단계에 수행될 수 있다. 후자는 전자에 내포되어 있으며, 적당한 시기에 그로부터 발달된다. 그러나 바로 이러한 이유 때문에 후자가 나중에 나타나는 더 복잡한 관념이며, 따라서 더 의식적인 주의를 요구한다. 합하는 과정은 대상을 사용하여 비교적 쉽게 이루어진다. 이는 관련된 사물에 대한 인식에 지나지

19) 논리적으로 상관관계가 있는 모든 것을 동시에 가르쳐야 한다는 원칙에 왜 비율이나 심지어 로그는 안 되는 것일까? 곱셈과 덧셈이 예컨대 8로부터 연역될 수 있는 모든 것만큼, 로그는 8에 관련된다.

않는다. 그러나 곱셈 과정은 더 복잡하다. 왜냐하면, 모든 수의 추상적 요소인 비와 몇 배에 대한 실제적인 사용과 어느 정도의 파악을 요구하기 때문이다. 곱셈은 사물들의 **관계**에 대한 관념이다. 우리는 2(또는 3 또는 4)를 계속 더하고, 커지는 합에 이어지는 가수를 즉시 합칠 수 있다. 또한 **가수로 되돌아가지 않으며** 발생하는 배수에 대한 추상적인 관념 없이("합"이 곱이라는, 즉 가수의 반복 횟수가 인수 중 하나라는 의식 없이) 각각의 합을 정확하게 얻을 수 있다. 그러한 이 관념은 분명히 보다 추상적이며, 아동이나 인류에서나 수 아이디어 발달의 초기 단계에서 발생하지는 않는다.

누군가가 덧셈(동수누가)과 곱셈을 여전히 같은 과정으로 본다면, 2의 제곱근과 3의 제곱근의 곱이 6의 제곱근과 같다는 것을 단지 합(또는 세기)으로 증명하게 해 보자. 또는 주어진 개수의 동일 가수의 합을 로그로 구하게 해 보자.

심리학적이지 않은 동시 지도 방법

따라서 형식적인 과정으로서의 기본 연산을 한꺼번에 지도해서는 안 된다는 것이 분명해 보인다. 한편 사칙연산의 논리적이고 심리적인 상관관계는 합리적 **사용**에 의해 가능하다. 하나는 산술 연산을 상관관계가 있는 연산의 **사용을 포함하는** 방식으로 수행하는 것이고, 다른 하나는 산술 연산을 의식하게 하거나 주의 집중시키는 것이다. 두 경우 모두에서 자연스러운 심리학적 법칙은 먼저 합리적인 방식으로 과정을 사용한 다음, 친숙해진 후 추상적으로 인식하는 것이다.

대개 다음의 방법이 참된 심리학적 원리의 양면을 흔든다. 이 방법은 수를 다수의 독립된 사물이나 통합체로 취급하기 때문에, 연산들이 어떻게 상호 관련되는지를 정신적으로나 해석에 의해 도출하지 못한다. 단위가 하나의 사물이 아니라 수치를 측정하는 기준으로 다루어질 때만, 덧셈과 곱셈, 나눗셈과 분수가 합리적으로 상관관계를 가진다. 동시 지도 방법은 모든 연산을 동시에 가르침에도 불구하고 이 상관관계가 도출되지도 않고 합리적으로 사용되지도 않기 때문에, 나눗셈은 여전히 신비이고 분수는 어려운 수수께끼이다.

이때, 이 보통의 방법은 정신이 비의 의미를 파악할 만큼 충분히 성숙하거나 비를 사용하는 충분한 연습이 있기 전에, 비와 분수에 대한 인식을 의식 속으로 강요하려는 시도를 하면서 양극단에서 실수를 범한다. 이러한 부자연스러운 방법의 결과는 학생에게 흥미를 저하시키고 사고를 약화시키는 기계적 연습과 암기를 강요한다는 것이다. 6, 7, 8, 9에 관한 모든 연산을 숙달하는 것은 더디고 지루한 과정이다. 따라서 그 방법은 주어진 시간 내에 숙달해야 하는 수의 범위를 한정해야 하며, 자기 일관성(self-consistency)을 강요받는다. 사실, 7이나 11이나 18과 같은 수를 가지고 모든 가능한 연산을 다 알기 훨씬 이전에, 정신적으로 1달러가 100개의 1, 50개의 2, 5개의 20이라는 사실을 파악하는 것은 쉬운 일이다. 실제로 우리가 덧셈과 뺄셈의 기계적 과정에서 금방 전문가가 되도록 해 준 어린 시절의 구식 방법으로 되돌아가는 것이, 2학년 때 1~10, 10~20의 "수로 할 수 있는 모든 것"을 단조롭게 연습하는 것에 비해 여전히 선호된다. 왜냐하면, 이 새로운 방법은 구식 방법만큼 기계적이기 때문이다. 만약 아동이 더 큰 수를 "분석"하는 데 잘 준비되지 못한다면, 후속 산술에 필수적인 연산을 숙달하지 못한 채로 남겨질 것이다.

나눗셈과 뺄셈은 곱셈과 덧셈에 선행되어서는 안 된다.

"정신의 첫째 절차는 항상 분석적"이라는 이유로[20], 일부 사람들은 나눗셈과 뺄셈("분석적 과정")을 곱셈과 덧셈보다 먼저 지도해야 한다고 주장한다.

그러나 비의 아이디어를 확정적으로 사용하는 곱셈은 덧셈보다 복잡한 과

20) 정신의 첫째 절차는 종합적이라는 주장도 가능하다. 분석이 수행되려면 아무리 모호할지라도 "전체"(종합)가 있어야 한다. 분명히 정신의 *마지막* 절차는 "종합적"이다.

정이고, 따라서 곱셈의 역연산인 나눗셈은 덧셈의 역연산인 뺄셈보다 복잡하다. 앞서 살펴보았듯이, 우리는 각각의 가수에 잠시 집중한 다음에 의식으로부터 완전히 벗어나서, 3을 다른 인수와 마찬가지로 인수로 파악하지 않고 여러 개의 3을 더할 수 있다. 이는 가수들의 합과 같은 곱을 제공할 것이다. 따라서 곱셈의 역연산인 나눗셈에서 이러한 인수는 그저 합에서 나머지가 없을 때까지 3을 연속적으로 빼는 것에서 생기는 것이 아니다. 여기에는 덧셈에서처럼 인수들을 발견하기 전에 그 이상의 정신적 연산인 반복 횟수를 세는 것, 즉 반복되는 감수에 대한 합(피제수)의 비를 찾는 것이 필요하다.

또한 큐브 8개를 4개의 같은 부분으로 나눌 때, 우리는 이것이 곧 8이 2를 4번 포함하고, 2는 8의 $\frac{1}{4}$이며, 8로부터 2를 4번 취할 수 있다는 것임을 안다. 그리고 이러한 결과는 덧셈, 곱셈과는 별개로 얻어지기 때문에 나눗셈, 뺄셈을 먼저 지도할 수 있다고 들었다.

여기에는 잘못된 생각이 숨겨져 있다. 우리는 실제로 큐브 8개를 두 부분으로 나눌 수 있고, 네 부분으로 나눌 수도, 여덟 부분으로 나눌 수도 있다. 그러나 이는 단지 물리적 분리일 뿐이다. 구체적(공간적) 요소(측정 단위들)를 인식하고 나면 추상적 요소(횟수에 대한 아이디어)는 어떻게 발생할까? 2가 4번 있다거나 8이 1번 있다는 것을 어떻게 알게 될까? 이는 세기를 하고, 관련짓기를 하고, 완전한 사고 과정에서 정신의 마지막 절차인 종합하는 활동을 통해서만 가능하다. 따라서 잘못된 생각은 수의 심리적 과정에서 두 필수 요소 중 하나인 관계를 간과하는 것과 관련된다. 이는 세기가 덧셈과 곱셈을 함의하지 않는다고 전제해야 한다. 세기가 1씩 더하는 것이 아니라면, 과연 무엇일까? 5가 4보다 1만큼 큰 게 아니라면, 과연 무엇일까? 4가 5보다 1만큼 작은 게 아니라면, 과연 무엇일까? 예를 들어, 4는 측정 단위를 적용하여 그런 단위 3개와 단위 1개가 더 있는 것으로 구성되는 양을 나타내는 수라는 것 외에 어떻게 정의될까? 측정의 첫 단계에서 이산량(대상의 집합)으로 시작하는 이러한 세기는 (뺄셈이 내포된) 1씩 더하기이고, 그와 연루된 곱셈과 나눗셈의 아이디어가 (정확한 측정 단위를 사용하여 세면서) 수치적 추상화의 확대 및 수의 측정 능력의 연속적인 신장과 함께 발달되는 것이다.

따라서 측정 도구로서의 수의 발달에 있어서, 우선 의식적인 인식으로 이끄는 집합 아이디어의 합리적인 사용, 즉 덧셈과 뺄셈이 있음이 분명하다. 그 다음 의식적인 인식으로 이어지는 인수(배) 아이디어의 확정적 사용, 즉 곱셈과 나눗셈이 뒤따를 것이다. 다시 말해서, 의식적인 주의를 요구함으로써 결정되는 심리학적 순서는 옛날 방식의 배열인 덧셈과 뺄셈, 곱셈과 나눗셈 순이다.

이는 측정 도구로서의 수의 발달에서 수치적 아이디어와 과정이 나타나는 순서이다. 아동의 반성적 의식에서도 이 순서를 따르며, 심리학적 복잡성의 증가 순서이기도 하다. 이 순서는 논리적 의존성의 순서와 반대라고 할 수 있다. 그러나 학생 지도 시에는 논리적 의존성의 순서보다는 심리학적 순서를 따라야 한다.

하나의 법칙이나 과정에만 집중하지 않기

그렇다고, 이와 같은 지도의 심리학적 순서에 기초할 때, 곱셈이나 나눗셈, 분수를 도입하기 전에 덧셈과 뺄셈을 완벽하게 숙달하는 것이 참된 방법이라는 것은 결코 아니다. 오히려 그와는 정반대이다. 곱셈이나 나눗셈, 분수는 매우 복잡하기 때문에 이 상위 과정을 분석적으로 지도해서는 안 된다. 즉, 곱셈과 나눗셈, 분수는 처음부터 의식적 주의의 대상으로 삼아서는 안 되고, 자유롭게 사용될 수 있고 그래야 한다. 따라서 너무 오랫동안 덧셈과 뺄셈을 지루하게 수행하는 데에서 벗어나, 동시에 곱셈과 나눗셈, 분수의 의식적 (분석적) 사용을 위한 방법을 준비해야 할 것이다.

곱셈이 지니는 리드미컬한 특성으로 인해, 삼각형, 정사각형, 정육면체

등을 모아 더 크고 복잡한 모양을 만들거나, 다임을 모아 달러를 만드는 것 등 간단한 구성에서 객관적으로 제시될 수 있는 곱셈의 형태는 다수의 덧셈 및 뺄셈 결합보다 훨씬 쉽게 학습 가능하다. 비의 아이디어는 처음부터 실제에서의 어떤 값(예: 9, 12, 6, 16, 100 등)과 연결하여 우연히 도입되어야 한다. 그리고 나서 결과적으로 간단한 형태의 분수 과정과 그 기호 식이 도입되어야 한다. 이미 알고 있는 이론만이 후속 학습 전에 모든 수로 모든 연산을 전부 수행할 수 있어야 한다는 의견과 비(곱셈과 나눗셈)를 배우기 전에 덧셈과 뺄셈을 전부 숙달해야 한다는 의견 사이에 대안이 없다고 생각하는 것 같은 보통의 상식을 무효로 할 수 있다. 실제적인 상식과 건전한 심리학은 우선 덧셈과 뺄셈에 중점을 둔 채 좀 더 리드미컬하고 명확한 형태의 비를 부수적으로 도입하고, 곱셈과 나눗셈 과정에 대한 강조로 점차 이동하는 것에 동의한다. 만약 측정 방법으로서 수에 대한 아이디어를 따른다면, 다른 어떠한 방식을 따르는 것도 실질적으로 불가능할 것이다. 심지어 인치, 피트, 온스, 파운드, 달러, 센트 등에 대해서 명확하게 덧셈과 뺄셈을 할 때조차 비의 과정은 항상 도입된다. 아동은 1인치가 3인치의 $\frac{1}{3}$이고, 10센트(1다임)가 1달러의 $\frac{1}{10}$이라는 것 등을 느끼지 않을 수 없다. 그 과정의 본질에 대해서 너무 일찌감치 의식적인 인식을 강요한다면, 비에 대한 확정적 관념에 이르는 이렇듯 자연스러운 발달은 진전되지 못할 것이다.

덧셈과 뺄셈

덧셈과 뺄셈의 일반적 특성은 하위 단위나 부분들을 모으는 과정을 통한 측정과 관련된다는 것을 이미 다루었다. 그러나 2~3가지 사항이 더 상세하게 고려될 수 있다.

1. 전체로부터 수행하기와 전체 내에서 수행하기

어디서나 그랬듯이, 여기서도 어떤 하나의 통합된 활동에 대응하는 양(전체량)에 대한 아이디어가 처음부터 제시되어야 한다. 여러 부분을 모아서 측정되는 어떤 모호한 양 또는 전체만이 연산을 수행하는 이유를 제공하며 한계를 설정한다. 전체를 여러 부분으로 나누고 이 부분들을 전체로 다시 모으는 과정은 본래의 모호한 양을 측정하거나 확정하며, 그 양에 대한 정확한 수치를 제공한다. 예를 들어, 6을 가지고 생각해 보면, 우리는 ⊠와 같은 모양으로 시작할 수 있다[21]. 이 모양은 하나의 통합체이자 전체, 즉 1이다. 그러나 그 가치는 확정되지 않는다. 여러 막대를 세어서 이 모호한 통합체를 측정된 통합체로 바꾼다. 그러나 이 부분들은 항상 원래의 통합체 내에 포함된다. 여기에는 그 부분들을 함께 연결하는 전체라는 의미가 항상 있다. 만약 이미 정사각형에 대해 숙달했다면, 이 모양은 '1개의 4' + '1개의 2'로 인식될 것이다. 또는, 만약 대각선 중 1개가 바뀌어 ▨ 모양이 된다면, 이는 삼각형 2개로, 즉 '1개의 3' + '1개의 3'으로 인식될 것이다. 물론, 각각을 모두 부분으로 생각하고 이 부분들을 다시 모아서 1의 가치를 지니는 부분 6개로 인식할 수도 있다. 또는 "피켓"이나 "텐트" 모양을 만들어 ∧ ∧ ∧와 같이 배열하도록 하면, 학생들은 각각 2의 가치를 지니는 묶음 3개가 있음을 볼 수도 있다.

이 경우에 명심해야 할 원리는 동치와 그것의 리드미컬한 구성의 원리이다. (a) 통용되는 방법을 따르면 6은 앞선 예시처럼 각각 단위 가치를 지니는 6개의 부분이 아니라, 단지 6개의 1, 6개의 분리된 것이다. 교사가 아무리 학생들에게 한눈에 6으로 인식하라 하고 그 안에 있는 여러 통합체를 개별적으로 세지 말라고 당부하더라도, 그 방법으로는 6이 전체로 파악될 수 없다는 사실에 여전히 변함이 없다. 반면, 심리학적 방법에 의하면 이는 다른 어떤 식으로도 파악될 수 없다. (b) 심리학적 방법에 따르면, 이는 또한

21) 이 모양은 나뭇가지 등 손쉬운 무언가로 만들 수 있다.

그것을 구성하는 하위 전체들(그 하위 전체들로 측정된 것)과 같은 값을 갖는 것으로 간주된다. 정신의 행동에 관련되는 한, 우리는 어떤 값을 보다 명확하고 확정적이게 만드는 그 가치 내에서 수행하고 있는 것이지, 고정된 통합체로부터 그것들의 우연한 합으로 맹목적이거나 모호하게 수행하는 것이 아니다. 결과적으로, 심리학적 방법은 큰 전체를 작은 전체들로 분리하고, 이 작은 전체들을 큰 전체로 만드는 능력에 직접 호소한다. 결코 단순한 암기가 아닌, 구성적이고 리드미컬한 흥미에 호소한다. 이는 능력을 수행하는 데 최대한의 기회를 제공한다. 반면 단순한 기계적 훈련은 최소한으로 한다. 왜냐하면 전체를 다루면서 직관이 사용되기 때문이다. 원리의 합리성(부분적인 전체로 하나의 완전한 전체를 구성하는 것)은 객관적으로 보일 수 있고 명확하게 평가될 수 있다.

단언컨대, 덧셈 지도를 위한 어떤 도구든, 그 가치는 직관적으로 표현될 수 있는 전체로 시작하는지, 또 이 본래의 전체를 하위 전체들로 리드미컬하게 분할하고 그것들을 다시 재결합하는 것에 의해 진행되는지 여부에 달려 있다.

2. 역연산으로서 뺄셈 사용하기

이를 바탕으로, 뺄셈 과정은 항상 덧셈 과정과 동시에 사용된다. 고정된 하나의 통합체나 그런 통합체들의 집합으로 시작할 때, 그 "방법"은 덧셈과 뺄셈을 함께 가르쳐야 한다고(또는 실제로 의미하는 바와 같이, 하나를 다른 연산 이후 즉시 가르쳐야 한다고) 말하겠지만, 두 연산은 동시에 사용될 수 없다. 만약 1이 사물 하나, 2는 사물 둘, 3이 사물 셋 등이라면, 덧셈과 뺄셈은 둘 이상의 사물을 합하고 그 결과인 합에 주목하는 하나의 정신적 행동과, 하나 이상을 제거하고 그 결과인 차에 주목하는 또 다른 행동을 요구한다. 그러나 ⊠로 시작하여 이것이 □(또는 4)와 ×(또는 2)로 구성되어 있음에 주목할 때, 종합(부분들의 전체 인식)과 분석(전체에서 부분 인식)은 절대적으로 동시에 이루어진다. 이것은 하나의 행동(6 = 4 + 2)이다. 두 부분 각각을 똑같게 강조하면 덧셈식이 되고, 전체와 한 부분을 강조하면 뺄셈식이 된다. 예를 들어, 만약 위의 예에서 □와 × 둘 다 아동에게 친숙한 표현이라면, 그러한 구성은 아동에게 더 친숙한 것들을 함께 모음으로써 덜 친숙한 것인 ⊠을 만드는 덧셈으로 다가올 것이다. 그러나 만약 아동에게 □만 매우 친숙한 상황이라면, 아동은 정사각형과 원래의 전체 간의 차이, 즉 ×(2 단위)에 오히려 주목할 것이다.

3. 약간 더 복잡한 뺄셈에 대한 의식적 과정

그러나 뺄셈에 대한 의식적 인식은 덧셈에 대한 의식적 해석보다 주의할 필요가 있는 약간 더 복잡한 과정이다. 덧셈에서는 결과에만 집중하게 되고, 부분들을 전혀 구분할 필요가 없다. 예컨대, 5와 4의 합은 처음에 직관으로 발생하고, 그 결합이 완전해지면 정신이 기호 자체를 인식할 뿐이며 합이 의식 속에서 나타나게 된다. 예를 들어, 우리가 제임스, 존, 피터가 얼마만큼의 돈(확정되지 않은 전체)을 가지고 있고 제임스는 6센트, 존은 8센트, 피터는 12센트를 가지고 있음을 알 때, 우리는 6을 8에 더하여 14를, 여기에 12를 더하여 26을 만드는 것처럼 즉각적으로 작은 수를 더 큰 수에 합병 또는 흡수한다. 두 부분이 더해지면, 곧 분리된 부분이 아니라 결과인 전체로 여겨진다. 그러나 뺄셈에서는 전체와 주어진 부분 둘 다와 그 사이의 관계에 주목하는 것이 반드시 필요하다. 만약 제임스가 6센트를, 존은 제임스보다 2센트를 더, 피터는 존보다 4센트를 더 가지고 있을 때 전체 양[22]에 대해 말한다면, 그 덧셈 문제는 뺄셈 시 필요한 두 항 각각과 결과에 똑같이 주의할 것을 요구한다. 여기에는 단지 집합의 크기에 대한 아이디어가 아니라 확정 또는 상대적 많음에 대한 아이디어가 있다. 여기서 우리는 뺄셈에서처럼 비와 점차 가까워지고 있다.

22) 전체에 대한 아이디어를 처음에 글로 도입하는 것이 항상 필요한 것은 아니지만, 교사는 계속 끊임없이 작용하고 있는 아동의 정신으로부터, 또 그 내부에서, 전체의 아이디어를 제공함을 확신할 때까지 구두로라도 수행해야 한다.

곱셈 : 인수 아이디어의 발생

곱셈이 덧셈과 같지 않음에도 불구하고(심지어 가수가 모두 같은 동수누가의 특별한 경우에도), 곱셈은 세기로부터 발생하는 기본 연산인 덧셈에 기원을 두고 있다. 세기는 양의 확정되지 않은 전체를 확정적 전체로 바꾸는 정신 활동 내의 관계 짓기 과정이다. 세기는 이산량으로 시작하며, 사물을 가지고 수행하는 조작이라는 점에서 무엇보다 대부분 기계적이다. 아동은 처음 세기를 할 때 사물들을 의식적으로 관련짓지 않는다. 이때 아동의 행동은 합리적 세기가 아니다. 아동은 수 이름이 사물의 이름이라고 생각하는 경향이 있다. 예를 들어, 삼(3)은 관련된 세 개의 사물 중 셋째가 아니라, 셋째 사물의 이름이라고 생각한다. 그래서 아동에게 삼(3)을 취하라고 하면 아동은 세면서 삼이라고 부른 하나의 사물을 선택할 것이다.

그러나 대상의 집합으로 시작하여 부분과 전체 만들기 조작을 반복하면서, 아동은 대상들이 서로 관련되고 전체와 연관됨을 느끼기 시작한다. 이는 수에 대한 참된 아이디어로의 성장을 보여주지만, 그 아이디어가 아직 발달되지는 않았다. 일종의 관련성이 존재하지만, 수를 구성하는 관련성은 아니다. 하나, 둘 등을 세어 예컨대 다섯을 얻는 과정에서, 아동은 다섯이 앞선 것과 관련되어 있다는 것을 의식한다. 이 인식은 집합의 더 많음 또는 적음 중의 하나이다. 다섯은 넷보다 많고, 결국 확정적으로, 다섯은 넷보다 하나 더 많다. 계속되는 물리적 행동을 통해 고차적 관념으로의 성장이 이루어진다. 아동은 전체를 부분들로 나누고 다시 전체를 만든다. 아동은 (직관을 사용해서) 측정 단위의 상이한 그룹들(예: 3피트와 4피트)을 결합하여 그것들을 하나들(ones)로 표현한다. 1씩 세기, 2씩 묶어 세기, 3씩 묶어 세기를 하고, 마침내 순수한 수의 아이디어인 배(times)의 아이디어가 확정적으로 이해된다. "다섯"은 더이상 그저 넷보다 하나 많은 것이 아니며, 하나(one)가 무엇이든 그 하나(one)의 다섯 배이다. 다시 말해서, 아동은 낮은 수준의 아이디어에서 높은 수준의 아이디어로, 단순한 집합의 아이디어에서 반복의 배의 아이디어로, 덧셈에서 곱셈으로 나아간다.

이러한 추상화와 일반화 능력의 발달을 위해서는 분명히 시간이 필요하다. 사실, "배"의 아이디어, 즉 인수 관계의 완전한 발달은 수의 측정 능력의 단계와 일치한다. 수치적 추상화의 높은 능력은 곧 측정 도구의 높은 능력이다. 추상화와 관계 짓기 능력의 일반적인 성장은 교사 입장의 어떠한 가장 세심하고 독특한 분석으로도 결코 강요될 수 없다. 학습자는 모르는 언어의 단어나 단순한 감각적 결합의 산물을 반복 연습할 수 있는 것처럼, 실제로 이러한 분석을 반복적으로 연습할 수 있고 과정을 "도출"할 뿐만 아니라 말로 떠들면서 반복할 수도 있다. 그렇다고 해서 아동이 수를 알고 배의 아이디어를 파악했다고 볼 수는 없다. 일부 사람이 생각하듯이 배라는 단어가 어려운 것이 아니라, 아이디어 자체가 어려운 것이다. (누군가 제안하듯이) 그 단어를 산술에서 빼더라도 이 어려움은 사라지지 않을 것이다. 수의 과학에서 그 아이디어 자체, 즉 수의 아이디어를 제거하자고 제안된 바는 없다.

요약

(1) 세기는 수 아이디어의 발달에 있어 기초이다. 세기를 대상을 가지고 행동하거나 조작하는 것으로 본다면, 처음에는 대부분 기계적 과정이지만, 아동의 추상화 능력이 증가하면서 세기는 점차 합리적 과정이 된다. (2) 이러한 (부분적으로) 물리적 또는 기계적 단계로부터 많거나 적음의 관계가 발달하고, 덧셈과 뺄셈이 발생한다. 즉, 예를 들어, 다섯은 넷보다 하나 많다. (3) 직관을 통해 이루어지는 같지 않은 (측정된) 양들의 덧셈은 여러 개의 하나들(ones)로 이루어진 정의된 통합체로서 인식되고 표현되며, 배 아이디어의 발달에 도움이 된다. (4) 눈과 귀 모두에 호소하는 이러한 연산을 지속하는 것은 배 아이디어를 더욱 확정적으로 만든다. 예를 들어, 다섯은 이제 단순히

넷보다 하나 많은 것이 아니며, 하나의 다섯 배이다. (5) 2씩 묶어 세기, 3씩 묶어 세기를 하는 것은 배의 아이디어를 더욱 분명하게 만든다. (6) 반복적인 직관을 통해, 합(똑같은 가수들을 결합한 결과)은 배와 관련되고, 인수 아이디어(반복 횟수)는 부분 아이디어(집합)를 대신하게 되며, 덧셈과 구분되는 곱셈이 의식 속에서 분명하게 발생한다.

곱셈의 과정

앞서 살펴보았듯이, 측정된 양의 표현은 두 요소를 지닌다. 하나는 측정 단위를 나타내고, 다른 하나는 양을 구성하는 측정 단위의 수를 나타낸다. 그러나 측정 단위 자체는 어떤 다른 단위에 의해 확정적으로 측정되는 다수의 확정적 부분들로 구성되기 때문에, 우리는 실제로 각각이 하위 단위들로 측정되는 주어진 단위들, 즉 직접 측정 단위로 구성된 양을 인식하게 된다. 편의상 직접 측정 단위를 구성하는 이러한 하위 단위를 "기본" 단위라 부르고, 이 기본 단위로 구성되는 직접 단위를 "유도" 단위라고 부를 것이다. 따라서 어떠한 측정된 양이라도 (1) 유도 단위, (2) 그러한 단위들의 수, (3) 유도 단위 내의 기본 단위의 수로 완전하게 표현할 수 있다.

예를 들어, 다음과 같은 양의 표현을 생각해 보자. 일정 금액의 합에서 5달러씩 7번을 센다. 여기에서 유도 단위는 5달러이고, 그 단위들의 수는 7이며, 기본 단위는 1달러이다. 1에이커 당 50달러인 60에이커 농장의 비용은 50씩 60이다. 여기에서 유도 단위는 50달러이고, 그 단위들의 수는 60이며, 기본 단위는 1달러이다. 밭의 세로가 15체인, 즉 야드로 22씩 15이다. 여기에서 유도 단위는 22야드이고, 그 단위들의 수는 15이며, 기본 단위는 1야드이다. 양 $\frac{3}{4}$달러$\times\frac{3}{5}$에서 기본 단위는 1달러이고, 유도 단위는 $\frac{3}{4}$달러이며, $\frac{3}{5}$은 유도 단위로 환산하여 양을 표현하는 수이다.

양을 유도 단위로 환산해 표현할 때, 기본 단위로 나타내는 것이 종종 필요하거나 편리하다. 따라서, 앞선 예시에서 5씩 7로 표현된 금액의 합을 1씩 35로 표현할 수 있다. 50씩 60으로 표현된 농장의 비용을 1씩 3000으로 표현할 수도 있다. 또 22씩 15로 표현되는 밭의 세로는 1씩 330(야드)으로 표현할 수 있다. $\frac{3}{4}$달러$\times\frac{3}{5}$은 기본 단위로 환산하여 $\frac{9}{20}$로 측정된다. 각 경우에서 측정된 양의 둘째 표현은 그저 첫째 표현에 **암묵적**이던 하위 단위(또는 기본 단위)의 수를 명시적으로 드러낼 뿐이다. 주어진 유도 단위의 수로 표현되는 양에서 기본 단위의 수를 찾는 연산이 **곱셈**이다. 곱셈에서 배의 아이디어(순수한 수, 비)가 두드러진다. 우리는 유도 단위를 구성하기 위해 기본 단위가 취해진 **횟수**와 유도 단위가 양을 구성하기 위해 취해진 **횟수**를 안다. 피승수는 항상 양[23]의 (기본) 단위의 수를 나타낸다. 승수는 항상 순수한 수로, 간단히 유도 단위의 반복 횟수를 나타낸다. 그러나 측정 과정의 특성상, 곱의 두 인수가 상호 교환될 수 있고, 기본 단위의 반복 횟수는 유도 단위의 반복 횟수와 교환 가능하다. 즉 기본 단위에 적용되는 수는 유도 단위에 적용되는 수와 교환 가능하다.

인수들의 상관관계

측정된 양에 대한 우리의 관념에서 이 두 가지 아이디어는 이미 본 바와 같이 절대적으로 상호 관련된다. 2단위의 선으로 12단위의 선을 측정하면, 수치는 6이다. 의식적으로 이 과정에 주목한다면, 관련 관념이 즉시 발생한다. 우리는 6단위의 2배를 생각하지 않고 2단위의 6배를 생각할 수 없다. 왜냐하면, 6단위인 하나의 전체를 생각하지 않고서는 1단위의 6배를 생각할 수 없기 때문이다. 따라서 세로가 8인치, 가로가 10인치인 직사각형의 넓이를

23) [역자 주] 여기서 양은 유도 단위를 말하며, 유도 단위에 있는 기본 단위의 수가 곧 피승수이다.

측정할 때, 우리는 10제곱인치를 8번 취하는 필연적인 상관관계를 의식하지 않고서는 8제곱인치를 10번 취하는 결과를 얻는 과정에 분석적으로 주목할 수 없다. 일반적으로 어떤 양의 측정을 b단위를 a번 취하는 것으로 생각하는 것은 a단위를 b번 취하는 상관관계를 떠올리는 것이다. 왜냐하면, b단위는 1단위를 b배한 것이고, b에 있는 모든 1은 a번 반복되며, 이는 a단위를 한 번, a단위를 두 번 제공하는 식으로 a단위를 b번 반복하게 되기 때문이다.

교육적 적용

1. 덧셈은 항상 어떤 집합에 관한 모호한 감각으로 시작하여 구성 단위를 합쳐 확정적으로 만들어 나아가야 하는 반면, 뺄셈에서는 확정된 집합과 그것의 주어진 부분으로 시작해서 다른 부분을 결정하게 된다. 마찬가지로, 곱셈은 "곱"에 의해 보다 정확하게 결정되어야 하는 어떤 전체에 관한 비교적 모호한 감각으로 시작하는 반면, 나눗셈에서는 정확히 측정된 전체로 시작하여 그것의 측정 부분들을 정확히 정해 나아간다. 곱셈에서의 순서는 다음과 같다. (1) 모호하거나 불완전하게 정의된 양, (2) 유도(직접) 단위인 피승수를 만들기 위해 반복해야 하는 확정적 단위 값(기본 단위), (3) 유도 단위가 반복되는 횟수인 승수, (4) 곱(모호한 양이 이제 확정적으로 측정된 것)

그러므로 곱셈은 이미 나눗셈을 함의한다. 피승수를 구성하는 확정적 측정 단위는 항상 전체의 어떤 정확한 (동일한) 부분이다. 따라서 곱셈은 항상 비를 함의한다. 측정 단위에 대한 전체 양의 관계는 그 양을 측정할 때 단위를 취해야 하는 횟수(승수로 표시)로 표현되는 비이며, 이는 정확한 수치를 제공한다. 사실, 이 과정은 측정 단위를 바꿈으로써, 즉 주어진 측정 단위를 그것이 유도된 기본 단위로 대체함으로써, 양을 측정하는 수를 바꾸는 것일 뿐이다[24].

24) 사과 7개에 4를 곱하는 경우, 정확한 나눗셈이나 비의 아이디어는 분명하지 않지만, 사과 7개가 똑같은 네 부분 중 하나, 즉 전체 양에 대한 $\frac{1}{4}$의 비로 취해져야 한다. 그러나 정확한 측정 단위에 대한

2. 다음으로, 곱셈에서는 덧셈과 마찬가지로, 목적 없는 연산이나 무관한 부분들과 분리된 단위들로 된 연산을 수행하지 않는다. 대신 곱셈을 특징짓는 측정은 다른 단위로 측정되는 단위가 일정 횟수만큼 취해진 것임을 명심하면서 측정을 필요로 하는 어떤 양으로 시작하고 끝맺는다.

3. 따라서 수의 심리학은 덧셈시 (그 안에서 그것을 향해 활동하는) "합"에 의해 주어진 양을 처음부터 염두에 두고 계산하는 것처럼, "곱"에 의해 최종적으로 표현되는 양이 처음에 제안되어야 한다고 단호하게 요구한다. 예를 들어, 넓이를 확인해야 하는 어떤 땅의 치수가 주어지거나 얼마인지 결정해야 하는 옷감의 야드 당 가격과 길이가 주어질 때, 아동의 사고는 달성해야 할 분명히 정의된 목적에 의존한다. 도달해야 할 사물의 다소 확정적 이미지로 시작할 때 후속 단계가 의미를 가지며 전체 과정이 합리적이고 결과적으로 흥미롭다. 반면 아동에게 8피트의 4배가 얼마인지, 32센트의 9배가 얼마인지 물으면, 그 연산을 수행하는 내재적인 이유가 없다. 수행할 동기가 없고 요구도 없기 때문에 심리학적으로 이 연산은 무의미하다. 여기에 부여된 유일한 관심은 단순한 숫자 조작에서 발생하는 것처럼 외적이다. 사실, 관심 있는 교사의 지도하에서는 순전히 "숫자를 조작하는 일" 조차 흥미로울 수 있다. 그러나 그 기계적인 수행을 정신이 확정적 목표를 향해 확정적인 단계에 따라 자발적으로 움직이는 수단으로 느껴야 한다면, 이 흥미는 강요되고 왜곡된다. 그렇다고 해서, 8피트×4나 심지어 8×4와 같은 예를 제외해야 한다는 것은 아니며, 다만 수를 측정량으로 간주하는 습관이 영구적으로 형성되어야 한다는 것이다. 학생은 잘 훈련되어 모든 가수, 합, 피감수, 곱, 피승수, 피제수, 몫을 측정 과정과 연계하여 그 특성과 기능을 즉각적으로 해석할 수 있어야 한다. 예를 들어, 농부가 감자 8부셸을 팔려고 하는데, 시장 가

아이디어가 그리 명확하지 않다는 사실은 이러한 종류의 예를 거의 사용하지 않으며 표준 측정 단위와 관련된 예를 더 많이 사용하는 확실한 이유이다.

격은 부셸 당 55센트이다. 농부는 감자를 팔아서 얼마를 벌 수 있을까?

이러한 사례에서 종종 학생이 곱으로 4.40달러를 구하면 그 학생이 곱을 단지 일련의 숫자 배열로 생각하는 것은 아니라고 설명한다. 이는 비합리적이다. 4.40달러 자체는 곱이 아니다. 어떠한 양이나 값도 그 자체가 곱은 아니다. 곱은 어떤 양의 값을 보다 확정적으로 측정한다. 다시 말해서, 곱은 항상 해석되어야 한다. 측정되는 양에 대해 더 친숙하거나 편리한 측정 단위를 이용한 완성된 측정으로 인식되어야 한다.

4. 피승수가 하위 단위로 아무리 크게 표현되더라도 피승수 자체를 항상 하나의 단위로 보아야 한다. 피승수는 측정 시 사용할 단위의 기지의 값을 나타낸다. 이 피승수는 어떤 스케일의 부분들로 정의되기 때문에 하나의 단위와 다를 바 없이 그 자체로 측정 막대이다. 1피트는 12인치 또는 192개의 16분의 1로 쓰일 수 있지만, 하나이다. 1마일 또한 320막대나 5280피트로 쓰일 수 있지만, 하나의 단위이다. Grube 방법이나 단위를 측정의 기준으로 생각하는 대신에 하나의 사물로 생각하는 모든 방법이 부인할 수 없는 결점은 피승수가 단지 하나의 단위, 즉 전체를 측정하는 데 사용되는 부분이라는 아이디어를 결코 제공할 수 없다는 것이다.

5. 처음부터 부분과 배 사이의 관계에 대한 분명하고 확정적인 관념이 길러질 수 있도록 지도하는 것이 중요하다. 물론, 익숙해질 때까지 "교환"법칙에 대해 언급하지 말아야 한다. 그러나 아이디어는 존재해야 하며 자유롭게 사용해야 한다. 아동은 12단위의 양이 3단위가 4번 반복되는 것으로 측정될 때, 이 측정이 4단위가 3번 반복되는 측정과 같다는 것을 스스로 발견할 수 있을 것이다. 연산을 반복하면서 교환법칙의 아이디어를 합리적으로 사용하면, 아동은 수치 연산에서 과정과 결과 모두를 쉽게 해석할 수 있는 원리를 곧 갖게 될 것이다.

07 수의 외적 연산과 내적 연산

나눗셈과 분수

나눗셈

곱셈이 덧셈으로부터 비롯되나 덧셈과 동일하지 않듯이, 나눗셈은 뺄셈으로부터 비롯되나 뺄셈과 동일하지 않다. 곱셈이 같은 가수들의 개수를 그 합과 명시적으로 결합하고 부분 아이디어를 인수(비) 아이디어로 대체한 데서 비롯되는 것과 마찬가지로, 나눗셈은 최종 분석에서 합(피제수)으로부터 같은 감수들의 개수를 명시적으로 결합하고 부분 아이디어를 인수 아이디어로 대체한 데서 비롯된다. 즉, 뺄셈이 덧셈의 역연산이듯, 나눗셈은 곱셈의 역연산이다. 더욱이 곱셈에서 두 인수 모두 측정된 양의 표현이고 상호 교환이 가능한 것처럼, 나눗셈에서 피제수로부터 나온 인수들(제수와 몫)은 상호 교환이 가능하다. 예를 들어, 곱셈에서는 4피트×5=5피트×4=20피트이고, 역문제인 나눗셈은 20피트와 인수 중 하나가 주어지고 나머지 인수를 구하는 것이다. 우리는 이 문제를 뺄셈이 아닌, 인수나 비의 아이디어로 해결한다.

앞서 제시했듯이, 곱셈에서 두 인수의 곱을 두 가지로 볼 수 있다. 예를 들어, 20피트=4피트×5=5피트×4 또는 1피트의 4배의 5배=1피트의 5배의 4배이다. 즉, 기본 측정 단위인 "1피트"를 4배 또는 5배와 함께 사용할 수 있다. 일반적인 용어로 설명하자면, 기본 측정 단위의 a배의 b배는 이 단위의 b배의 a배와 같다. 다시 말해, 측정 단위(기본 단위로 구성된 유도 단위)의 수치와 이 유도 단위들로 구성된 전체 양의 수치를 수시로 교환할 수 있다. 이는 나눗셈에서 과정과 결과를 해석하는 데 중요하다. 만약 20피트와 한 인수인 4피트가 주어지고 다른 인수를 구해야 한다면, 4피트×5=20피트의 측정을 사용한다. 반면 20피트와 수 5가 주어지고 다른 인수를 구해야 한다면, 다른 측정을 사용할 것이다. 20피트를 바로 수 5로 나누거나 수 5를 "구체화"하여(예: 수 5가 5피트를 나타내는 것으로 간주하여) 다른 인수인 4(배)를 구한다. 이는 우리가 5피트의 4배와 4피트의 5배가 같고 문제의 조건이 후자의 해석을 요구함을 알고 있기 때문이다. 즉, 우리는 우선 문제에서 구하고자 하는 것이 배(횟수)인지 부분인지 결정하고, 이어서 순수한 수 기호로 연산하여 그 결과를 문제의 조건에 맞게 해석한다.

나눗셈 사례

이러한 역연산 사례들을 살펴보도록 하자.

(1) 오렌지 15개를 5씩 묶어 세면 묶음의 수가 3이다. 오렌지 15개를 5개의 묶음으로 나누면, 각 묶음 속의 오렌지 수는 3이다. 양자는 서로 완전히 다른 연산이라고 한다. 왜냐하면, 한 경우는 한 묶음의 크기(수치), 즉 측정 단위를 구하고, 다른 경우는 묶음의 개수를 구하는 것이라고 언급되기 때문이다. 그러나 좀 생각해 보면 양자가 "철저히 다른" 연산이 아님을 알 수 있다. 양자가 같지는 않더라도 심리학적으로 상관관계가 있다. 오렌지 15개를 5씩 묶음으로 셀 때, 5를 한 번 세고, 또 다른 5를 세고, 그다음 또 다른 5를 세고, 마지막으로 묶음의 개수를 세게 된다. 심리학적으로 5를 셀 때, 머릿속에서 일련의 5개 행동(부분적인 합성)이 이루어진다. 이 행동이 3회 반복되고, 마지막으로 이러한 일련의 행동의 수를 세어(완전한 합성) 3을 구한다. 둘째 경우에서는 묶음의 수(5)가 주어질 때, 5개의 위치 각각에 오렌지를 1개씩 놓는 것으로 시작하여 이전과 마찬가지로 오렌지 5개를 "센다." 이 연산은 오렌지를 전부 셀 때까지 반복된다. 그리고 마지막으로 5개 묶음 각각에 들어있는 오렌지의 개수를 센다. 즉, 머릿속에서 일련의 5개 행동이 3회 반복되고, 마지막으로 그러한 행동 횟수가 한 묶음에 있는 오렌지의 개수를 세어

서 확인된다. 이러한 두 정신적 과정은 동일하다고 할 정도로 매우 밀접하게 상호 관련되어 있다고 해도 과언이 아닐 것이다. 앞 문제에서의 3회나, 뒤 문제에서의 오렌지 3개나, 둘 다 각각 오렌지 5개씩 묶음으로 전체량을 세지 않고는 구할 수 없다(58쪽 참조). 정신적 움직임의 리듬에서도 차이가 거의 없다. 이와 같은 세기에 의한 나눗셈은 사물을 가지고 수행하는 실제적인 과정이다. 이는 아동의 방법이며 원시인이나 문맹인의 방법이다. 이는 "두 종류의 나눗셈"에서 정확하게 상징화된다. 여기서 두 종류의 나눗셈이란, 측정의 실제 단위인 부분의 수를 구하기 위해 구체적 제수로 나누는 것과 부분의 크기(즉, 측정의 실제 단위에 있는 하위 단위의 수)를 구하기 위해 추상적 제수로 나누는 것이다.

산술 연산은 이렇게 대상을 세는 실제 과정과 정확하게 대응한다. 매우 전형적인 연산인 긴 나눗셈(long division)으로 하면 다음을 수행하게 된다.

① 포함제 : 오렌지 15개÷오렌지 5개 ; 즉 오렌지 15개를 오렌지 5개씩 묶음으로 센다. 몇 묶음인가?

5 oranges	15 oranges	1°-1st partial multiplier	
	5 ″		
	10 ″	1°-2d ″ ″	= 3 times
	5 ″		
	5 ″	1°-3d ″ ″	
	5 ″		

② 등분제 : 오렌지 15개를 5개의 묶음으로 나누기 ; 각 묶음 속 오렌지는 몇 개씩인가?

5 times	15 oranges	1 orange -1st partial multiplicand	
	5 ″		
	10 ″	1 ″ -2d ″ ″	= 3 oranges
	5 ″		
	5 ″	1 ″ -3d ″ ″	
	5 ″		

두 문제 모두 전체량을 5씩 묶음으로 세어 해결되는 것을 다시 한번 보여준다.

(2) 다음 문제를 해결해 보자. (a) 시내 부지의 전면 폭이 1피트일 때 54달러라면, 폭이 36피트일 때의 가격을 구하시오. (b) 시내 부지의 전면 폭 1피트당 54달러의 비율로 시내 부지가 1944달러에 팔렸다면, 전면 폭의 피트 수를 구하시오. (c) 전면 폭 36피트가 1944달러일 때, 1피트당 가격을 구하시오.

(a)

```
i )      $54
          36
      --------
        1620 = 30 times $54
         324 =  6   "    "
      --------
       $1944 = 36   "    "
Or, by the correlate, $36×54:
ii )     $36
          54
      --------
        1800 = 50 times $36
         144 =  4   "    "
      --------
       $1944 = 54   "    "
```

(b)

```
$54)$1944
    1620 = 30 times $54
     324 =  6   "    "
           -------------
     324;  36 times $54
```

(c) 등분제

```
36)$1944
    1800 = $50  36 times
     144 =  $4  36   "
           -------------
     144;  $54  36 times
```

(a)와 (b)의 순차적 단계들을 비교해 보면, 그 단계들이 정확히 대응하는 것을 볼 수 있다. (b)는 (a)의 정확한 역이다. 그러나 (c)의 단계는 (a)의 단계와 대응하지 않고, 정확한 역연산도 아니다. (c)는 (a)와 상관관계가 있는 (ii)의 정확한 역연산으로 보인다. 이는 연산들 간의 교환법칙을 나타낸다. 그리고, 상관관계가 있는 측정 (i)과 (ii) 둘 다 (c)를 해결하기 위해 사용될 수 있음을 다시 한번 보여준다. 더욱이, (c)가 등분제의 경우인데, 일련의 부분 피제수(partial dividends: partiends라고 해도 좋다)와 부분 몫(partial quotients)인 일련의 뺄셈을 포함하고 있음에 주목해야 한다.

두 종류가 아닌 나눗셈

앞서 살펴본 것처럼, 두 인수의 곱이 두 가지 방식으로 해석될 수 있다는 사실로부터 역연산, 즉 나눗셈의 결과에 대한 두 가지 해석이 있음을 알 수 있다. 구하려는 인수는 나누는 부분(dividing part)("유도 단위")을 그것을 측정하는 기본 단위로 나타낸 수치이거나, 양을 유도 단위로 나타낸 수치이다. 그러나 이러한 수치는 결과만 적절히 해석된다면 편의상 교환이 가능하다. 나눗셈에 대한 두 가지 종류의 구분은 없다. 두 가지 관련 의미를 지니는 하나의 수치적 결과로 이어지는 하나의 연산이 있는 것이다. 따라서 심리학적 근거에서든 실제적 근거에서든, 측정하는 양의 수치를 구할 때, 나눗셈을 단어의 일반적인 의미에서 포함제(division: quotition이라고 해도 좋다)와 "등분제(partition)"의 두 종류로 도입하는 것은 불필요한 것으로 보인다. 측정 단위의 수치를 구할 때, 학생이 두 경우에 연산이 정확하게 똑같다는 것을 안다면, 두 가지 나눗셈에 관한 제수, 피제수, 몫이라는 일련의 유사한 정의로 인해 당황해하지 않을까? 만약 나눗셈 용어를 두 가지 의미로 사용하는 것을 혼란스러워한다면, 제수와 몫이라는 두 용어 각각을 두 가지 다른 뜻으로 사용하는 것은 더욱 혼란스럽지 않을까? 의심의 여지없이, 결과의 의미를 파악해야 한다. 그러나 정확하게 같은 연산에 단순히 두 가지 이름을 붙임으로써 그 의미가 파악되지는 않는다. 상호 관련된 두 개의 의미를 갖는 하나의 연산에 하나의 이름을 부여하는 것이 하나의 동일한 연산에 두 개의 이름을 부여하는 것보다 낫다. 새로운 이름이 학생들의 수치적 조작이나 결과 해석에 도움을 주지 않는다. 아동은 어떻게 주어진 문제가 포함제의 경우인지, 등분제의 경우인지 알 수 있을까? 아동은 지적인 조작, 분석, 즉 문제에서 주어진 것이 무엇이고 구하고자 하는 것이 무엇인지 파악하지 않고서는 포함제인지, 등분제인지 알 수 없다. 다시 말해서, 아동은 연산을 시작하기 전에, 문제의 의미를 알아야 하고, 구하고자 하는 것이 배(횟수)인지, 측정 부분인지 알아야 한다. 이름을 다르게 한다고 해서 아동이 이를 알게 하는 것은 아니며 아무런 도움이 되지 않는다[25].

포함제처럼 뺄셈에 기초하는 등분제

"등분제"를 할 때 우리는 어떤 양을 측정하는 주어진 수만큼의 똑같은 부분 중 한 부분의 수치를 구하며, 측정되는 양에서 수를 뺄 수 없을 때 그 문제는 포함제로 풀 수 없다고 말한다. 이 문제에 대한 답은 쉽다. 우선, 연산에서 제수는 하나의 수일 수 있고, 뺄셈은 합리적으로 설명될 수 있다(95쪽 참조). 또한, 교환법칙에 의해 수를 구체화하고 관련된 인수를 구하고 결과를 적절히 해석할 수 있다. 그러나 둘째로, 만약 제수가 추상적인 수일 수 없다면, 아동기에 쉽게 접근할 수 없는 낯선 이름에 어떤 마법이 있을까? **등분제를 주장하는 사람들**(partitionists)에 따르면, 20피트÷5피트는 가능하고 이해할 수 있는 연산을 나타내는 것으로 보이지만 20피트÷5는 내포된 연산을 "등분제"의 사례로 보아야만 가능하고 이해할 수 있게 된다. 그래서 20피트의 5분의 1인 4피트일 뿐이다. 만약 곱셈구구표를 안다면, 분명히 20피트의 5분의 1이 4피트임을 알고, 똑같이 5피트가 20피트의 4분의 1이라는 것도 잘 알 것이다. 이는 논쟁의 전형적인 사례가 아니다. 이러한 경우(95쪽 참조)에 과정에 주목한다면, "포함제"가 뺄셈의 과정이기 때문에 20피트÷5가 불가능한 것처럼, **"등분제"도 똑같이 뺄셈의 과정이므로**(95쪽 참조) 20피트의 5분의 1 과정 또한 불가능하다고 할 것이다. 예를 들어, 14899623달러÷4681달러에서 지시되는 연산은 뺄셈과 관련되며, 즉, 피제수를 부분들로 분리하고 부분 몫들을 얻는다. 그러나 이 피제수의 4681분의 1(등분제)이 정확하게 **같은 과정**에 의해 얻어지는 것은 분명하다. 즉, 두 경우에서 우리는 먼저 제수를

25) 고정 단위의 오류로 인해, "두 가지 종류의 나눗셈" 이론은 실제로 측정하는 부분과 그것의 반복 횟수 사이를 부적절하게 구분 짓는다. 전체뿐만 아니라 측정하는 부분도 공간적 요소(양의 단위)와 추상적 요소(횟수) 둘 다와 관련된다. 측정하는 부분은 그 자체가 하위 단위에 의해 측정되는, 횟수를 취하는 양이다.

3000번 빼고, 두 번째로 제수를 100번 빼고, 세 번째로 80번 빼며, 네 번째로 3번 빼서, 두 연산 모두에서 3183이라는 같은 수치의 몫을 얻게 된다. 그러나 3183이 첫째 경우에는 순수한 수로 해석되고, 소위 등분제라고 일컫는 둘째 경우에는 측정되는 양으로 해석된다.

결국, 1인치와 12번이라는 두 인수에 대한 생각 없이도 1피트를 인치로 측정되는 것으로 보는 명확한 관념이 있을 수 있다면 비로소 "두 나눗셈"이 전적으로 다르고 완전히 관련 없는 과정이라고 합리적으로 확신할 수 있을지 모른다.

분수

"정수"와 구별되는 분수의 과정은, 특히 그것의 표기법에 있어서, 모든 수와 관련되는 두 기본 과정인 나눗셈과 곱셈(분석–종합)을 명백하게 만든다.

수를 구성하는 기본적인 정신적 과정에서 양의 모호한 전체는 그것을 부분들로 나누고 그 부분들을 세어서 확정적으로 된다. 이것은 본질적으로 분수의 과정이다. 따라서 "분수"는 새로운 아이디어를 포함하지 않는다. 분수는 더욱 분명하게 측정 과정의 본질을 의식하게 하고 그것을 보다 확정적인 형태로 표현하도록 돕는다. 수의 본질인 비에 대한 아이디어는 간단한 수 세기에 내포되어 있다. 그 아이디어는 곱셈과 나눗셈 시 더 명확하게 사용되며, 이 두 연산을 모두 사용하는 분수에서 훨씬 더 완전하게 나타난다. 분수가 어떤 다른 정신적 과정에 의해 발생하는, 수와 다른 것 또는 적어도 다른 종류의 수로 간주되어서는 안 된다. 사실, 방금 언급한 대로, 분수는 측정의 모든 단계에 내포된 아이디어의 보다 완전한 발달이다. 수의 심리적 발생에 관한 한, "정수"가 분수로부터 비롯되었다고 말하는 것이 분수가 정수에서 비롯되었다고 말하는 것보다 정확할 것이다. 부분들로 "쪼개고" 그 부분들을 "세는" 것 없이는 전체를 확정적으로 측정할 수 없고 정확한 수 아이디어도 존재하지 않는다. 확정적 측정은 (a) 부분들의 수를 분배적으로 취하고(분석), (b) 부분들의 수를 집합적으로 취하는 것이다(종합). 정수, 즉 전체를 형성하는 과정은 하나의 부분을 여러 번 취하여 측정하는 양의 완전한 아이디어를 얻는 과정일 뿐이다. 또한, 이 조작의 어떠한 단계에서든 정수와 분수 모두에 도달한다. 세어지는 단위와 관련하여 정수, 측정되는 전체와 관련하여 분수에 도달하게 된다.

측정되지 않는 단위로 세는 불완전한 측정에서조차, 곱셈과 나눗셈(비와 분수)의 아이디어가 조작에 내포되어 있다. 사과 15개 전체를 3씩 측정한다. 부분들을 센다. 즉 부분들을 서로 또는 조작하는 전체와 관련짓거나 순서 매긴다. 이러한 세기는 이중 참조(double reference, 측정 단위에 대한 참조와 단위 전부로 구성되는 전체에 대한 참조)를 지닌다. 예를 들어, 2, 3, …을 셀 때, 우리는 측정 단위 하나를 2번, 3번, … 취하는 것이고 각각의 세기는 수 2, 3, …과 같이 "정수"로 표현되거나 측정된다. 그러나 또한, 이러한 세기를 할 때 우리는 전체를 참조하여 다섯 중의 하나, 다섯 중의 둘, 다섯 중의 셋 등을 취하게 된다. 즉, 전체의 5분의 1, 5분의 2, 5분의 3 등이다.

분수 없이는 측정도 없다.

정확한 측정 단위를 가지고 측정할 때, 같은 부분들이 하나의 주어진 전체를 만든다는 분수의 아이디어는 보다 명확하게 주목의 대상이 된다. 사과 5개 중 사과 3개(전체의 5분의 3)라는 관념은 측정되는 전체인 5인치 중 3인치라는 관념과 명확성 및 정확성에 있어서 같은 급이 아니다. 왜 그럴까? 왜냐하면, 전자의 경우에는 정확한 값(value), 측정 단위의 얼마인지(how much) 알지 못한다. 후자의 경우에는 단위가 더 크거나 작은 다른 통합체로 정확하게 정의된다. 사과 3개에서 단위들은 똑같지는 않고 비슷하다. 3인치에서는 단위들이 같다. 따라서 12피트의 길이를 측정할 때, 우리는 12피트를 2부분이나

3부분, 4부분, 6부분, 12부분으로 나눌 것이다. 그때, 1이 6분의 1, 2가 6분의 2, 3이 6분의 3 등이라고 생각하지 않고서는 6부분을 실제로 전체를 만드는 것으로서 생각할 수 없다. 부정확한 측정의 과정에 분수의 아이디어가 관련되며, 이 아이디어가 정확한 측정의 과정에서 의식 속에서 더 명확하게 정의된다. 요컨대, 정확한 측정이 있는 어디서든 분수의 관념이 존재한다. 왜냐하면, 수의 정확한 아이디어가 측정의 도구로서 존재하기 때문이다. 앞서 제시했듯이, 분수의 과정은 단지 수의 아이디어를 더 확정적이게 하고, 채택된 분수 표기법은 수를 구성하는 분석-종합에 대한 더 완전한 진술을 제공한다. 예를 들어, 수 7은 측정 가능성을 나타내지만 수 $\frac{7}{10}$은 보다 확정적으로 실제 측정 과정을 명시한다. 이는 측정 단위의 절대 수를 제공할 뿐만 아니라 측정 단위의 정의 자체를 암시한다. 즉, 7은 양에서 단위의 절대 수를 보여주는 반면, 10은 어떤 다른 기준량에 대한 측정 단위의 관계를 보여주고, 실제 측정 단위를 정의하는 참조의 기본 단위이다. 만약 한 양이 2개, 또는 3개, 또는 4개, 또는 n개의 똑같은 부분으로 나뉜다면, 수 2, 3, 4, …, n은 각 측정에서 부분의 전체 수를 보여주고, 분수의 "분모"에 해당한다. 이는 측정되는 양을 전체로 나타낸다. 그리고 부분들(단위들)을 세면서(나열하면서) 계속 "분자"를 만든다. 예를 들어, n 중의 1, n 중의 2, n 중의 3 등. 또는 n분의 1, n분의 2, …, n분의 n, 또는 $\frac{n}{n}$이고 이는 측정된 전체이다. 또는, 측정 단위인 하나들(the ones)에 주목한다면, 부분들은 1, 2, 3 등으로 표현되고, 측정되는 양 자체는 $\frac{n}{1}$으로 표현된다. 다시금, 어떤 방의 변을 측정할 때 그 변이 $\frac{19}{3}$야드를 포함한다는 것을 구한다. 이는 측정 과정에 대한 완전한 기술이다. 이는 (1) 측정의 기본 단위(참조 기준)가 1야드이고, (2) 측정의 유도 단위가 이 기본 단위의 $\frac{1}{3}$이며, (3) 이 유도 단위가 양을 측정하는 데 19번 취해지는 것을 의미한다. 이는 측정 단위 자체가 정의되거나 측정되는 정확한 측정 단계의 정신적 과정과 일치하는 것으로 보인다(74쪽 참조). 이미 살펴본 것처럼, (1) 참조의 기준 통합체(기본 단위), (2) 유도 단위(직접적인 측정 단위), (3) 이 단위가 양에 포함되는 있는 수가 있어야 한다. 분수는 이 과정에 대한 완전한 표현을 제공한다. 예를 들어 $\frac{3}{4}$달러에서 (1) 달러가 참조 단위이고 (2) 이 단위를 네 부분으로 나누어 유도 단위(실제 측정 단위)를 얻는다. (3) "분자" 3은 이 단위들 몇 개로 주어진 양을 만드는지 보여주며 기준 통합체에 대한 양의 비를 나타낸다.

따라서 방의 변을 측정한 19피트는 다른 스케일의 단위로 표현될 수 있다. 19피트는 12×19인치 또는 $19\div3$야드이고, 첫째 식은 둘째 식과 마찬가지로 분수 중 하나이다. 이는 $\frac{228}{1}$이며, 단지 228개의 하나들(ones)이 아니라, 측정의 확정적 단위인 1피트의 $\frac{1}{12}$이 228개 있다는 것이다. 마찬가지로 둘째 식은 $\frac{19}{3}$, 즉 야드와의 관계에 의해 정의된 측정의 단위가 19번 있는 것이다. 전자의 경우, 일반적으로 그러한 측정을 분수 형태로 기술하지 않지만 그 해석은 분모에 대한 명확한 참조를 요구한다. 19(피트)=228(인치)=$\frac{19}{3}$(야드)=$\frac{209}{11}$(로드)에 주목해 보자. 즉 완전히 다른 네 수가 서로 같다. 고정 단위 방법에 훈련된 아동에게는 전혀 무의미한 결과이다. 수를 물리적 대상을 칭하는 이름으로 취급하는 방법은 그러한 불합리에 도달하지 않을 수 없다. 다만 수를 가치매김의 정신적 과정(분석-종합)으로 인지하는 방법만이 그러한 어려움에서 벗어날 수 있다. 단위는 고정된 사물을 가리키지 않는다. 그것은 단순히 가치매김의 단위, 즉 그룹 또는 전체의 가치(얼마나 많은지)를 측정할 때 하나(one)로서 취해지는 것의 얼마만큼인지를 가리킨다. 그것은 얼마만큼의 가치를 지니는 단위 몇 개가 전체만큼을 구성하는지 정의한다. 그

완전한 과정은 분수 중 하나이다. 그리고 그 과정에 대한 전체 기술은, 기록 했든지 해석상 이해만 했든지 상관없이 하나의 분수이다. 228인치는 $\frac{228}{1}$ 인치이고, 1인치에 있는 측정 유도 단위의 수가 1임을 의미한다. 19피트는 $\frac{19}{3}$야드이고, 1야드에 있는 측정 유도 단위의 수가 3임을 의미한다. $\frac{209}{11}$ 로드는 1로드에 있는 측정 단위의 수가 11임을 보여준다. 다시 말해서, $\frac{19}{3}$ 야드에서 측정 단위는 1야드를 3등분 한 것 중 하나이다.

따라서 이는 모호한 양을 확정적으로 만드는 모든 연산이, 완전히 기술된다면 분수의 "분모, 분자"와 관련됨을 나타낸다. 즉, 분수는 양을 그것을 측정하거나 정의하는 과정으로 표현하는 데 편리한 언어(표기)로 간주될 수 있다. 그 과정이 양을 "수"로 만든다.

이때, 분수는 참조하는 전체를 완전하게 정의하고, 따라서 측정되어야 하는 양의 측정 단위를 결정한다. 그러므로 인치는 $\frac{12}{12}$피트로부터 정의되고, 피트는 $\frac{3}{3}$야드로부터, 온스는 $\frac{16}{16}$파운드로부터, 센트는 $\frac{100}{100}$달러로부터 정의된다. 각 경우에 분모는 기준 통합체를 측정 단위로 분석하는 것을 보여준다. 즉, 통합체를 함께 취해지는 단위로 분석한다. 따라서 양 7인치, 5온스, 35센트의 측정은 각각 $\frac{7}{12}$피트, $\frac{5}{16}$파운드, $\frac{35}{100}$달러와 같은 분수 형식에 의해 더 명시적으로 진술된다. 왜냐하면, 각 경우에 측정 단위가 같은 크기의 기준 통합체와의 관계에 의해 의식적으로 정의되기 때문이다.

수의 정의(55쪽)가 분수를 포함하는 것이 분명하다. 분수와 정수 모두에서 기본 관념은 정의되는 부분들의 수에 의해 측정되는 양의 관념, 즉 양의 측정 단위에 대한 비의 관념이다. 분수는 정수와 (조금이라도 다르다면) 측정 단위를 정의하는 데 있어 다르고, 따라서 분수는 정확한 측정 단계에서 정신적 연산을 보다 완전하게 제공한다.

수로서 분수가 하나의 측정 양식이라면, 분수를 새로운 다른 종류의 연산의 기초로 특별하게 정의할 필요는 없을 것 같다. 측정 양식으로서의 분수를 간과하는 정의는 일반적으로 모호하고 부정확하며, 분수를 다룰 때 난처한 상황을 다수 야기한다. "분수는 단위의 같은 부분들의 수이다." 또는 "분수는 단위를 등분할하는 것에서 비롯된다."라고 말하는 것은 정확하지 않다. 여기에는 전체와 단위 간의 중요한 차이가 간과되어 있다. 우리는 옷감 한 조각을 측정할 때 그것이 4야드를 포함한다는 것을 안다. 측정 전에 옷감은 한낱 전체이지만, 측정 후에는 확정된 전체이다. 그러나 어떤 경우에도 옷감이 단위는 아니다. 측정 후에 그것은 단위들의 통합체, 즉 합이다. 또한, 분수가 한 통합체의 같은 부분들 중 하나 이상이라고 말하는 것은 측정 아이디어와 완전히 일치하지는 않는다. 물론, 측정되는 전체인 한 통합체의 같은 부분들을 셀 때, 우리는 모든 부분을 종합하면서 여러 부분을 취한다. 그러나 분수는 수이고 따라서 측정된 양을 나타내기 때문에, 분수는 하나의 전체량인 통합체를 나타낸다. 예를 들어, 1야드의 $\frac{4}{9}$는 4야드나 40야드와 같이 얼마만큼의 양, 즉 측정된 전체이다. $\frac{4}{9}$는 더 큰 전체, 즉 참조 기준인 야드와의 관계에서 분수이다.

가분수

분수를 "진분수", "가분수" 등으로 범주화하는 것에 관한 끝없는 논쟁은 수의 본질에 대한 마찬가지 오해에서 비롯된다. 분수의 측정 기능에 대해 올바른 관념을 가지면 "가분수"에 대해 의아할 것이 없다. 분수를 "단위의 같은 부분들의 수"라고 정의한다면, 예컨대 1야드의 $\frac{4}{3}$는 분수가 될 수 없다고 추론된다. 왜냐하면 $\frac{4}{3}$는 단위의 **부분들**이 아니라 전체 단위와 조금 더를 나타내는 것이기 때문이다. 3개의 $\frac{1}{3}$이 야드(단위)를 만드는데, 어떻게 4개의 $\frac{1}{3}$이 가능한가?

이러한 반론은 고정 단위에 대한 오류뿐만 아니라 수의 본질에 대한 오해 때문이다. 1야드의 $\frac{4}{3}$라는 표현에서 분수는 수이다. 이는 측정 단위를 반복하여 어떤 양과 같게 만드는 것을 의미한다. 이 측정 단위는 야드가 아니다. 이는 야드와의 관계에 의해 정의되는 단위이다. 이 단위는 직접적인 측정 단위를 얻기 위해 전체인 야드를 똑같은 세 부분으로 나눈 것 중 하나이다. 또한, 야드를 이 단위를 적용할 수 있는 양으로 제한하는 것은 아무것도 없다. 야드는 참조의 기본 단위이며, 실제 측정 단위는 이 참조의 기본 단위로부터 유도된다. 따라서 실제 측정 단위를 기본 단위보다 더 큰 양을 측정하는 데에 적용하는 것은 3피트×4와 같은 양의 측정만큼이나 의아할 것이 없는 일이다. 왜냐하면, 이때의 측정 단위(3피트)는 그것이 유도된 기본 단위인 1피트보다 크기 때문이다.

1야드의 $\frac{1}{3}$이 4개라는 표현은 정확하게 측정된 양을 가리킨다. 정확하게 측정된다고 한 것은 측정 단위 자체가 동일한 척도의 또 다른 양과의 관계에서 측정되기 때문이다. 이 적절히 정의된 단위(1야드의 $\frac{1}{3}$)는 같은 종류의 양 무엇이든가에 적용 가능하고, 이 단위는 그러한 양에 1번, 2번, 3번, 4번, …, n번 포함될 것이다. 사실 $\frac{4}{3}$야드, $\frac{5}{3}$야드, …, $\frac{n}{3}$야드는 4피트, 5피트, …, n피트와 다른 더 정확한 진술 방법일 뿐이다.

분수 곱(compound fraction)

"분수 곱"을 해석하는 것은 어렵지 않다. 1야드에 $\frac{3}{4}$달러인 옷감 8야드의 값은 $\frac{3}{4}$달러×8로 표현된다. 분모가 기본 단위를 참조하여 측정 단위를 정의할 뿐이라는 것이 이해된다면, 3달러×8보다 더 당황할 것이 없는 측정이다. 따라서, 1야드에 8달러인 옷감 $\frac{3}{4}$야드의 값은 측정량 8달러×$\frac{3}{4}$으로 표현되고, 다시 한번, 분모가 측정 단위를 얻는 방법을 보여준다. 즉, 참조체인 8달러를 부분으로 나누고 전체로 모으는 무수한 방법 중 어떤 것이 직접적이거나 절대적인 측정 단위를 제공하는지 보여준다. 이러한 설명은 $\frac{8}{25}$달러×$\frac{3}{4}$에도 적용되고, 어떠한 분수 곱에도 적용된다.

번분수(complex fraction)

어떤 양이 똑같은 부분들의 분수 개로 나뉠 수 없기 때문에 번분수는 불가능하다고 한다. 예를 들어, 그런 분수의 분모가 $\frac{3}{4}$이라면 어떤 전체를 $\frac{3}{4}$개의 똑같은 부분들로 나누는 나눗셈을 함의하는데, 이는 말이 안 된다는 것이다. 이는 분수라는 용어를 이미 말했던 불완전한 정의에 제한하고, 측정으로서의 수와 측정 과정의 명시적 진술로서의 분수를 간과하는 것이다. 나눗셈과 곱셈은 양을 정의하는 심리적 과정에서 기본이 된다. 분수는 그저 그 과정을 분명하게 의식시키고, 표기법으로 그 과정에 완전한 표현을 제공한다. 분수의 과정과 나눗셈의 과정이 전적으로 구분된다는 진술은 사실과 거리가 멀고, 분수의 아이디어 없이는 나눗셈이 존재하지 않으며 나눗셈의 아이디어 없이는 분수도 존재하지 않는다. 분수와 나눗셈 둘 다 양의 측정에서 정신의 필연적이고 보편적인 행동의 표현인 교환법칙에 의해 확인된다. 기호 $\frac{3}{4}$피트는 측정된 양을 나타내는 정확한 표현이다. 그러한 다른 모든 표현처럼, 이는 측정 단위를 정의하고 이 단위가 몇 번 반복되는지 표시한다. 그리고, 모든 그러한 표현과 마찬가지로, 이는 측정된 양과 관련된 관념에 대응하는 두 가지 해석을 지닌다. $\frac{1}{4}$피트×3 또는 3피트×$\frac{1}{4}$이다. 3피트×4와 4피트×3을 완전히 다른 양의 관련 없는 측정이라고 생각할 수 있다면, 분수와 나눗셈을 완전히 별개의 것으로 취급하는 것이 정당화될 것이다.

나눗셈에서와 마찬가지로 "번분수"에서 두 가지 해석이 가능한 것에 주목해야 할 것이다. 12달러÷4달러는 4개의 부분으로 측정하는 것이 아니라, 4씩 나누는 것이다. 반면, 12달러÷4는 4개의 부분으로 측정하며, 곧 3씩 나누는 것이다. 그러나 종종 보듯이, 모든 경우에서 부분의 크기가 주어지고 그 부분들의 개수를 구하거나, 부분들의 개수가 주어지고 그 부분의 크기를 구한다. 같은 일이 소위 번분수라는 것에서도 계속된다. $\frac{9\text{달러}}{\frac{3}{4}\text{달러}}$에서, 예컨대 옷감 1야드에 $\frac{3}{4}$달러일 때 9달러로 얼마만큼의 옷감을 구입할 수 있는지 구할 때, 9달러를 $\frac{3}{4}$달러 개의 똑같은 부분들로 나눌 것이 아니라, 9달러를 만들기 위해 측정 단위 $\frac{3}{4}$달러를 몇 번 취하는지 구해야 한다. $\frac{9\text{달러}}{\frac{3}{4}}$도, 예를 들어 옷감 $\frac{3}{4}$야드에 9달러를 지불했다면 1야드의 가격은 얼마인지 구하는 것이기 때문에, 9달러를 $\frac{3}{4}$개의 똑같은 부분들로 나누려고 시도하지 않는다. 그 목적은 승수인 $\frac{3}{4}$(즉, $\frac{3}{4}$번 취하여)으로 9달러가 되는 양을 구하는 것이다. 식을 "번분수"라 부르든 분수의 나눗셈이라 부르든 관심 없다. 왜냐하면, 분수는 양을 다룰 때 정신의 동일 행동에 의해 곱셈 및 나눗셈과 필연적으로 관련이 있기 때문이다.

요약 및 응용

1. 모든 연산은 본질적으로 측정으로서의 수와 연결되며, 심리적 복잡성에서 측정 아이디어의 발달을 통해 서로 구별된다. 덧셈과 뺄셈은 측정되지 않는 단위로 세는 조작에서 비롯된다. 덧셈과 뺄셈은 비의 아이디어를 명시적으로 사용하는 것이 아니라 단지 더 많고 적다는 집합의 아이디어를 사용한다. 곱셈과 나눗셈은 정확한 측정 단위(그 자체가 정의되는 단위)를 사용하는 데서 비롯된다. 곱셈과 나눗셈은 집합의 아이디어뿐만 아니라 비의 아이디어도 사용한다. 따라서, 덧셈과 뺄셈이 형식적 지도의 순서 상 곱셈, 나눗셈에 선행되어야 한다. 덧셈과 뺄셈은 서로 역연산이므로, 처음에는 덧셈을 약간 강조하되 함께 지도해야 한다.

2. 곱셈과 나눗셈은 서로 역연산이므로, 처음에는 곱셈에 중점을 두면서 두 연산을 함께 지도해야 한다. 곱셈을 덧셈의 한 사례로 가르쳐서는 안 되며, 나눗셈을 뺄셈의 한 사례로 가르쳐서도 안 된다. 각 경우에 인수 아이디어(비 또는 수)가 집합 아이디어를 대체해야 한다. 이는 분석적 지도의 순서이지만, 곱셈에 관련된 과정이 이용되어야 한다. 즉, 초등 교육에서 기본 심리학 법칙과 일치하는 이러한 과정에 대해 자주 탐색해야 한다. "먼저 과정을 합리적으로 사용하고, 궁극적으로는 그 과정을 의식적으로 인식한다."

3. 엄밀히 말해 곱셈에서 피승수는 항상 측정되는 양을 나타내고, 흔히 "구체적"이어야 한다고 한다. 승수는 항상 순수한 수로, 사실 피승수에 대한 곱의 비를 나타낸다. 그러나 피승수는 항상 수 아이디어를 포함하므로(피승수

는 기본 측정 단위의 수를 나타냄), 곱의 두 인수는 상호 교환될 수 있다. 즉, 승수가 구체적인 양이 될 수 있고, 피승수가 반복 횟수를 나타내는 순수한 수가 될 수 있다.

4. 나눗셈은 곱셈의 역이다. 우리는 주어진 곱과 두 인수 중 하나를 알고 있다. 그로부터 다른 인수를 구할 수 있다. 또한, 곱셈의 과정에 대한 두 가지 해석이 있기 때문에 곱셈의 역과정인 나눗셈에 대해서도 두 가지 해석이 가능하다. 그러나 두 종류의 곱셈이 있는 것이 아니며, 나눗셈도 마찬가지이다. 각 경우에 두 가지 해석이 가능한 하나의 과정과 하나의 결과가 있는 것이다. 측정 부분의 수치적 크기를 구하는 과정에 "등분제"라는 이름을 부여하는 것은 해석에 도움이 되지 않는다. 학생은 연산을 시작하기 전에 자신이 구하는 것(그것이 기본 단위로 나타낸 부분들의 값이든, 전체 양에서 그 부분들의 수이든)을 알고 있다. 원래 해 오던 연산에 새로운 이름을 부여할 필요는 없다. 이뿐만 아니라, 학생이 연산을 시작하기 전에 그가 무엇을 구해야 하는지 알지 못한다면 새로운 이름은 그 문제에 어떤 도움도 되지 않는다.

곱셈과 나눗셈 사이에 존재하는 관계로부터, 나눗셈의 피제수, 즉 두 인수의 곱은 항상 측정된 양을 나타낸다는 것을 알 수 있다. 즉, 구체적이다. 제수는 구체적인 양을 나타낼 수도 순수한 수를 나타낼 수도 있다. 그 몫은 당연히 전자에서는 수로, 후자에서는 구체적인 것으로 해석된다.

5. 분수에는 양을 측정하는 방식으로서의 수와 관련된 것과 별다른 정신적 과정이 없다. 수가 형성되는 심리적 과정은 처음부터 끝까지 "쪼개는(fractioning)" 과정, 즉 본질적으로 하나의 전체를 같은 부분들로 만들고 그 부분들로 전체를 재구성하는 과정이다. 수의 과정에서 우리는 전체로 시작한다. 하나의 측정 단위를 갖고, 전체를 구성하기 위해 측정 단위를 반복한다. 분수로 표현되는 측정되는 양에서도 정확하게 동일한 것을 수행한다. 우리는 양의 전체로 시작한다. 그 양과 같은 종류의 측정 단위를 사용하고, 그 측

정 단위를 반복하여 전체를 구성한다. 분수는 표기법을 통해 실제 측정 과정을 보다 명시적으로 나타낸다. 즉, 분수는 측정 단위의 수를 제공할 뿐만 아니라, 실제로 그 단위 자체를 동일 스케일의 다른 단위로 정의한다. 다시 말해서, 분수는 모호한 전체를 확정적으로 만드는 분석-종합의 정신적 과정이라는 하나의 문장으로 요약된다.

(1) 분수는 그것이 나타내는 양과 비교되는 그룹이나 전체의 부분을 나타내며, 측정 단위를 정의한다. 따라서 $\frac{5}{8}$야드의 옷감은 그 자체가 하나의 전체이고, 확정적으로 측정된 양이다. 그러나 그것은 야드라는 참조 기준과 관련하여 분수이고, 직접 측정 단위인 야드의 $\frac{1}{8}$을 정의한다.

(2) 따라서 분수는 항상 (a) 측정된 양에 있는 단위의 절대 수, (b) (a)에서 측정 단위를 정의하는 어떤 기준량에 있는 그 단위의 수, (c) 이 참조 기준에 대한 (분수로 표시된) 주어진 양의 비를 나타낸다. 분수의 분자는 (a)와 (c)를, 분모는 (b)를 제공한다. 물론, 참조 기준의 임의의 부분(또는 배)을 주어진 양의 측정 단위로 취할 수 있다. 주어진 길이는 1피트, 1000피트, 또는 $\frac{1}{1000}$피트로 측정될 수 있다. 그러나 분수의 명확한 처리를 시작할 때, 특정 표준 측정, 그것들을 세분화한 부분들, 그리고 그 사이의 관계를 이용하는 것이 더 좋다. 따라서, 분석-종합의 과정으로서, 피트는 $\frac{12}{12}$로, 야드는 $\frac{3}{3}$으로, 파운드는 $\frac{16}{16}$으로, 달러는 $\frac{10}{10}$ 또는 $\frac{100}{100}$으로 정의되고, 12는 인치, 3은 피트, 16은 온스, 10은 다임, 100은 센트를 나타낸다. 그러므로 일상적인 측정 척도로 정의되고 그와 연계된 분수에 친숙해지는 것은 확정적인 측정 방식으로서의 모든 형태의 분수에 쉽게 숙달하는 것을 의미한다.

(3) 분수의 지도에 관해서, 현재까지는 다음과 같은 점을 지적하는 것만으로 충분할 것이다.

① 분수의 형식적 처리에서 새로운 것은 없다. 단지 아이디어와 과정에 주목하는 의식적인 지시가 있을 뿐이다. 올바른 지도시, 그 아이디어와 과정은 수 아이디어의 형성에서 처음부터 사용되어왔고 기본 산술 연산에서 더욱 발전되어 왔다.

② "정수"와 마찬가지로 분수를 지도할 때에도 측정의 아이디어와 과정이 항상 존재해야 한다. 사과, 오렌지, 종잇조각, 파이와 같이, 정의되지 않은 전체를 똑같이 나누어 얻은 모호하고 정의되지 않은 "단위"로 분수 지도를 시작하는 것은 당연히 비합리적인 절차라 할 것이다. 예를 들어, 파이의 절반은 파이가 무게나 부피로 정의되지 않는 한, 수 표현이 아니다. 분수의 구성 요소가 존재하지 않는다. 산술의 통합체가 무시된다. 분수의 과정이 측정으로서 수의 과정과 무언가 다른 것이라고 가정된다. 실제로 분수가 정말 수인지에 대한 질문이 제기되어 실제로 의문시되어 왔다. 처음부터 분수가 모든 연산에 내재되어 있고 심리적 행동으로서의 수의 과정은 처음부터 끝까지 분수의 과정이라는 사실에도 불구하고 사람들은 의문스러워한다.

③ 명확한 분수 지도, 즉 이미 형성된 쪼개는 습관을 분석적 주의의 대상으로 만드는 것의 기초 단계는, 아동이 알고 있는 어떤 표준 측정, 즉 분할과 관계를 완전히 확정적으로 만드는 것이다. 모든 분수에는 그것이 정확한 측정이기 때문에 확정적 측정 단위가 있어야 한다. 이는 다음의 두 가지를 암시한다. (a) 참조 기준("기본" 단위)을 그 자체의 측정 단위로 정의, (b) 주어진 양을 이 "유도" 단위로 측정. 만약 피트가 측정 단위라면, 그 자체로는 의미가 없다. 이는 숙

달되어야 하고, 길이 척도의 다른 단위와 관련하여 의미가 있어야 한다. 피트는 한쪽으로는 1(야드)$\div$3이고, (척도의 통상적인 분할을 취하여) 다른 쪽으로는 $\frac{12}{12}$(즉, $\frac{1}{12}\times12$), 즉 인치로 측정된다. 따라서, 분수 지도는 측정의 일상적인 표준 척도에 기초해야 한다. 또한, 정의되지 않는 전체의 질적 부분이 아니라, 측정에서 '부분과 전체 만들기'의 기본 과정에 기초해야 한다.

④ 측정으로서의 수에 대해 적절히 지도한다면, 학생들은 4인치, $\frac{4}{12}$ 피트, $\frac{1}{3}$피트를 똑같은 측정량에 대한 표현으로 즉각적으로 식별하는 것을 곧 배운다. 자체가 정확하게 측정되는 측정 단위로 양을 정확히 측정한 것을 나타내는 수단이라는 분수의 참된 의미를 의식적으로 인식하는 것이 어렵지 않다.

⑤ 분수의 덧셈과 뺄셈은 비의 원리, 분수의 곱셈과 나눗셈은 비율의 원리와 관련된다. 모든 경우에 확정적으로 측정된 양을 나타낸다는 분수의 의미가 분명해져야 한다. 예를 들어, $\frac{1}{2}\times\frac{3}{4}$이 아니라 $\frac{1}{2}$ 피트$\times\frac{3}{4}$이다. 야드 당 $\frac{3}{4}$달러인 옷감의 $\frac{7}{8}$야드의 값을 나타낼 때 $\frac{3}{4}\times\frac{7}{8}$이 아니라 $\frac{3}{4}$달러$\times\frac{7}{8}$이다.

분수는 같은 종류의 다른 양과 비교하기 위한 형태로 양을 표현하기 때문에, 기본 연산이 분수에 적용될 때 이러한 비교를 수행한다. 덧셈은 ("자연수"에서와 마찬가지로) 항상 길이, 넓이, 부피, 시간 등의 어떠한 단위로 측정된 같은 종류의 양이다. 뺄셈도 마찬가지이다. 초기의 예는 모두 확정적 측정만을 다루어야 한다. 원리가 꽤 익숙해지면, 그런 다음에야 기계적인 기능을 보장하기 위해서 기존의 측정 척도에 대응하지 않는 분모(예: 17, 49, 131)를 갖는 분수를 도입할 수 있다.

분수의 곱셈과 나눗셈도 마찬가지다. "자연수"로 수행하는 곱셈, 나눗셈과 원리가 다를 바 없다. 분수의 곱셈은 곱셈이고 분수의 나눗셈은 나눗셈이다. 이는 이전의 이름을 갖는 새로운 과정이 아니다. 분수의 곱셈과 나눗셈은 측정되는 양을 확정하는 측정 단위를 정의함으로써, "정수"로 수행하는 연산에서 함축적인 비(양의 비교)를 명시적으로 사용한다. 말하자면, 분수의 곱셈과 나눗셈은 측정의 완전한 심리적 과정이고, 따라서 더 의식적으로 주목할 것이 요구된다. 그러나 처음부터 수를 심리학적 방법으로 지도했다면, 학생들은 이 요구를 충족시킬 준비가 잘 되어있을 것이다. 분수를 공통분모로 바꾸는 데 낯설 것이 없으며, 피승수보다 곱이 작거나 피제수보다 몫이 큰 것도 신기할 것이 없다. 과정의 본질에 관심을 갖는 한, $\frac{3}{4}$달러+$\frac{4}{5}$달러는 3달러+4달러만큼이나 쉽게 이해될 것이다. 그러한 본질 및 횟수와 측정 부분 간의 관계에 익숙해지면, 18피트×$\frac{1}{2}$=9피트라는 것이, 너비가 18피트인 방을 가로질러 절반을 측정하는 것보다 더 신기할 것이 없을 것이다. 어떤 양을 횟수의 부분만큼 취하는데 더 작은 양이 아니라면 이상한 일이다.

따라서 나눗셈에서 횟수와 부분 간의 상호 관계가 이해될 때, 연산 $\frac{4}{5}$달러÷$\frac{1}{10}$달러나 $\frac{4}{5}$달러÷$\frac{1}{10}$이 80달러÷10달러, 80달러÷10처럼 쉽게 이해될 수 있다. $\frac{4}{5}$달러÷$\frac{1}{10}$달러의 결과인 몫 8이 피제수($\frac{4}{5}$달러)보다 크다는 것은 의미 없는 말이다. 이는 비교할 수 없는 것들을 비교하는 것이며, 횟수와 부분, 수와 양, 심리적 과정과 물질을 혼동하는 것이다.

08 기본적인 수 지도에 대하여 (I)

수에 대한 본능

우리는 수가 외부의 힘에 의해 마음에 새겨지거나 사물에 대한 단순한 지각으로 주어지는 것이 아니라, 양의 측정시, 즉 모호한 전체를 확정적으로 만들 때 마음 속 행동의 산물임을 알았다. 이 행동은 양적 관계를 지향하는 기본적인 정신적 행동이기 때문에 수 매김의 과정이 주목되어야 한다. 통상적인 견해와 달리 산술 학습은 교육과정에 있는 다른 어떤 과목의 학습보다 학습자에게 흥미로워야 한다. 자연 탐구에서 관찰과 지각의 훈련이 보편적으로 흥미롭다고 한다. 감각 자료가 주어지는 것을 좋아하며 자신에게 만족감을 주는 감각(시각, 청각, 촉각)을 갈망하기 때문에, 이는 의심할 여지 없는 사실이다. 그러나 우리는 이러한 가공되지 않은 자료를 대상으로 하는 연습이 에너지 소모가 많은 만큼 그와 동일한 정도의 기쁨을 수반한다는 것을 분명히 말할 수 있다. 감각적 사실에 작용하는 자연스런 주목과 판단 행동은 감각적 사실을 획득하게 하는 관찰 행동만큼 깊고 생생한 흥미를 수반하는 것이 분명하다.

수 관련 아이디어는 고차의 정신적 정련 과정의 가장 단순한 형태이기 때문에 모든 인간 행동에 관여하며 물리적 세계를 제대로 해석하는 데 필수적이다. 또한, 인간이 단지 감각적이기만 한 것으로부터 벗어나는 데 필수 조건이며, 환경에 반응할 때 강력한 도구이다. 달리 말하여, 수와 수 관련 아이디어는 개인의 발달 및 인류의 진보에서 필수불가결한 조건이다. 따라서 개인과 인류 발달에 필수인 수 지식과 능력의 획득이 정신에 강요된다면, 달리 말해 발달 조건이 발달을 지연시키는 경향이 있는 다른 조건을 포함한다면, "자연의 아름다운 경제성"과 모순되는 것 같다.

여기서 이론적 토대로 삼은 입장은 수를 구성할 때 정상적인 정신 행동은 흥미로 가득하다는 것이고, 이는 아동의 생활에서 실제 경험과 관찰에 의해 확인된다. 처음에 수를 즐기지 않는 아동은 거의 없다. 산술의 기본 과정인 세기는 아동에게 즐거운 일이다. 수 세기는 더 높은 것에 대한 약속이자 가능성이다. '여섯 살 난 작은 요정 같은 귀염둥이[26]'의 1, 2, 3은 완전히 말할 수 있기 위해 애쓰는 노력의 표현이다. 단순히 감각적인 상태로부터 물리적 세계 이상의 숙달을 보장하기 시작하는 더 높은 단계로 점진적으로 나아간다는 증거이다. 우리는 공감적이고 능력 있는 교사가 지도하는 유치원 1년차 한 학급 전체가 산술에 완전히 몰두하여, 산술 연습을 유치원 노래나 운동장에서의 줄넘기보다 더 좋아하는 것을 본 적이 있다.

발달 정지

아동이 수를 처음 알게 될 때 자연스런 정신적 행동은 흥미를 수반하기 때문에, 수의 형식적인 지도로 인해 흥미가 사라지고 대신 속도와 강화가 남게 된다면 그 교수법은 심각하게 그릇된 것이 분명하다. 그 방법은 진정한 방법의 본질을 놓치고 있다. 리드미컬한 정신적 움직임을 자극하지도 양산하지도 못하며, 오히려 방해하고 왜곡할 수 있다. 모든 사람에게 존재하는 수에 대한 자연스런 본능은 적절한 방법으로 안내되어야만 효과적인 발달에 도달하게 된다. 수에 대한 타고난 성향이 계속 방해받으며, 정신은 수 관련 아이디어의 모든 합리적 발달에 상반되는 인위적 활동을 강요받는다. 이와 같은 비합리적 과정의 결과로서 수 기능의 발달 정지가 뒤따른다. 아동은 수에 대한 실제적인 혐오가 생겨서 수에 관심이 없고 수학에 흥미를 보이지 않는다. 그리고 비합리적인 지도에서 비롯된 무능력을 타고난 것으로 돌린다. 아마

26) [역자 주] 영국의 낭만주의 시인 워드워스(Wordsworth: 1770~1850)의 시 'Ode: Intimations of Immortality' 의 일부분인 A six years' darling of a pygmy size!를 인용하여 어린 아동을 지칭한다.

도 산술을 싫어하거나 적어도 수학에 적성이 없다고 생각하는 사람들의 90%는 이러한 불행이 우선 잘못된 지도 때문이고, 모든 발달 단계에서 수에 대한 본능과 조화를 이뤄 다음을 위해 준비하는 대신 정신의 자연스런 움직임을 방해하는 지도 방법 때문이라고 말해도 과언이 아니다. 이 방법은 자발적인 자유로운 행동을, 생생한 흥미를 잃은 강요된 기계적 행동으로 대체하여 지식 획득과 능력 발달로 이끄는 데 실패한다.

이 결함 있는 방법의 특성은 책의 앞부분에서 종종 언급했기 때문에 특히 조심해야 할 몇 가지에 주목하는 것 외에 더 깊게 논할 필요는 없겠다.

"고정 단위" 방법을 피하라. 단일 대상으로 시작하여 그러한 독립적 전체들을 모아서 다루는 것보다 더 잘못된 방법은 없다. 이 방법은 확정되지 않은 한계를 향해 분리된 고정 단위에 의해 작동한다. 즉 양의 본질인 한계의 아이디어 없이, 양의 정확한 아이디어를 개발하려고 한다. 이는 수를 구성할 때 정신의 자연스런 행동을 촉진하지 못하고 왜곡하는 것이 사실이다. 기본 연산을 무의미하게 하며, 분수로 인한 어려움으로 찌푸리게 만든다. "1"의 아이디어를 발달시키려는 헛된 노력을 하며 하나의 대상에 대해 아무리 질문해도, 2개 내지 3개의 대상에 대해 아무리 연습해도, 1부터 5까지 수에 대해 인위적으로 아무리 분석해도 기본적인 정신 기능을 실질적으로 방해하는 초기의 근절할 수 없는 결함을 회복할 수 없고, 수에 대한 본능을 억누를 뿐이다.

그 다음, 이 "견고한 단위(rigid unit)" 방법의 필연적인 결과인 과도한 분석을 피하라. 수 관련 추상화의 아직 발달되지 않은 능력에 호소하는 이 분석은 "숫자 체계(figure system)"만큼 무디고 기계적이며 그 효과는 꽤 해롭다. 이는 단지 수 기호로 하는 마술보다 더 나을 것이 없다.

정확한 수 관련 아이디어가 감각 앞에 있는 많은 대상의 결과로 정신에 존재한다고 가정하는 오류를 피하라. 이는 수가 대상도, 성질도, 대상에 대한 지각도 아니며 양을 다룰 때의 정신적 행동의 결과라는 사실을 무시한다.

수를 각각 다음 수가 시작되기 전에 완전히 숙달되어야 하는, 일련의 분리된 독립적인 실체로 다루는 것을 피하라. 기초 수 활동에서 너무 지나친 완벽함은 심화 활동에서 너무 초라할 정도로 해롭다.

한편으로 기본 연산을 동시에 지도하는 것을, 다른 한편으로는 논리와 심리를 연계하지 못하고 지도하는 것을 피하라.

수의 구성에서 "몇 개(how many)"만을 생각하고 다른 조정 요인인 "얼마나(how much)"를 고려하지 않는 오류를 피하라. 측정 아이디어는 항상 수와 연산의 발달에 중요하다. 측정의 아이디어가 없다면, 수에 대한 어떠한 명료한 관념도 발달할 수 없고 측정 아이디어의 발달 단계로서 다양한 연산의 실제 의미는 결코 파악되지 못할 것이다.

수를 알기 위해 아동은 주어진 양을 구성하는 수치화된 단위 모두를 생각할 수 있어야 한다고 가정하는 오류를 피하라.

6개 수의 이상한 결합 300개에 대한 Grube 방법의 흥미 없는 단조로움을 피하라. 그 결합은 수 관련 아이디어와 이를 지탱하는 힘을 동시에 발달시키는 자발적 행동을 단순한 기계적 행동으로 대치한다.

합리적 방법

"고정 단위" 방법의 특징으로 열거되는 결점은 정반대되는 경로를 추구하는 심리적 또는 합리적 방법의 주요 특성을 암시한다. 이 방법은 단일 대상을 면밀히 관찰함으로써 수 1을 발달시키고자 흥미로운 질문들을 하면서, 대상을 하나, 그다음 "면밀히 관찰된" 다른 하나, 이런 식으로 도입하지 않는다. 합리적 방법은 자연이 아동으로 하여금 하도록 독려하는 것처럼 한다. 즉, 측정 가능한 대상의 그룹인 하나의 양으로 시작하며, 학교 교육을 아동이 이미 모호한 수 관련 아이디어를 얻은 과정의 연속선 상에 놓는다. 자연의 지도 아래서 아동은 수 1을 단일 대상의 면밀한 관찰에 의해 발달시키려고 하지 않는다. 왜냐하면, 이 관찰이 아무리 면밀하다해도 그 결과가 수 1

은 아닐 것이기 때문이다. 아동은 수 1, 그리고 다른 모든 수 관련 아이디어를 측정 활동을 통해 발달시킨다. 아동은 사과, 오렌지, 바나나, 구슬 등 흥미를 느끼는 무엇이든 세고, 따라서 측정한다. 자연은 아동에게 어떤 아이디어의 획득을 방해하는 조건 하에서 그 아이디어를 얻도록 하는 것과 같은 불가능한 과제를 부과하지 않는다. 자연은 아동에게 활동을 위한 아무것도 없이 수 관련 추상화와 일반화를 요구하지 않는다. 따라서 교실의 실제 활동은 자연의 지도에 의해 아동이 수 활동 중 일부를 이미 발달시킨 그 방법과 일치하도록 해야 한다.

모든 심리 활동에서 본능의 발달상 모든 단계는 다음 단계를 위한 경로를 준비한다. 아동의 수 본능은 연속량, 즉 측정을 필요로 하는 전체를 조작할 때 드러나기 시작한다. 전체 발달 과정에서 모든 연속적 단계는 이 초기 단계와 조화를 이루어야 한다. 양에 대한 정확한 아이디어를 얻기 위해 정신은 자연이 마련한 법칙을 따라야 한다. 양을 측정해야 한다. 양을 부분으로 쪼개고 부분을 합쳐야 한다. 결국 1을 다수로, 다수를 1로 인식하게 된다. 측정되어야 하는 양이 없다면 수 관련 추상화와 일반화는 있을 수 없다. 그렇다면 어디서 "면밀히 관찰된 단일 대상"이 부분과 전체 만들기를 위한 자료로 개입할까?

그룹으로 시작하는 것이 자연의 방법과 어울린다. 그룹으로 시작하는 것은 정신의 정상적 행동을 촉진하고, 갈망하는 수 본능에게 작동하는 무언가를 부여하고, 그 본능을 최상의 발달로 현명하게 안내한다. 이 심리적 방법은 정신적 기능의 자연스런 연습을 촉진하고, 점차 그러나 쉽고 확실하게 수에 대한 진정한 아이디어로 이끈다. 또한, 연산의 통합에 대한 인식을 확고히 하고, 이 연산들의 성질에 대해 측정 과정의 연속 단계라는 명확한 관념을 제공한다. 이뿐만 아니라 이후 곱셈과 나눗셈이 수반하는 어려움을 최소화하고, 아동이 분수라는 두려운 미지의 세계에서 즐거움과 친숙함을 깨닫도록 돕는다.

부분과 전체 만들기 습관의 형성

교사는 처음부터 부분과 전체 만들기 습관을 형성하는 것이 중요함을 염두에 두어야 한다. 이는 기본 심리 활동이다. 그 목표는 다수의 정의된 부분들의 전체를 하나의 정신 행동에 의해 명료하고 정확하게 파악하는 것이다. 측정 과정에서 양에 작용하는 이 기본 활동은 수치적 관계를 생성한다. 일관성 없는 전체는 확정되고 통합되어 단위로 구성되는 통합체에 대한 관념이 된다. 이 활동을 올바르게 연습하면 새로운 지식과 분석력이 증진된다. 결국 수치적인 분석 습관이 형성되며, 그것이 양과 양적 관계를 다루는 데 필수적이라는 것을 알게 되면 정신은 양을 항상 부분들로 구성되는 것으로 생각한다. 이 부분들은 불변의 단위가 아니라 기호와 편의에 따라 선택되는 측정 단위이다. 분석이라는 필수 활동에 의해 부분들이 생기고, 이 부분들로부터 전체를 만드는 것은 종합이라는 필수 활동에 의해서다. 이는 쪼갬의 과정이 처음부터 끝까지 항상 필수적으로 존재함을 의미한다.

구성적 과정

전체와 부분 만들기는 가능하다면 구성적 행동이어야 한다. 전체를 부분들로 분리하고 부분들을 전체로 재종합하는 육체적 행동은 점차 대응하는 수에 대한 정신적 과정으로 향한다. 전체를 정확한 부분들로 나누기와 그 부분들을 재구성하여 전체를 형성하는 것이다. 육체적 행동조차도 전적으로 정신이 없다고 말할 수는 없다. 왜냐하면, 육체적 행동에서조차 적어도 부분들의 상호간 또는 전체에 대한 관계에 대해 모호한 정신적 의식이 분명히 있기 때문이다. 이러한 전체와 부분 만들기의 육체적 행동이 현명하게 수행된다면 관련된 대상들의 명료하고 확정적인 지각으로, 마침내는 수에 대한 확정적 관념까지 신속하고 효과적으로 이어진다. 아동으로 하여금 활동을 연습하고, 그 과정을 가능한 여러 번 하고, 자신이 실제로 하고 있는 것을 주목하고 진술하도록 해야 한다. 예를 들면, 아동은 측정 단위를 측정되는 양에 실제로 적용해야 한다. 피트가 2개의 6인치, 또는 3개의 4인치, 또는 4개의 3인치 단위들로 측정되므로 아동으로 하여금 피트를 구성하기 위해 우선 실제 단위의 수인 2개의 6인치, 3개의 4인치, 4개의 3인치 단위들을 적용하도록 하는 등이다. 아동은 단지 측정 단위 중 하나를 필요한 횟수만큼 적용하기보다 필요한 부분들의 실제 개수를 사용함으로써 전체의 구성에 대해 좀 더 정확한 아이디어를 갖게 될 것이다. 이와 같이 실제 단위들로 하는 조작은 한 개의 측정 단위를 필요한 횟수만큼 적용하고 반복함으로써 전체를 정신적으로 구성하는 조작보다 앞서야 한다. 그것은 더 추상적인 배수나 비 아이디어의 점진적 확장을 위해 더 구체적인 과정이고 효과적인 연습이다.

아동이 피트를 재기 위해 실제로 1인치나 3인치 단위를 사용할 때 이 단위뿐만 아니라 측정되는 전체에 대한 아이디어가 확장되고 정의된다. 아동은 인치를 피트 측정에 적용하고, 피트를 야드 측정에 적용하며, 방의 폭이나 다른 양을 측정하기 위해 야드를 적용한다. 아동으로 하여금 이 구성적 활동을 자유롭게 연습하도록 하자. 그리하여 심리 법칙인 "행동함으로써 알고 앎으로써 한다"를 실제로 적용하도록 하자. 2인치 정사각형은 4개의 1인치 정사각형, 16개의 $\frac{1}{2}$인치 정사각형으로 분리된다. 이 측정 단위들이 전체를 형성하기 위해 다시 합쳐진다. 마찬가지로 2×3 직사각형은 예컨대 1인치 정사각형이나 $\frac{1}{2}$인치 정사각형으로 나뉘고 다시 부분들로부터 재구성된다. 정사각형은 4개의 직각이등변삼각형으로, 8개의 더 작은 삼각형으로 나뉘고, 그 부분들은 다시 리드미컬하게 합쳐진다.

유치원에서 구성의 가치

이와 관련하여 유치원에서 하는 연습은 대부분 수 훈련을 위해 효과적으로 사용될 수 있다. 유치원에서 하는 아주 뚜렷한 구성적 연습이 점차 수학적 추상화와 일반화를 향해 훌륭하게 이용된다. 많은 것이 이러한 방향으로 실시되어 왔음에 의심의 여지가 없지만, 수를 다루는 심리적 방법에 정통한 교사였다면 훨씬 많은 것이 가능했을 것이다. 누구도 유치원에서 하는 훈련의 일반적 가치에 대해 의문을 제기하지 않는다. 유치원에서 하는 훈련은 전반적으로 건전한 심리적 원리를 토대로 한다. 그러나 한편 어떤 교육심리학자도 일상적으로 이해되는 유치원 훈련의 철학이 수정될 필요가 있다든지, 훈련 방법이 개선될 수 있다고 의심하지 않는다. 유치원에서 하는 훈련의 목적이 아동의 이후 교육 경로를 위한 효과적인 준비라면, 그 훈련의 실제적인 결과는 마땅히 그래야 하는 것과는 거리가 멀다. 유치원의 방법이 초등학교나 심지어 중고등학교에 도입되어야 한다는 주장이 종종 상당한 위력을 지닌다. 한편 초등 및 중고등학교의 방법을 유치원에 도입하는 것을 옹호하는 타당한 이유가 있다고 말하기도 한다. 유치원의 방법에서 아주 건전한 것은 공립학교의 방법에서 아주 건전한 것과 조화를 이룰 것이다. 한편 공립학교의 방법에서 심리적으로 건전한 것은 유치원의 목적 및 방법에 적어도 영향을 미쳐야 한다. 일반적으로 말해서, 오늘날 유치원에서 하는 훈련은 매우 좋은 공립학교 전반에 주어지는 훈련을 위해 정말로 최상의 준비일까? 그러한 학교의 기능은 학습과 훈련에 의해 생애를 위한 가능한 최상의 준비를 제공하는 것이다. 동시에 그 학습과 훈련은 불가피한 제약이 허용하는 한, 인격의 가능한 최상의 발달을 보장한다. 이 학습 중에서 3R은 항상 최상의 위치를 차지해야 한다. 인간의 추론을 보완하는 언어, 그리고 물질세계에 대한 인간의 해석 도구인 수가 인간 발달에 필수가 아니고, 따라서 연계도 없이 어쩌다 보니 교육 과목으로 오랫동안 차지해온 중심 위치로부터 박탈될 수 있다고 가정하는 이론에도 불구하고 말이다.

이러한 이론들에 기초한 실제 방법은 자연 세계를 하나의 전체로 다루는 것 같다. 거기서는 아동조차 전체를 그 무한한 다양성과 전체적 통합체로 파악할 수 있다. "담장의 갈라진 틈에 핀 꽃"은 알 수 있는 모든 것이 주변으로 모여들게 되어있는 중심 지점이 된다. 그러나 인간의 정신은 제한되고 정신의 구성 법칙에 따라 움직여야 하기 때문에, 이 사실들을 간과하는 이론과 방법이 영구히 만연할 것 같지는 않다. 그리고 시대의 테스트를 견뎌냈던 옛 과목들은 분명히 가장 탐구적인 심리 조사의 테스트를 견딜 것이며, 학교 교육과정의 "핵심" 교과로서 충분한 평판을 다시 얻을 것이다.

그러면, 유치원은 그러한 교육과정을 위한 준비로서 해야 할 모든 것을 완수하는가? 이에 대한 답이 많은 것에 있어 부정적이라는 사실이 두렵다. 이는 아마도 산술 교과와 관련해서 특히 사실일 것이다. 우리는 훌륭한 유치원 교사의 가르침을 받은, 3개의 사물을 하나씩 세지 않으면 양을 파악할 수 없는 7세 "대표 남학생"을 알고 있었다. 탁자 가장자리로부터 3인치 거리에 어떤 형태를 구성하도록 했을 때 아동은 변함없이 인치 구간을 주의 깊게 세어나갔다. 이는 아동의 훈련이 상급 학교의 산술 교육을 위해 가능한 최상의 준비가 아니었음을 확실히 보여준다.

상급 학교에서 산술 교육은 크게 개선될 것이 분명하다. 이 더 나은 교육을 위한 준비로서 유치원의 훈련 또한 크게 개선될 것이 분명한 것 같다. 그리고 이 개선을 통해 다른 사물에서 합리적 훈련, 그것의 윤리적 목표와 교육적 관심, 인격을 형성하는 정신이 물질적으로 강화될 것이라고 믿는 것에는 모두 이유가 있다. 적어도 어떤 유치원에서는 연속적인 놀이의 단조로움이 활동 중 약간의 레크리에이션에 의해 즐겁게 완화될 것이다. 유치원의 수 활동, 특히 구성적이고 분석적인 과정에 연계된 많은 연습과 관련한 흥미가 있다면, 올바른 지도 하에서는 그 흥미로 인해 수 아이디어가 점차적으로 즐겁게 작동할 것이 분명하다. 아동은 여러 형태의 심미성과 유용성을 구성하면서 머지않아 피할 수 없는 더 어려운 과제가 시작될 때 자신이 알았던 것보다 더 훌륭하게 구성하고 있음을 발견할 것이다. 유치원에서 충분히 훈련한 뒤, 초등학교에서 2년을 보낸 아동이 "수 20"을 넘어서는 아무것도 수행할 수 없다면, 초등학교를 위한 준비인 유치원에서든, 유치원의 연속으로서 초등학교에서든 확실히 무언가 부족한 것이다. 유치원에서 수 본능의 합리적인, 따라서 즐거운 훈련이 있었다면, 아동은 수 20에 즉각 친숙해지고 훨씬 더 큰 수에 대한 작동 관념을 (아직 획득하지 못했다면) 신속히 획득할 만큼 산술적으로 강해졌을 것이라는 주장은 근거가 있다.

합리적 방법의 중요한 핵심

산술 지도의 합리적 방법을 적용할 때 아동의 정신이 수의 발달상 자유롭고 자연스럽게 활동하도록 돕고자 한다면, 교사가 놓치지 말아야 할 중요한 것이 있다. 아동의 정신은 **수의 진정한 아이디어**에 대한 저항을 최소화하는 방향으로 안내되어야 한다. 이 움직임은 사물의 본성상 감각 사실을 모으는 것과 비교하면 느린 것이 분명하지만, 심리적 방법으로서 확실하고 즐겁다. 목표하는 결과는 다음과 같은 방법들로는 도달할 수 없다. 산술에서 **몇 배**라는 어휘를 삭제한다고 해서 도달할 수 없다. 불확정적인 측정 단위로 계속 활동한다고 해도 도달할 수 없다. 사물의 물리적 분리가 사고의 분석이라는 모호한 아이디어에 따라 조작적 활동에만 주목한다고 해도 도달할 수 없다. **얼마나 많이**(how much)와 수의 본질인 측정 아이디어를 배제한 채 모호한 **몇 개**(how many)를 강조하는 세기를 유일한 목적으로 하여 측정되지 않는 단위를 유일한 연습 거리로 만들어서도 도달할 수 없다. 질적이든 양적이든 전체를 다루는 아동의 정신의 리드미컬하고 자발적인 행동을 정신적 발달의 성숙 단계에서만 적절하게 위치를 찾는 세밀한 형식적인 분석으로 대체한다고 해도 도달할 수 없다. 스스로 발달하는 정신 생애인 자발적 행동과 본능적 관심을 기계적 행동과 인위적 관심으로 대체하는 연습을 아무리 열심히 정교하게 해도 도달할 수 없다.

수는 양의 측정이다. 따라서 교사를 위한 방법과 안내의 견고한 기초는 측정 아이디어뿐이다.

1. 측정되는 전체

전에 보였듯이, 수의 요소는 측정되어야 하는 전체(전체량), 측정 단위, 단위의 반복 횟수이다. 그것이 수라는 용어의 엄격히 수학적이고 심리적인 의미이다. 교사는 기본적으로 전체와 단위를 구분해야 한다. 여기에 수의 본질적인 원리가 있기 때문에, 좋은 방법과 나쁜 방법의 현격한 차이 역시 여기에 있다. 모호한 전체, 단위, 확정된 전체가 심리적 법칙에 따라 결정되는 순서이다. 아동이 수를 처음 다룰 때, 출발점이 되는 전체량인 대상의 그룹이 있어야 한다. 측정되어야 할 전체의 아이디어는 초기의 모든 단계에서 계속 중요하다. 덧셈에서는, 구성 요소 부분들(가수)이 합쳐져서 보다 확정적이 되는 전체(합)가 있다. 이때 부분들은 같은 측정 단위들이 아니라 하나의 공통 단위에 의해 정의되는 각 부분이다. 그래서 그 양을 이 특별히 정해진 단위로 완전하게 확정짓는다. 뺄셈에서는, 주어진 양(피감수)과 그 구성 요소 부분(감수)을 알고 다른 요소(차[27])를 구한다. 이는 주어진 전체에 대한 더욱 확정적인 아이디어를 주고, 특히 처음에 모호했던 "차"의 아이디어를 명료하게 하는 과정이다. 곱셈에서는, 측정 단위로 정해지는 양(피승수)과 그 반복 횟수(승수)가 주어진다. 그 과정은 유도 단위를 보다 친숙한 단위로 대체함으로써, 달리 말해 양을 유도 단위 자체를 측정하는 기본 단위로 표현함으로써 그 양을 (곱에서) 뚜렷하게 정의되도록 한다. 나눗셈에서는, 주어진 전체량(피제수),

27) [역자 주] 본문에는 remainder, 즉 나머지로 표현되어 있다. 뺄셈을 구잔의 의미로 접근할 때 사용 가능한 용어이지만, 나눗셈에서의 나머지와 혼동의 우려가 있어 번역시 '차'로 대치하여 의미를 분명히 하고자 한다.

두 개의 관련된 측정 부분 중 하나(제수)를 갖고, 다른 부분(몫)을 구한다. 나눗셈은 전체 크기를 보다 명료하게 하며, 동시에 다른 측정 부분(몫)의 초기의 모호한 아이디어를 완전하게 확정짓는다. 요컨대, 모든 수 연산에는 수치로 확정해야 하는 어떤 양이 있고, 연산은 단지 모호한 전체를 확정적이도록 만드는 정신적 움직임의 대응하는 단계를 나타내는 관련된 절차일 뿐이다. 따라서 정신적 움직임이 발생하고 기저하는 포괄적인 (전체) 양을 기억하라. 이것이 심리적 과정과 연산을 정당화하고 의미를 부여한다.

2. 측정 단위 – 단위의 참 기능

모호한 전체로부터 **단위**를 거쳐 확정된 전체인 **합**까지, 이것이 정신적 움직임의 법칙이다. 본질적으로 중요한 둘째 사항은 측정 단위의 아이디어를 명료히 하는 것이다. 교수 학습시 교사와 학생이 경험하는 어려움 중 절반 이상이 "단위"가 실제로 무엇인지에 대한 오개념 탓이다. 단위는 측정되지 않는 단일 대상이 아니다. 정의되거나 측정된 하나의 사물도 아니다. 양이 수치적으로 확정될 때 이용되는 **측정하는 부분**은 무엇이나 된다. (대략적인 측정 단계에서) 사물 집단을 측정하는 데 **사용되는** 사물 같은 것 중 하나이다. (둘째 단계인 정확한 측정 단계에서) 정확하게 측정되는 양을 측정하기 위해 사용되는 **같은 크기의** 부분들 중 하나이다. 단위는 전체를 구성하는 필연적으로 **관련된** 많은 것 중 하나이다.

따라서 분리된 대상으로 시작하는 것은 전적으로 그릇된 방법이다. 측정이라는 사실에 그릇되고, 측정 과정에서 정신의 자유로운 활동에 그릇된다. 이 결점은 다른 분리된 대상, 그다음 또 다른 분리된 대상을 도입하는 방식으로는 결코 개선되지 않는다. 단위라는 아이디어는 전체에 대한 분석으로부터만 시작될 수 있고, 부분을 전체와 관련지음으로써만 완성된다. 그래서 결국에는 전체 속에서 단위의 분리와 통합으로 즉각 이해된다. 우리는 단일 대상으로 시작하여 "1을 발달시키지" 않을 뿐만 아니라, 초기에도 심리학이 요구하는 대로 대상 그룹으로 시작한다. 양을 측정하기 위해 단일 대상으로 시작해서는 안 된다. 적어도 단일 대상을 특별히 측정 단위로 강조해서는 안 된다. 예를 들어, 12개의 콩을 12부분이 아닌 2부분, 그다음 3부분 등으로 분리한다. 즉 6개의 콩, 4개의 콩, 3개의 콩, 2개의 콩으로 측정한다. 하나의 측정된 양에 대해 결과인 수는 각각 2, 3, 4, 6이다. 그 수가 적용되는 측정 부분 각각이 단위이고 1이다. 그래서 측정되는 피트를 6인치, 4인치, 3인치, 2인치 척도로 구성할 때 각각 2개의 1, 3개의 1, 4개의 1, 6개의 1이 있게 된다. 염두에 둘 것은 단위를 단지 크기를 측정하는 수단인 측정하는 부분이 아니라, 고정된 질적 전체 또는 분리불가능한 양적 전체인 단일 대상으로 간주하는 유해한 오류를 막아야 한다는 것이다.

그 자체가 측정되는 단위

측정되는 부분들의 전체라는 단위에 대한 아이디어는 측정 부분이라는 진정한 단위 개념의 발달에 필요하기 때문에 명확하게 다루어져야 한다. 주어진 양이 어떤 단위로 측정된다. 그런데 이 단위 자체가 양이고 그래서 측정 부분들로 이루어진다. 이 아이디어는 처음부터 사용되어야 한다. 단위 아이디어와 수가 양의 측정이라는 명확한 아이디어에 반드시 필요하다. 측정할 필요가 있는 12개 대상 또는 그 대상을 표현하는 셈돌로 시작할 때 우리는 그것들을 상호간 관계 및 전체에 대한 관계를 주목하면서 2개의 동일 부분으로 세어낸다. 그때 (주어진 전체의 반인) 이 두 단위 각각이 2개의 동일 부분으로 세어지고 그것들의 상호 관계 및 전체에 대한 관계가 주목된다. 그다음, 측정의 첫 단위(주어진 전체의 반) 각각은 3개의 동일한 부분들로 세어지고 그것들의 상호 관계 및 그것들이 만드는 전체에 대한 관계가 주의 깊게 관찰된다. 이런 식으로 부분과 전체 만들기와 유사한 연습이 있다. 그러한 구성 연습은 측정 부분으로서 단위 그 자체가 다른 단위로 측정되거나 측정될 수 있다는 참된 아이디어의 발달을 돕는다. 그러나 단위의 본질적인 성질에 대한 참된 아이디어인 측정 기능은 정확한 측정을 위해 정확하고 같은 단위들이 사용되는 측정의 둘째 단계에 속하는 연습이 있어야만 충분히 발달 가능하다. (사과, 오렌지 등) 유사한 것들의 그룹을 그 자체가 더 작은 그룹으로 측정되는 그룹들로 측정하는 것은 정확하게 측정되는 양을 이용해서 보완되어야 한다. 이 양은 같은 단위들로 확정되고, 이는 다시금 다른 같은 단위들로 측정된다. 그러한 연습이 없다면, 측정, 또는 측정 도구로서의 수, 또는 측정 과정에 대한 충분하고 정확한 진술인 곱셈과 나눗셈, 특히 분수의 진정한 의미에 대한 적절한 관념은 불가능하다. 산술을 비합리적인 방법의 압제로부터 자유롭게 하기 위한 필수 단계는, 단위를 그것의 측정 기능을 마비시키는 무쇠로 만든 족쇄로부터 해방시키는 것이다.

3. 횟수의 아이디어

단위의 아이디어를 명확히 하기 위해 이런 구성적 연습을 지적으로 사용한다면, 어떤 크기를 메우기 위해 단위가 반복되는 횟수의 파악, 즉 수에 대한 진정한 아이디어로의 발달이 불가피하다. 이 아이디어의 발달을 논하기 위해 주로 앞 문단에서 썼던 것을 되풀이할 것이다. 따라서 횟수의 아이디어, 즉 엄밀한 의미에서 수에 대한 자연스런 발달에 관련되는 것으로 간주되는 주요한 것들을 명시적으로 언급할 필요가 있다.

(a) 이미 보였듯이, 사물 같은 그룹을 다루어, 측정하는 부분이라는 단위의 작동 아이디어로 이끄는 예비조작이 정확하게 측정되는 양으로 하는 구성적 행동에 의해 보완되어야 한다. 측정되는 전체는 그것의 측정 단위로 분석되고, 다시금 이 부분들로부터 구성되어야 한다. 예를 들어, 12개의 사과를 단위 4사과나 단위 3사과 등으로 측정하는 등의 연습은 양 12인치가 단위 4인치나 단위 3인치 또는 양 20센트가 단위

10센트나 단위 5센트 등으로 측정되는 것과 같은 연습으로 보완되어야 한다. 진정한 수 아이디어를 향한 움직임은 정의되지 않은 단위로 조작하는 것으로 시작하며, 이러한 정확하게 측정되는 양으로 연습을 보완함으로써 강화된다. 수와 관련된 구별 및 통합 능력을 향한 보다 신속한 발달이 이루어진다.

(b) 1로 세어라. 그러나 단일 사물일 필요는 없다. 사실상, 고정 단위의 오류를 피하기 위해 단일 사물들을 세는 것으로 시작해서는 안 된다. 그룹 속 12개의 물체는 측정되어 예컨대, 4묶음 또는 3묶음이 된다. 이것이 단위이고 1이다. 세면서 첫째 1, 둘째 1, 셋째 1, 즉 모두 "3번의" 1이다. 마찬가지로 양이 4개의 동일 부분으로 나누어질 때는 4개의 1이다. 정확하게 측정되는 양을 이용해도 마찬가지로 진행한다. 4개의 3인치 단위나 6개의 2인치 단위가 1피트나 다른 정확히 측정된 양을 만들어낸다. 앞서 언급했듯이, 아동은 우선 관련된 것들을 보고, 부분과 전체 만들기 연습을 반복하면서 대상의 관계를 느끼기 시작하며, 머지않아 이 관계를 의식적으로 인식한다. 결국 수에 대한 확정적 아이디어라는 목표에 도달한다.

(c) 실제 단위들의 사용 - 전에 제안한 대로, 이 구성적 과정에서 아동으로 하여금 우선 실제적인 구체적 단위들을 사용하여 측정되는 양을 만들거나 측정되는 양과 같게 하도록 하라. 그리고 나서 하나의 구체적 단위를 요구되는 "횟수"만큼 적용하라. 예컨대 12피트 길이를 측정할 때, 첫째 경우에는 4개의 실제 측정 단위(3피트)를 놓아 12피트와 같게 한다. 둘째 경우에는 1단위를 적용하여 놓고 3번 실시한다. 하나의 단위를 몇 번 적용하는지가 수와 관련한 추상화와 일반화의 과정에서 중요한 단계이다. 덜 추상적이고 더 구체적인 것으로부터 더 추상적이고 덜 구체적인 것으로 향한다. 또한, 횟수의 아이디어 발달에서 다른 감각, 특히 청각은 분명히 시각과 협업할 수 있다. 다양한 예에서 신뢰하

는 눈에 호소하지만, 종치기, 탁자 두드림, 음절 수 등의 신뢰하는 귀에도 호소하라. 여기서도 모든 다른 경우에서처럼 우리는 한 번 종 치기나 한 음절에 제한하지 않는다. 2번 치기, 3번 치기 또는 2음절, 3음절의 수를 센다. 예컨대, 오오, 오오, 오오, 즉 2음절 각각을 3번 센다.

세기와 측정

언급한 분리와 결합 과정에서 세기는 지속된다. 처음에는 주로 기계적 세기이지만, 합리적 세기가 되도록 하는 수 아이디어에 관심을 기울여야 한다. 부분과 전체 만들기의 연습을 통하여 점차 단위의 기능에 대한 아이디어가 형성된다. 그것은 양을 측정하기 위해 사용되는 구체적이고 공간적인 것이다. 중요한 것은 수에서 공간적 요소나 그 외의 본질적 요인을 간과하지 않는 세기, 즉 실제적인 관계 짓기 과정이다.

보통 수 지도법에서는 세기가 중요한 것이고 **측정**의 아이디어는 거의 완진히 배제되어 있다. 몇 개인지가 강조되고 얼마나 많은지에는 거의 주목하지 않는다. 그러나 세기는 대부분 기계적이다. 확정적인 의미가 없는 수 이름의 반복만 있다. 아동은 빛을 향해 길을 더듬어 나간다. 아동은 단위를 셀 때, 하나, 둘, 셋이 하나, 둘, 셋, 넷과 개수가 같지 않기 때문에 양적으로 같지 않다고 느낄 수밖에 없다. 이러한 처음의 모호한 아이디어는 분명하고 확정적이 되어야 한다. 적합한 자료의 적절한 제시는 정신의 자연스런 움직임에 도움이 된다. 단위를 순서대로 이름 붙이는 초기의 기계적 조작은 단위를 서로 지적으로 관련짓는 것에 자리를 양보한다. 그리고 결국 통합된 전체에 대한 각각의 관계를 의식적으로 파악하게 된다. 하나, 둘, 셋 등의 세기는 이제 합리적 과정이다.

얼마나 많이(so much), 몇 개(so many)

이러한 합리적 과정의 발달에서 얼마나 많이와 몇 개, 측정 과정과 측정 결과가 분리되어서는 안 된다. 얼마나 많이는 몇 개에 의해서만 결정되며, 몇 개는 얼마나 많이와의 관계로부터만 의미를 지닌다. 이는 측정으로서의 수 아이디어를 조정하는 요인이다. 이제 측정 단위의 대칭적인 배열은 세기, 즉 얼마나 많은지를 확정하는 몇 개를 결정하는 것의 발달을 돕는다(26쪽 참조). 아동은 처음에 이름 붙인 수에서 단위의 관계에 대한 극히 희미한 아이디어만 지닌 채 단위 하나, 둘, 셋, …, 여섯을 센다. 측정 단위 또는 측정 단위를 표현하기 위해 사용되는 셈돌의 리듬 있는 그룹핑은 분석적 행동과 관계적 행동에 매우 도움이 된다. 몇 개의 단위가 어떤 양을 구성하는 것과 같은 (덧셈과 곱셈의) 수 관계의 숙달이 훨씬 쉽고 더 완전해진다. 따라서 어떤 양, 예컨대 12인치 길이로 (세기를 수반하는) 부분과 전체 만들기 연습이 측정 단위와 반복 횟수에 대한 불완전한 아이디어를 야기한다해도, 대칭적인 형태가 큰 이점을 지닌 채 이용될 수 있다. 사실상 이는 처음부터 연습에 이용될 수 있다. 사용된 측정 단위에 따라 한 부분, 두 부분 또는 한 부분, 두 부분, 세 부분 등을 센다. 횟수와 단위의 크기 모두 수 형태를 통해 더 쉽게 파악된다. 예를 들어 2개의 측정 단위 중 하나인 6은 배열 에서처럼 관련된 단위(3, 2, 1)의 전체로 볼 수 있다. 전체량, 모든 하위 부분(덧셈), 반복되는 단위에서도 마찬가지다. 흐트러진 단위를 사용하는 대신 리듬 있는 배열을 할 때 세기 조작은 진짜 의미를 지닌다.

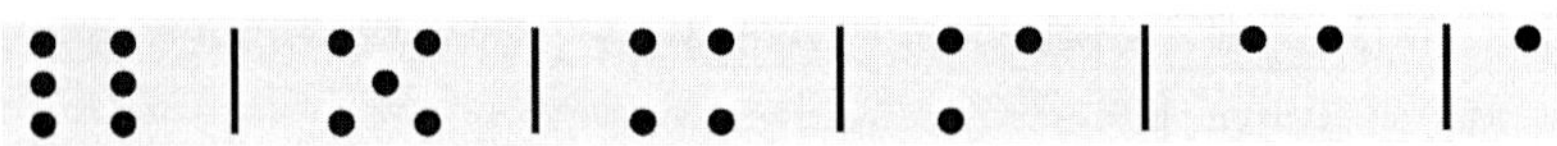

6 5 4 3 2 1

관련된 과정일 수밖에 없는, 측정 단위의 실제 크기와 세기의 의미가 충분히 눈에 띄게 된다. 6은 결국 셀 필요 없이 6으로 지각된다.

09 기본적인 수 지도에 대하여 (Ⅱ)

횟수와 부분의 관계

단위 자체가 그것의 하위 단위로 측정된다는 측정으로서의 단위에 대한 아이디어와 수가 측정 단위의 반복 횟수를 나타낸다는 수에 대한 아이디어가 발달함에 따라, 하위 단위로 구성되는 실제 측정 단위의 값과 주어진 양에 그 측정 단위가 포함되는 수 사이의 관계에 대한 명확한 아이디어가 점차 발달하게 된다. 달리 말해, 주어진 양에 포함되는 유도 단위의 수와 그 유도 단위에 포함되는 기본 단위의 수 사이의 관계에 대한 아이디어가 발달하게 되는 것이다. 몇 차례 지적했듯이, 측정 과정에서 이러한 관련 요소들을 지나치게 구별하는 오류가 자주 발생한다. 흔히 그 둘이 완전히 다른 관념이라고들 말한다. 그러나 양자를 절대적으로 분리할 수 없음이 증명되어 왔다. 어떠한 경우에도 양자는 동일 측정의 양 측면이다. 주어진 측정에서 직접 단위가 완전히 구체적이지는 않다. 그 직접 단위는 많은 다른 단위들로 측정되는 양이다. 따라서, 모든 측정되는 양이 그렇듯이, 그 직접 단위에는 하나의 구체적인 (하위) 단위라는 공간적 요소와 그 단위에 적용된 수라는 추상적 요소가 포함된다. 우리가 주어진 양을 구성하는 세어지는 부분들(유도 단위)의 "크기"에 대해 말할 때, 이는 한 부분을 구성하는 하위 단위의 수를 의미하는 것이다. 예를 들어, 15달러를 3달러 단위로 측정한다고 생각해 보면, 수 5를 얻게 된다. 또, 15달러를 5등분하는 것은 측정 단위의 "크기"(3달러)를 구하는 것이다. 즉, 그 측정 단위가 하위 단위(1달러)로 측정되는 수치를 구하는 것이다.

이때, "횟수와 부분" 사이의 관계는 측정되는 양에 포함되는 유도 단위의 수와 유도 단위에 포함되는 기본 단위의 수 사이의 관계이다. 결국 단위와 수에 대한 명확한 아이디어를 제공하는 부분과 전체 만들기의 합리적인 과정 또한 측정되는 양에서 이 두 요소 간의 관계를 끌어내야 함이 분명하다. 단위가 작을수록 수는 크다. 즉, 양에 포함되는 측정 단위의 수는 그 유도 단위에 포함되는 기본 단위의 수에 반비례한다. 1피트 길이를 6인치 단위, 3인치 단위, 1인치 단위로 잴 때, 수는 각각 2, 4, 12이다. 1미터 길이를 10, 20, 30, 40, 50센티미터로 재면, 수는 각각 10, 5, $3\frac{1}{3}$, $2\frac{1}{2}$, 2이다. 20달러를 1달러, 2달러, 4달러 단위로 재면, 수는 20, 10, 5이다, 이미 설명한 구성적 연습[28]에서, 측정 단위와 그 반복 횟수에 주목하면 측정으로서의 수에 기본이 되는 이 원리에 대해 의식적으로 인식할 수 있다. 이에 대해 "분수" 형태의 측정 과정에서 이미 전부 설명하였다. 측정되는 어떠한 양이라도 $\frac{1}{1}$, $\frac{2}{2}$, $\frac{3}{3}$, $\frac{4}{4}$, ⋯, $\frac{n}{n}$의 형태로 표현할 수 있다. 물론 이 원리는 분수를 다룰 때의 기저 원리이다. 왜냐하면, 이는 수에 대한 기본 원리이고, "분수"는 수이기 때문이다. 즉, 분수는 크기의 변화 없이 분자와 분모에 같은 수를 곱하거나 나눌 수 있다.

교환법칙

아이디어의 합리적 사용(즉, 사물을 합리적으로 사용하면서 감각 지각에 의해 제공되는 사실을 사용)을 통해 이러한 원리를 발달시키는 것은 수학 전반에 기본이고 필수인 교환법칙에 대한 심리학적 발달이다. 횟수와 부분 사이의 이러한 필수적인 관계를 무시하거나 완전히 다른 것으로 간주하는 방법은 결코 이 중요한 원리에 대한 명확한 관념으로 이끌 수 없다. 결과적으로, 그러한 방법은

28) [역자 주] 8장에서 부분과 전체 만들기와 관련하여 수에 대한 정신적 과정으로 이끄는 구성적 과정, 구성적 행동, 구성적 연습을 다룬다.

합리적 방법의 경우에는 실제로 존재하지도 않을 어려움을 늘 발견하게 한다. 이 원리는 방법이 잘못될 때만 아동에게 어렵다. 자료를 옳게 제시하면, 아동은 전혀 어려움 없이 단위가 클수록 주어진 양에 포함되는 단위의 수가 더 작다는 것을 알 수 있다. 아동이 대상 24개의 집합을 3개씩, 6개씩 셀 때, 각각의 수가 다르다는 것을 모를 수 있을까? 구체적인 과정에 똑바로 주의 집중한다면, 두 수가 어떻게, 왜 다른지에 대해 천천히, 그러나 확실하게 사고할 수 있지 않을까? 학습자가 이를테면 2인치 단위와 6인치 단위 사이의 차이에 대응하여 6번과 2번 사이의 차이를 모를 리 없다. 명확하게 안다는 것은 명확하게 생각한다는 것이다. 합리적으로 제시되는 사실에는 합리성이 있고, 이 합리성은 확실히 그 사실의 의미와 법칙에 대한 완전한 인식으로 안내한다.

처음부터 이용되어야 하는가?

따라서 교환법칙의 아이디어는 처음부터 이용될 수 있다. 아니, 수에 대한 명확하고 적합한 아이디어를 얻고 연산이 의미와 관심의 대상이어야 한다면, 처음부터 사용해야 한다. 이미 살펴보았듯이, 대상 12개를 3개씩 측정되는 것으로 알지 못하면서 4개씩 측정되는 것으로 아는 것은 불가능하다. 물체를 가지고 실제로 조작할 때 그러하다. 물체 12개의 양을 4개씩 묶어 세어서 묶음의 수가 3이라는 것을 안다. 물체 12개를 4개의 묶음이 되도록 세어서 각 묶음에 물체가 3개씩 있음을 안다. 두 경우에 조작은 유사하다. 어느 경우에도 물체를 4개씩 세지 않고는 결과를 얻을 수 없다. 아동이 물체 12개를 4개씩 묶어서 센다면, 묶음이 몇 개인가? 아동이 물체 12개를 4개의 묶음이 되도록 센다면, 각 묶음에 물체가 몇 개씩 있는가? 두 경우에 아동은 4씩 센다는 것을 안다. 아동이 물체 10개를 5개씩 묶어서 센다면, 묶음이 몇 개인가? 아동이 물체 10개를 5개의 묶음이 되도록 센다면, 각 묶음에 물체가 몇 개씩 있는가? 두 조작에서 아동은 물체를 5개씩 묶어 세어내는 것을 안다. 20센트를 소년 5명에게 똑같이 나누어준다고 할 때, 한 소년당 몇 센트를 받을까? 20센트를 한 소년당 5센트씩 받도록 똑같이 나누어준다면, 받는 소년은 몇 명인가? 아동은 셈돌로 조작하여 두 경우 모두에서 4를 찾을 것이다. 이때, 4가 한 경우에는 소년 4명을 의미하고, 다른 한 경우에는 4센트를 의미한다는 것을 알 것이다. 아동은 두 경우의 조작이 5씩 세는 것임을 알며, 곧 중요한 사실을 파악할 것이다. 이는 많은 교사, 심지어 교사교육자도 알지 못하는 것인데, 어떤 종류든지 20단위를 측정하는 데 5단위가 4번 반복되기 때문에 20단위의 $\frac{1}{5}$은 4단위라는 것이다.

이 원리를 정확한 측정에 적용하여 사례를 좀 더 살펴보는 것은 어렵지 않다. 3개의 4인치 측정은 피트를 구성한다. 아동은 3개의 4인치 단위 각각에서 1인치씩을 세면 3인치가 됨을 안다. 다른 1인치씩을 세면 다른 3인치가 된다. 따라서 3인치씩 4개의 단위가 있는 것이다. 그러나 이 원리는 측정 단위의 대칭적 묶기에 의해 더 명료하게 보일 수 있기 때문에(26쪽 참조), 분리되는 기본 단위를 사용하는 것이 유리하다. 예를 들어, 4인치 측정을 위해 그것을 구성하는 4개의 단일 단위를 사용하는 것이다. 아동이 그러한 부분과 전체 만들기를 적절히 연습한다면, 수와 연산에서 이 기본 원리를 머지않아 반드시 이해할 수 있을 것이다. 아동이 단위는 하위 단위로 구성되며 어떤 양을 만들거나 측정하기 위해 단위가 반복된다는 것을 명확하게 이해하면, 그것의 하위 단위 각각이 모두 같은 횟수만큼 반복된다는 것을 알게 될 것이다.

이미 심리적 법칙으로 결합된 것은 정신적인 성장을 억제하거나 왜곡하지 않고는 분리할 수 없다. 앞서 언급한 구성적 연습이 합리적인 방향으로 수행된다면, 관련 아이디어의 사용이 다음과 같은 관계에 대한 의식적인 인식으로 자연스럽고 확실하게 발달하게 된다는 것이 경험상 알려져 있다. 얼마나 많이와 몇 개, 양과 측정 도구, 부분과 횟수, 측정 단위와 측정되는 전체, 하위 단위와 그것으로 측정되는 하위 전체, 곱의 상호 관련된 인수, 나눗셈의 상호 관련된 과정, 이것들을 모두 진정한 논리적, 심리학적 상호관련성으로 볼 수 있다. 이것들은 사고의 필수 법칙으로 유기적으로 연결되어 있다. 이 아이디어에 의해 합리화된 방법은 학생에게 산술을 즐거운 것으로, 또한 강력한 교육 도구로 만들어준다. 양을 다룰 때 정신의 이 필수 법칙을 위반하는 방법은 마음의 근본 행동을 일관되게 방해하므로 산술을 규칙과 단순 반복으로 여기게 하며, 교사에게는 재미없고, 학습자에게는 아마도 혐오스러운 것이 되게 할 것이다.

급할수록 천천히 하라.

이미 제안했듯이, 수 아이디어를 완성하는 데에는 시간이 필요하다. 올바른 지도가 이루어진다면, 기초 발달 단계에 적합한 작동 관념은 쉽게 획득되며 더 높은 발달을 위해 사용될 수 있다. 그러나 수에 대한 완전히 명료하고 확정적인 관념은 점진적인 성장의 산물이다. 수의 추상화와 일반화 능력은 매우 노력하는 교사도 마음대로 가르칠 수 없다. 그러므로 자연의 확실하지만 인내를 필요로 하는 방법을 사소한 기계적 분석으로 대체하는 것은 어리석은 일이다. 몇 개의 수에 의존하는 기계적인 반복 연습(합리적 반복 연습이라면 실제로 비와 비율을 사용할 것임)은 어떠한 설명되지 않는 방법으로, 활동과 별개로 그 산출물일 뿐인 수에 대한 아이디어를 아동에게 "부과할" 것이다. 그리고 이러한 잘못된 아이디어는 "어떤 수에 포함되는 같은 수들", "어떤 수를 만드는 같은 수들", 그리고 그 나머지 모든 것에 대해 단순한 감각적 사실을 적당히 잘 되풀이하는 아동의 유창한 설명에 의해 강화된다. 이러한 단순 반복식 분석과 앵무새처럼 되풀이하는 표현은 수의 심리학에 직접 위배된다. 수에 대한 아이디어는 이런 강압적 과정으로는 획득할 수 없다. 거듭 말하지만, 아이디어의 의식적인 파악은 그 아이디어의 합리적 사용에서 비롯되어야 하며 몇 개의 "간단한" 수를 이용한 단조로운 분석에 의해 파악하는 것은 거의 불가능하다. 아동의 정신이 미성숙한 상태에서 이와 같은 분석이 시도된다면 아이디어의 의식적인 파악은 절대 불가능하다. 다시 한 번, 아동은 아이디어를 자유롭고 합리적으로 사용해야 한다. 수에 대한 아이디어가 발달할 수 있기 전에 많은 수를 사용하여 많은 사물로 조작해야 한다. 우리는 아동이 할 수 있는, 수 아이디어를 합리적으로 사용하는 것을 생략한 채, 아동이 할 수 없는, 수와 수 관계에 대한 완전한 관념을 즉시 형성할 것을 강요하고 있다. 이 모든 것을 바꾸어 아동이 할 수 없는 것을 생략하고 아동이 할 수 있는 것에 관심을 갖게 해야 할 때이다. 비교적 형식적이고 기계적인 단계에서는 어느 정도의 기계적인 연습(기계적이지만 교육적인 연습)이 있어야 한다. 왜냐하면, 그 연습이 불완전하긴 하지만, 도달한 발달 단계에 적합하고 머지않아 합리적인 사용을 통해 정확한 과학적인 관념이 될 아이디어로 작동하기 때문이다. 아동은 가치 있는 원리 외에, 과학적 개념과 조직된 지식을 향한 발달에 필수적인 기초 지식이라 할 수 있는 사실과 원리를 갖게 된다. 완벽함이 불가능할 때 철저성이나 완전한 수 개념을 주장하고 완벽한 개념이 발생할 수 있는 조건을 무시하는 것은 불합리하고 최악이기까지 하다. 적절한 시기에 아이디어와 행동을 연결하는 법칙 하에서 쉬운 행동이 완전한 앎을 야기할 때까지는 불완전한 아이디어로 활동하는 것이 현명하다. 비심리학적 방법을 따른다면 정신의 자연스런 행동을 방해하고 아동이 산술의 후속되는 더 높은 수준을 준비하는 데 실패하고 만다. 수를 사용하는 구성적 과정에 의해 정신의 자연스런 행동을 독려하는 합리적인 방법은 수에 대한 명확하고 확정적인 아이디어로 확실하게 경제적으로 이끌며, 더 수준 높은 활동에서의 진정하고 신속한 발달을 철저하게 준비시킨다.

출발점

아동은 보통 적어도 수 3 이하의 작은 수 두어 개에는 익숙하다고 가정된다. 아동은 수 본능으로 행동해왔기 때문에 수에 대해 다소 모호한 아이디어를 갖고 있음에 의심의 여지가 없다. 아동은 세고 측정해 왔다. 그러나 수를 알 수 없기 때문에, 알지 못한다. 아동은 3개의 물체, 그리고 5개 이상의 물체도 보면 안다. 사과 5개가 3개보다 많고 3개는 5개보다 적음을 안다. 그러나 양의 측정을 지칭하는 수학적, 심리학적 의미로 3을 알지는 못한다. 어떤 양과 같게 하거나 그 양을 구성하기 위한 측정 단위의 반복, 측정 단위에 대한 양의 비를 알지 못한다. 아동이 엄밀한 의미로 수 3을 안다면, 수개월 동안 수 5와 "수 5로 할 수 있는 모든 것"을, 또 수년 동안 수 20을 반복 연습하도록 하는 것은 매우 잔혹한 일이다.

수 2

수에 대한 초기의 불완전한 아이디어 중에서 2의 아이디어가 가장 먼저 나타나는 것은 의심할 바 없다. 이것과 저것이라는 처음의 모호한 느낌으로부터 모든 성장 단계를 거쳐 2라는 완전한 수학적 아이디어에 이르기까지, 아동의 감각 경험은 2들로 풍부하다. 눈 둘, 귀 둘, 손 둘, 이쪽과 저쪽, 위와 아래, 오른쪽과 왼쪽 등. 말하자면 사물의 전체 구조는 2들로 풍부한 것 같다. 그러나 이러한 일상적 경험이 아동에게 측정 단위의 순서나 관계를 표현하는 것으로서 수 2를 제공한다고 가정되지는 않는다. 아동이 아는 2개는 단위가 아니라 질적인 것이다. 단위가 질적으로나 양적으로 아무리 다양할지라도 2는 동일한 관계를 표현하는 것으로 인식되지 않는다. 2는 아직 1+1이 아니다. 1을 2번 취한 것(2개의 사과, 2개의 5사과, 2개의 10사과, 2개의 100사과. 또는 2개의 1인치, 2개의 5인치, 2개의 10인치, 2개의 100인치 단위. 간단히 말해, 어떤 양이든 어떤 값이든 측정 단위 1개를 2번 취한 것)도 아니다. 그러나 사물의 쌍에 대한 아

동의 많은 경험, 2에 대해 먼저 필연적으로 갖게 되는 불완전한 아이디어는 그 아이디어의 사용과 비교적 쉬운 발달을 준비시킨다. 아동이 수 2를 얼마나, 어느 정도 알고 있는지 알아보아야 한다. 이는 2의 아이디어가 뚜렷하게 드러나는 사물을 이용한 구성적 연습에 의해 제공된다. 아동은 다수의 콩(예: 8개)을 이등분하여 부분의 수를 2라고 칭한다. 각 부분을 이등분하여 부분의 수를 2라고 칭한다. 이 부분들 각각을 이등분했을 때 단일 사물의 수를 2라고 칭한다. 또는 지각적 형태로 배열할 때, ⁚에 1이 몇 개 있는가? ∷에는 2가 몇 개 있는가? ∷|∷에는 2의 쌍이 몇 개 있는가? 이와 유사한 연습과 질문이 두 정사각형 또는 두 피켓씩 두 그룹을 형성하는 막대들로 가능하다. 대각선이 있는 두 정사각형을 형성한 12개의 막대로도(83쪽 참조) 가능하다. 이때 각각의 정사각형(묶음)은 두 삼각형을 형성한다. 정사각형은 몇 개인가? 삼각형(단위 묶음)은 몇 개인가? 삼각형은 몇 쌍인가? 정확한 측정은 그러한 연습을 수반해야 한다. 12인치가 6인치로, 다시 이것이 3인치로 측정된다. 전체에는 6인치 단위가 몇 개인가? 6인치 단위에는 3인치 단위가 몇 개인가? 전체에는 3인치 단위 쌍이 몇 개인가? 2인치 단위를 만들기 위해 1인치 단위를, 4인치 단위를 만들기 위해 2인치 단위를, 8인치를 만들기 위해 4인치 단위를 2개씩 함께 놓아라. 등등. 수 2가 완벽하게 숙달될 때까지 이러한 연습을 계속해야 한다는 의미는 아니다. 이러한 연습은 2의 관념에 도달하는 데 필수적인 더 높은 수 개념을 수반한다. (완전한 숙달의 의미로) 완벽함이 불가능한 단계에서 "완벽함"을 조심하라.

수 3

수 3은 아동에게 훨씬 더 어려운 아이디어다. 2의 경우에서처럼, 아동은 3개의 물체를 2보다 많고 4보다 적은 것으로 안다. 정확한 측정에서 단위 3개가 2보다 많은 것을 안다. 등등. 그러나 엄밀한 수치적 의미로 3을 알지는 못한다. 전체를 만들면서 1들을 순서매기거나 관련짓는 명확한 아이디어 없이도 작동 개념으로서 2를 꽤 잘 알 것이다. 3에서는 순서매김이나 관련짓기 아이디어가 의식적으로 존재해야 한다. 3개의 구별된 1을 보는 것으로는 충분하지 않다. 3개의 구별된 1은 동시에 **관련되고** 통합되어야 한다. 첫째 1, 둘째 1, 셋째 1, 세 개의 1, 셋 중 하나 등. 3은 3개의 **단위**(질적 전체의 측정 부분)여야 한다. 아마도 이 단위는 2개 또는 3개 또는 4개, …, n개의 하위 단위로 구성될 것이다. 대상 12개를 4개씩의 단위 그룹으로, 15개를 5개씩의 단위 그룹으로, 대상 18개를 6개씩의 단위 그룹으로, 대상 30개를 10개씩의 단위 그룹으로 센다면, 모든 경우에 각각의 수는 반드시 3으로 인식된다. 사실 수 3은 수에 대한 진정한 아이디어를 향한 발달 및 더 큰 수와 수 관계로 신속하게 발전하는 아동의 능력에 대한 검사로 여겨질 수 있다. 아동이 3을 안다면, 3에 대한 지적인 작동 관념까지 지닌다면, 단 몇 번의 수업만에 수 10까지 나아갈 것이며, 따라서 비교적 쉽게 모든 큰 수를 알게 될 것이다.

아동이 수 3에 대해 완전히 숙달할 때까지 반복 연습을 지속할 필요는 없다. 2에 대해 설명했던 것이 3에도 동일하게 적용된다. 즉, 더 큰 수의 암묵적 **사용**이 없다면 3은 숙달될 수 없다. 그러나 더 큰 수를 다루면서, 수의 정확한 아이디어의 발달상 3은 중요한 지점으로 간주될 것이다. 3이 뚜렷하게 나타나는 다양한 측정 단위로 구성적 연습을 해야 한다. 수 2를 알게 될 때, 실제로 3을 사용하고 있는 것이다. 그때 2는 정신 속에서 꽤 명확하며, 4는 확정성에 있어 2에 뒤쳐지지 않는다. 예를 들어, 2개의 2인치 단위가 4인치 단위를 만들고, 2개의 4인치 단위가 8인치를 만든다는 것을 명확하게 알 때, 2개의 2인치 단위는 4로 지각된다. 즉 와 는 로 보인다. 그러나 4에 대한 완전한 관념을 위해서는 2()뿐만 아니라 3()과도 관련되어야 한다. 달리 말해서, 합리적 수 세기가 있어야 한다. 우리는 수 3을 **통과해야** 수 4를 완전하게 인식하게 된다.

그러나 이미 제안했듯이, 3에서 특별한 연습이 있어야 한다. 12개의 막대를 사용해서 정사각형과 삼각형을 구성하였다. 정사각형은 몇 개인가? 삼각형 1개를 만드는 데 필요한 막대는 몇 개인가? 2개의 6막대 각각으로 가능한 한 많은 삼각형을 만들었다. 각 그룹에 있는 삼각형은 몇 개인가? 전부 몇 개인가? "2개의 2 또는 3개의 삼각형과 하나 더." 2개의 6막대 각각으로 가능한 많은 피켓(∧)을 만들었다. 각 그룹에는 피켓이 몇 개인가? 전부 몇 개인가? "2개의 3피켓." 2개의 3피켓에는 2피켓이 몇 개인가? 정확한 측정으로도 마찬가지다. 피트에서 4인치 단위, 9인치 측정에서 3인치 단위, 6인치 측정에서 2인치 단위. 그리고 3인치 정사각형에 있는 3제곱인치 단위의 수, 3인치×4인치 직사각형에 있는 4인치 단위의 수, 9센티미터에 있는 3센티미터 단위의 수 등등.

10까지의 다른 수

아동이 2에 대해 잘 이해하면 곧 4를 암묵적으로 알게 되듯이, 3에 대해 잘 이해하면 2개의 3으로서 6에 대해 꽤 잘 알게 된다. (어떤 단위든지 기호화하여) 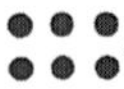에서 2개의 3단위는 6단위로 지각된다. 이 지각은 아동이 이미 좋은 작동 아이디어로 갖고 있는 1, 2, 3, 4와 연결되며, 측정을 완성하는 관련 행동의 수열인 1, 2, …, 6에서 진정한 위치를 고정하기 위해 수 5와 관련되기만 하면 된다. 여기서 우리는 5로 넘어간다. 5는 완성된 수열에서 4와 6 사이의 연결고리이다. 에서 6단위의 지각에 주목하면 5단위 를 4나 6과 구별하며, 4단위가 5의 부분이고 5는 6단위의 부분이 된다는 적절한 관계를 알게 된다. 4에 대해 잘 알고 있다면 8에 대해 아는 것은 쉬운 단계이다. 4+4=8 은 2+2=4()보다 더 어려운 것이 아니다. 8을 탐구하면 7을 지각하게 되고, 7이 6보다 1만큼 많고 8보다 1만큼 적다는 관계를

알게 된다. 5()로부터 2개의 5()인 10으로 가는 단계는 결코 어렵지 않다. 이것과 8을 비교하면 9()를 쉽게 인식할 수 있고, 8과 10과의 관계도 알게 된다.

10은 5보다 2배 어려운가?

단위가 고정된 것이라고 생각하거나 수가 분리된 대상을 하나씩 모으는 것으로부터 생긴다고 생각하는 오류는, 예컨대, 10에 숙달하는 것이 5에 숙달하는 것보다 두 배 어려운 과제라는 잘못된 아이디어로 이어진다. 이에, 소중한 학교생활 중 여섯 달을 지치고 혐오스러운 “수 5의 분석”에 쏟아붓고, 수 10에 대한 유사한 분석에 “1년이 너무 짧음”을 알게 하는 것이 만연하는 실상이다. 그러나 양을 다루면서 측정 아이디어를 제대로 적용하여 정신의 근본적 활동을 촉진하는 부분과 전체 만들기를 현명하게 연습한다면, 수 10에 대한 척박한 개념이 주어지더라도 일반적으로 수의 기초 관념을 쉽고 재미있게 얻을 수 있다. 이는 과학적 관념이 아니라, 사실상 양의 측정에서 널리 자유롭게 적용 가능한, 충분히 명료한 작동 관념이다. 모호함을 확정적으로 만들고, 처음이라 거칠 수밖에 없는 감각 지각의 시작으로부터 마침내 완전한 관념으로 발전하는 적용이다.

기본적인 수 지도 계열

제안한 측정 연습, 즉 전체를 똑같은 부분으로 분리하고 부분들을 모아 다시 전체를 만드는 조작은 곱셈과 나눗셈 과정에 해당한다. 이 조작이 측정 아이디어의 발달 단계로서 곱셈과 나눗셈 과정의 의식적인 인식으로 향하는 무의식적인 성장을 돕는 감각 사실의 제시일지는 모르지만, 곱셈과 나눗셈 과정 그 자체는 아니다. 덧셈과 뺄셈, 곱셈과 나눗셈은 심리학적 복잡성에 있어 차이가 있음을 보았다. 각 연산에 요구되는 주의 정도가 이 순서대로 더 심해진다. 따라서 더 높은 차원의 과정에 대응하는 조작들이 처음부터 신중하게 사용될 수 있고 사용되어야 하는 반면, 이 조작들이 의식적인 또는 분석적인 주의의 대상이어서는 안 된다. 우리는 어떤 양을 부분으로 분리하고(나눗셈의 대표적 요소), 그 부분들을 다시 함께 놓는다(곱셈의 대표적 요소). 그러나 나눗셈과 곱셈이 관련되기 때문에 이 조작에는 뺄셈의 아이디어가 들어 있다. 그리고 구별과 관계의 힘을 덜 요구하기 때문에 분석적으로 지도되어야 하는 첫 번째 것이다. 부분으로 분리하는 것만으로는 충분하지 않다. 부분을 단순히 모으는 것만으로도 충분하지 않다. 전체를 구성하기 위해 부분을 세어야 한다. 하나, 둘, 셋, …. 이것은 1씩 더하는 것을 의미한다. 우리는 어떠한 12단위량이든지 똑같은 2단위 부분으로 분리할 수 있다. 부분을 하나, 둘, …, 여섯, 즉 첫째, 둘째, …, 여섯째로 셀 때까지는 부분이 여섯 개 있다는 것을 알지 못한다.

감각 자료를 매우 훌륭하게 제시한다고 해도 우리는 이 기본 과정에서 벗어날 수 없을 것이다. 그렇게 제시하면 기본 과정이 합리적이도록 하는 데 도움이 되기는 하지만 그 과정을 대체하지는 못한다. 4에 대한 훌륭한 작동 아이디어를 얻는다면, 그와 함께 3에 대한 아이디어를 수반한다. 그러나 세기 없이는 7(4+3)을 알지 못한다. 의 제시는 의 제시를 포함하지만, 의 단순 지각이 수 7을 제공하지는 않는다. 우리는 4와 3을 지각한다. 전에 4와 3 각각을 분석했었고 그 단위들을 서로에게 순서적 관계로 놓았기 때문에, 즉 세었기 때문에, 두 수를 안다. 우리는 이 두 수의 합집합을 나타내는 그룹을 지각하지만, 4에 대한 순서적 관계로 3개의 추가적인 단위를 놓기까지, 달리 말해 (4로 시작해서) 5, 6, 7을 세어 전체를 측정하는 행동 계열상 새로운 단위의 자리를 고정하기까지 7을 제대로 알지는 못한다. 우리는 한편으로 기계적 세기(수의 단순 명명)에 만족해서는 안 되고, 다른 한편으로

세기에 의해 관련되지 않은 단위의 단순 지각에 만족해서도 안 된다. 이 의식적인 관련짓기 과정은 수에서 순서적 요소를 제공한다. 예를 들어, 7단위의 양에서 단위들을 세면서 4에 도달할 때, 4가 전체를 구성하는 행동 계열상 넷째임을 인식해야 한다.

그러므로 수의 발달에서 다음의 사항은 전적으로 분명하다.

1. 측정 아이디어는 제안한 바와 같은 구성적 연습에 의해 중요해져야 한다.
2. 측정 단위에 대한 합리적 세기(관련짓기)가 있어야 한다. 이것은 1씩 더하는 것이다. 예를 들어, 10개의 1을 더하는 것 없이 10배를 아는 것은 불가능하다.
3. 비 아이디어(나눗셈과 곱셈)가 사용되고, 사용되어야 하는 동안에도 10까지 수 결합의 숙달은 마음속에서 중요하게 유지되어야 한다. 즉 처음에는 덧셈에 대한 강조와 함께 덧셈과 뺄셈에 주의를 기울여야 하고, 더 높은 과정에서는 연습으로 주목되어야 한다. 단위와 수에 대한 아이디어가 합리적으로 발전하려면 이런 경로여야 한다. 예를 들어, 아동이 피트 측정 시 4개의 3인치 단위를 셀 때, 아동은 1단위가 넷 중 1, 2단위는 넷 중 2, 3단위는 넷 중 3이고, 또는 전체의 $\frac{1}{4}$, $\frac{2}{4}$, $\frac{3}{4}$임을 먼저 느끼고 결국에는 알게 된다.
4. 실제적 단위와 그 단위를 표현하는 점이나 다른 기호의 규칙적인 배열은 이 관련짓기뿐만 아니라 구별하기 과정을 돕는 데 상당한 영향을 미칠 수 있다. 관련된 측정 단위를 표시할 때 단위(또는 기호)가  형태로 배열되면, 5의 실제 의미가 분명하고 신속하게 인식될 것이다. 다른 수도 마찬가지다. 모호한 전체를 확정적으로 만드는 분석-종합의 완전한 정신적 조작의 결과는 이러한 지각적 형태로 주어진다.
5. 그러므로 합리적 방법을 따른다면, 입학 후 첫해 동안 5 또는 50 또는

500에 국한시켜 지도할 필요가 없다. 아동이 철저한 숙달이 아닌 수 10에 대한 훌륭한 작동 관념을 얻는다는 것을 아는 것이 우선이다[29]. 부분과 전체 만들기를 연습한 다음에, 단위와 수에 대한 몇 가지 관념을 얻게 되고, 수 발달상 최고의 도구인 10을 위한 형식적인 출발점이 마련된다. 여러 가지 12단위의 양을 똑같은 부분들로 나눈다. 1부터 6까지 수의 작동 아이디어를 얻게 된다. 그 작동 아이디어로 활동함으로써 1부터 6까지 수가 더욱 확정적이게 된다. 예비 구성적 조작이 현명하게 지도되었다면, 이제 쉬운 일이다. 수 10에 대해 할 수 있는 모든 것에 대한 장기간의 단조로운 반복 훈련이 아니라, 자유롭고 자발적인 사용으로부터 의식적인 인식 속에 떠오를 준비가 된 아이디어를 가지고 약간의 체계적인 활동이 필요하다. 6을 나타내는 수 형태 을 사용하면 6의 실제 의미를 완전히 명료하게 하기 위한 연습은 거의 필요 없게 되며, 나머지 수 7, …, 10은 이후의 발달을 위한 수단으로서 쉽게 도달 가능하다. 이러한 수 지각을 이용할 때 "심상(picturing)" 능력이 개발되어야 한다. 5, 6, 5와 2로서 7, 2개의 4로서 8, 2개의 5와 5개의 2로서 10 등을 즉각 파악해야 한다. 6의 결합을 연습하면서 뚜렷하게 이미지화되는 전체 및 관련된 부분들 모두를 갖게 된다. 시각적 형태에 대한 분석은 $5+1=6$, $4+2=6$ 등을 만든다. 이제 5를 덮어 보자. 몇 개가 가려져 있는가? 몇 개가 보이는가? 4를 덮어 보자. 몇 개가 가려져 있는가? 몇 개가 보이는가? $6=5+1=1+5$와 같이 관련된 두 수가 보일 수 있도록 하면서, 모든 결합에 대해 그렇게 한다.

29) 앞서 언급했던 구성적 연습을 할 때, 다양한 대상과 측정되는 물체를 셈돌(counters)로 사용할 수 있다. 그러나 수에 대한 정확한 아이디어는 정확한 측정에서만 발생하고 10은 우리가 사용하는 수 표기법의 기본이기 때문에, 미터법을 효과적으로 사용할 수 있다. 세제곱센티미터(쌓기나무)를 측정의 기초 단위로 취할 수 있다. 이 단위 10개와 동일한 직육면체(1데시미터 길이)는 10단위가 되며, 이것이 10개 있으면 100단위가 된다. 이 단위들을 서로 다른 색깔로 칠하고 데시미터 단위는 흑백을 교대로 칠할 수 있다. 영국식 척도에 따라 한쪽 가장자리에는 피트 눈금을 표기하고 다른 쪽에는 미터 눈금을 표기하면 가장 유용한 도움이 될 것이다.

이는 각 경우에 수 활동의 반복과 어떤 수를 즉각적으로 인식하는 능력, 부분으로 이루어지는 전체뿐만 아니라 전체에서 부분들의 확정적 수를 아는 능력을 보장한다.

10 단위의 결합

이러한 25개의 기본 결합30)을 다루면서 완벽한 숙달은 아니라도 어느 정도의 전문성을 갖추었으므로, 더 큰 수를 사용하면 발달이 빠를 것이라고 말할 필요가 없다. 학생은 10에 대해 잘 이해하자마자, 이미 설명된 데시미터(또는 다른 편리한 측도)를 10단위로 사용하고 10개의 "1"까지 진행했던 것보다 훨씬 쉽고 즐겁게 10개의 10까지 나아가면서 몇십을 다루게 된다. 완전히 비합리적인 방법의 법칙이 아니라면, 아동이 신비로운 30으로 무언가 시도하도록 하기 전에 6개월 동안 수 5까지만, 12개월 동안 수 10까지만, 다음 해에 수 20까지만으로 제한하고 실제로 유치원 기간은 말할 것도 없이 초등학교 생활의 2년을 온전히 필요로 하는 어떤 알려진 법칙이 있는가? 아동이 5와 3의 합이 8임을 제대로 배웠다면, 5인치와 3인치의 합이 8인치, 5피트와 3피트의 합이 8피트, 5야드와 3야드의 합이 8야드, 5마일과 3마일의 합이 8마일이라는 것을 알지 못할까? 측정 단위가 바뀐다고 해서 5와 3의 합이 8이기를 멈추거나 10이 5 곱하기 2임을 거부하는가? 사실상 합리적 지도를 받는 아동은 3을 제대로 이해하면 수의 마스터키인 10을 빨리 파악한다. 아동이 10까지 알게 되면, 곧바로 1들로 배웠던 결합으로 10들을 형식적으로 연습시켜야 한다. 어떤 양을 만들기 위해 여러 번 사용되기 때문에 "1"이 단위인 것과 마찬가지로, 10 역시 다른 양을 만들기 위해 여러 번 반복되므로 단위이다. 5단위와 3단위의 합이 8단위임을 알면, 측정 단위가 무엇이든 그에 대해 안다. 아동이 측정 단위에 대해 합리적으로 적합한 작동 아이디어를

30) [역자 주] 147쪽에 제시된 1에서 10까지를 위한 결합 25개를 말한다.

가져야 한다는 것 이외에 다른 제약은 결코 없다. 예를 들어, 5피트와 3피트의 합이 8피트임을 안다면, 5마일과 3마일의 합이 8마일임을 알뿐만 아니라, 단위 마일에 대해 잘 알고 있다면 거리 8마일에 적합한 아이디어를 갖게 된다. 따라서 아동이 측정을 위한 1단위 양과 비교하여 10단위 양에 대한 작동 아이디어를 갖는다면, 그러한 10단위 양을 10으로 측정되는 크기로 아주 쉽게 이해하게 될 것이다. 전에 말했듯이, 미터법 단위를 사용하면 아동은 데시미터 각기둥을 분석하고 그것을 하위 단위(세제곱센티미터)와 비교하여, 이 하위 단위들 중 10개 또는 하위 단위 중 하나를 10배 취하여 데시미터 각기둥과 같아지는 것을 발견해낸다. 아동은 이 새로운 10단위 측도 10개로 동일한 구성 과정을 거친다. 10단위 측도 10개를 함께 놓고, 분석하고 비교한다. 하위 단위 측도로 단일 정육면체를 사용했던 것과 똑같이 이 새로운 단위 측도를 사용한다. 5단위와 3단위의 합은 8단위, 6단위와 2단위의 합은 8단위, …, 7단위와 3단위의 합은 10단위, 8단위와 2단위의 합은 10단위 등 나머지 모두를 안다. 또한, 아동은 정육면체 10개를 조작하면서 측정하는 전체를 구성하기 위해 10단위가 10번, 2개의 10단위가 5번, 5개의 10단위가 2번 반복된다는 것을 분명하게 발견하게 된다. 자세히 말해, 아동은 1데시미터, 10개의 하위 단위에 대해 아는 만큼 전체, 10개의 10단위, 100개의 하위 단위에 대해 알고 있다. 또한, 몇 개의 부분들의 관계에 대해서도 명확히 안다. 왜냐하면 아동은 확정되지 않은 것(미지의 것)을 그것의 알고 있는 요소로 분석했고, 알고 있는 관련짓기 과정으로 다시 구성했기 때문이다. 아동이 그것을 그리 잘 지각하지 못하고 부분 100개의 양으로 상상하지 못하더라도, 그 양에 대해 측정되는 전체라는 꽤 확정적인 관념을 지닌다.

수 이름 짓기

10씩 셀 때 새로운 수 이름이 등장한다. 오히려, 한두 개의 이름이 주어지면 아동은 스스로 다른 이름들을 발견할 것이다. 1십, 2십, 3십 등. 우리는 2개의 10에 대해 20(twen-ty), 3개의 10에 대해서는 30(thir-ty)이라는 다소 특별한 이름[31]을 갖는다. 4개의 10, 5개의 10은 어떤 이름일까? 학생들로 하여금 혼자 힘으로 무언가를 발견하는 기쁨을 가능한 자주 경험하게 하자.

10으로 하는 활동이 진행되면서 2개의 10에 대한 분석이 이루어지고, 이는 10부터 20, 20부터 30까지 수를 세고 이름 짓기로 이어질 것이다. 여기서 다시금 아동은 스스로 무언가를 할 것이다. 이전과 같이 셈돌을 배열할 것이고 그에 대응하는 수를 지각하도록 독려한다. 12는 2개의 6, 3개의 4, 10보다 2 많은 것 등으로 인식될 것이다. 십일(eleven: 1개의 십과 1)과 십이(twelve: 1개의 십과 2)는 특별한 이름을 갖는다. 1개의 십과 3은 십삼(thirteen)이라 불린다. 1개의 십과 4, 1개의 십과 5의 이름은 무엇일까? 1개의 십과 6의 이름은 무엇일까? 결합, 즉 부분 관계는 10의 결합 학습과 마찬가지로, 측정되는 셈돌에 의해 제공되는 직관을 통해 학습될 것이다. 최초로 학습된 결합 그룹인 10의 결합은 두 번째인 11부터 18까지의 결합그룹의 용이한 숙달을 위해 사용된다. 10까지는 다음과 같다.

1 1 1 2 1 2 1 2 3 1 2 3 1 2 3 4 1 2 3 4 1 2 3 4 5
1 2 3 2 4 3 5 4 3 6 5 4 7 6 5 4 8 7 6 5 9 8 7 6 5

이 25개의 결합은 이미 설명한 방식과 같이 사물에 대한 직관을 통해 얻고, 이 결합 덕분에 십 단위들의 구성적 과정에서 적용되는 나머지 20개[32]

31) [역자 주] 이십을 two-ty가 아니라 twen-ty라고 하는 영어 표현과 관련한 설명이다. 이후의 11과 12에 대한 설명도 영어 표현을 생각하면 이해할 수 있다.

32) [역자 주] 원문에서 나머지 결합(11~18)과 관련하여 20개를 25개라 하는 등 몇 가지 오류가 있어 이를 수정하여 번역하였다.

결합(11~18)에 대한 숙달은 비교적 쉬운 과제가 된다. 그것은 다음과 같다.

2 3 4 5 3 4 5 6 4 5 6 5 6 7 6 7 7 8 8 9
9 8 7 6 9 8 7 6 9 8 7 9 8 7 9 8 9 8 9 9

이 45개의 결합이 모든 연산의 기초이며, 그에 대한 지적 숙달을 위해 이미 설명한 모든 심리학적인 구성적 과정에서 우선적으로 교사의 안내가 있어야 한다.

수의 표기

수의 아이디어에 이어 어휘가 있듯이, 어휘는 숫자로 이어진다. 아동이 어떠한 측정된 전체에서 단위들의 수를 말할 수 있을 때, 그 수를 표시하는 숫자를 사용할 수 있다. "숫자"를 일찍 사용한다고 해서 매우 기계적인 "기호적 방법"을 야기하지는 않는다. "어휘"가 단지 기계적 학습에서만 기계처럼 작동하는 것에 책임이 있는 것과 같이, 숫자도 마찬가지다. 두 경우 모두에서 방법이 잘못된 것이다. 어휘는 어휘로서가 아니라 아무것도 의미하지 않는 단순 소리로 지도된다. 마찬가지로 "숫자"는 무의미한 부호로 지도되고, 그 부호로 어떤 신비한 연산이 수행된다. 전자의 경우에, 진정한 방법은 사물 없는 어휘나 어휘 없는 사물이 아니라, 사물 있는 어휘이다. 마찬가지로 후자의 경우에도, 숫자 없는 수나 수 없는 숫자가 아니라, 숫자 있는 수이다. 양 경우 모두에서 지적 위험은 정신의 자발적 행동을 늦추거나 끝내버리는 방법에서 비롯된다. 10 이상의 수의 표기를 배우는 것이 정말 어렵다고 말하는 것은 언어의 오용에 가깝다. "숫자 6의 지도법"과 수 10에서 20까지, 20에서 100까지 수 표기를 가르치기 위한 셀 수 없이 많은 무의미한 장치를 정밀하게 분석해보면, 합리적 방법으로의 여지가 없다. 0부터 9까지 숫자는 그 숫자가 표시하는 아이디어와 위압적으로 연계되어 지도되어야 한다. 10

을 위한 기호 역시 마찬가지로, 10에 도달될 때, 10단위들을 다루기 시작할 때 주어진다. 10단위만을, 즉 1개의 십과 낱개(단위) 없음을 보이고, 따라서 10으로 표현됨을 말해 보라. 그리고 나서 2개의 십과 낱개 없음, 3개의 십과 낱개 없음을 표현해 보라. 아동은 100까지 일련의 수를 아주 쉽게 표현할 것이다. 수 11에서 19에 대하여 유사한 과정이 이어질 수 있다. 이 기호(10)는 1개의 십과 낱개 없음을 표시한다. 1개의 십과 1개의 낱개, 1개의 십과 2개의 낱개는 어떻게 나타낼까? 더 큰 모든 수에 대해 정확하게 같은 과정이 이어질 것이다.

100까지의 수 배열표

0	10	20	30	40	50	60	70	80	90
1	11	21	31	41	51	61	71	81	91
2	12	22	32	42	52	62	72	82	92
3	13	23	33	43	53	63	73	83	93
4	14	24	34	44	54	64	74	84	94
5	15	25	35	45	55	65	75	85	95
6	16	26	36	46	56	66	76	86	96
7	17	27	37	47	57	67	77	87	97
8	18	28	38	48	58	68	78	88	98
9	19	29	39	49	59	69	79	89	99

따라서, 조금만 도와주면 학생은 1부터 100까지 모든 수를 읽고 쓸 수 있다. 수 배열표를 만들고 그것이 어떻게 형성되는지 주목하는 데 매우 관심을 가질 것이다. 제1열은 학생이 맨 먼저 배운 수를 표현하는 것이어야 한다. 1개의 십과 낱개 없음을 어떻게 쓰는 것인지도 말해야 한다. 그리고 나서 혼자 힘으로 전체 표를 작성할 수 있게 될 것이다. 제안된 계획에 따라, 학생은 먼저 제1행에 몇십들을 쓴다. 1개의 십과 낱개 없음, 2개의 십과 낱개 없음, 3개의 십과 낱개 없음 등을 쓰는 것이다. 그다음, 제2열에 10부터 20까지의 수, 제3열에 2개의 십과 1, 2, 3, …, 9의 낱개 등을 쓴다. 따라서 학생은 1부터 99까지의 수를 읽고 쓸 수 있다. 물론 행도 마찬가지로 쉽게 구성할 수 있다. 1개의 십과 1, 2개의 십과 1, 3개의 십

과 1, …. 1개의 십과 2, 2개의 십과 2, 3개의 십과 2, …, 9개의 십과 2. 그러나 이때 1부터 100까지 세면서 수의 계열성을 강조해야 한다. 아동은 셈돌을 다루면서 매우 짧은 시간 내에 1부터 100까지 수의 작동 관념을 가질 것이고, 옳은 수의 셈돌을 골라서 기호를 해석하거나, 어떠한 수의 셈돌이 주어져도 이를 알맞은 기호로 나타낼 수 있을 것이다. 이와 유사한 방식으로 아동은 200까지, 300까지의 수 배열표를 구성할 것이다.

10 수의 표기, 덧셈, 뺄셈

기수법과 표기

이미 언급한 바 있는 구성적 과정에서 학생이 적절히 연습하고 나면, 단위란 같은 종류의 다른 양을 측정하는 데 사용되는 양이라는 것을 배우고, 수에 대한 아이디어는 몇 개의 단위가 주어진 양을 만드는지를 나타내는 것임을 습득하게 된다. 제안했던 대로, 수의 이름과 표기가 이러한 아이디어의 발달과 함께 한 단계씩 나아간다면, 학생은 모든 기수법과 표기를 잠재적으로 알게 된다. 학생은 세어서 그 결과를 기호로 표현하는 것을 배운다. 1부터 10까지 수의 이름을 배우고, 새로운 단위로서 10단위 양인 백 기준 단위를 사용하는 것을 배운다. 참조 단위인 1들로 했듯이 백씩 1, 2, …, 10을 세면서 배운다. 그다음, 새로운 단위로서 10단위인 천 기준 단위를 사용하여 천씩 1, 2 등을 세는 것을 배운다. 또한, 십과 이십, 이십과 삼십, 삼십과 사십, 백과 이백, 이백과 삼백, 천과 이천, 이천과 삼천 등의 사이에 있는 수의 이름도 배운다. 이 모든 것에서 학생은 많은 것을 혼자 힘으로 해낸다. 여기저기서 시사되는 바에 따르면, 학생은 10부터 20까지의 수를 명명할 수 있다. 또한, 새로운 측정 단위로서 새로운 이름인 1백이 주어질 때, 10개의 십(아동은 아마도 이를 십십(ten-ty)이라고 부를 것임)까지 세어 가면서 몇십(예: 삼십(three-ty=thirty) 등)을 이름 붙일 수 있다. 아동은 사용해온 다른 수들에도 이러한 방식을 적용할 것이다.

기호

아이디어로부터 이름 붙이기를 한 다음, 기호로 이어지는 것이 순서이다.

아동이 별 도움 없이 명명하듯, 표기에서도 마찬가지다. 각 자리 숫자와 0이 주어지고 그 의미를 안다. 1은 측정하려는 것이 무엇이든 간에 측정 단위 하나를 나타내며, 0은 단위와 양이 없음을 나타낸다. 아동은 하나의 10단위 양을 나타내기 위한 표현이 10인데 이는 1개의 10단위가 있고 일 단위는 없다는 것임을 안다. 참조 단위인 일 단위는 간단히 '단위'라고 불리며, 아동은 1개의 십과 1개의 단위, 1개의 십과 2개의 단위, 1개의 십과 3개의 단위, …, 1개의 십과 10개의 단위, 즉 2개의 십 또는 20을 위한 표현으로 바로 넘어갈 것이다. 또한, 어떤 도움 없이도 2개의 십과 0개의 단위, 3개의 십과 0개의 단위, 2개의 십과 1개의 단위, 2개의 십과 2개의 단위, …, 10개의 십과 0개의 단위까지 표현할 것이며, 이를 곧바로 100이라고 쓸 것이다. 아동은 일 단위를 1, 2, 3, 4, …, 10으로 세어 표현했던 것과 마찬가지로, 1개의 십(10), 2개의 십(20), 3개의 십(30), …, 10개의 십(100)을 세어 나타낼 것이다. 그러나 아동은 10개의 십이 새로운 측정 단위인 1백(100)을 만든다는 것을 안다. 아동은 1(일 단위)과 10에서와 마찬가지로 여기서의 1의 의미를 알고, 같은 방식으로 세어 1백(100), 2백(200), 3백(300), …, 10백(1000)과 같이 표현한다. 또한, 백 단위 10개가 새로운 측정 단위인 1천(1000) 단위를 만든다는 것을 배운다. 이제 그 자리(넷째 자리)에서 1의 의미를 알고, 10개의 천 단위까지 세어 표현할 수 있다. 따라서 아동은 원하는 수의 범위까지, 아무 도움 없이 십진법의 원리(0의 사용, 수에서 각 자리의 값은 절대 불변함, 숫자의 위치에 따라 표시되는 측정 단위의 값, 그만큼의 일 단위(참조 단위-야드, 달러, 파운드 등)가 있음을 표시하는 한 개의 숫자, 십 단위가 얼마나 되는지 나타내는 둘째 숫자, 백 단위가 얼마나 되는지 나타내는 셋째 숫자, 천 단위가 얼마나 되는지 나타내는 넷째 숫자, 만 단위가 얼마나 되는지 나타내는 다섯째 숫자 등)에 거의 숙달하게 된다. 아동은 7, 75, 754가 항상 각각 칠, 칠십오, 칠백오십사를 표시함을 알 것이다. 각 경우에 숫자의 위치가 단위를 제공한다. 또한, 숫자로 표현된 수를 읽을 때 숫자는 항상 세 개씩 묶어서 읽는다는 것을 알게 될 것이다[33]. 예컨대, 수 745745745에서 각 745는 칠백사십오로 읽는다. 차이는 단지 단위에만 있다. 백만 단위의 745, 천 단위의

745, 기본 참조 단위인 일 단위의 745인 것이다.

소수점

학생이 측정의 아이디어에 대해 제대로 배웠다면 미터, 야드, 달러 등 참조 단위 그 자체가 10부분, 100부분 등으로 측정된다는 것을 알기 때문에, 그 부분들을 어떻게 표현할 수 있는지 알고 싶어할 것이다. 학생은 1이 위치에 따라 1개의 일 단위, 1개의 십 단위, 1개의 백 단위 등을 나타냄을 안다. 따라서 각각 10개, 100개, 1000개가 모여서 참조 단위인 일 단위를 만드는 $\frac{1}{10}$, $\frac{1}{100}$, $\frac{1}{1000}$ 단위를 어떻게 나타낼 수 있는지 배우고 싶어할 것이다. 예를 들어, 학생은 실제로 미터가 10개의 같은 부분($\frac{1}{10}$)으로 분해되고, 그 각각이 10개의 부분($\frac{1}{100}$)으로 분해되는 것을 안다. 이를 어떻게 나타낼까? 학생은 이 문제에 대해 별 어려움이 없을 것이다. 111미터나 달러로 표현되는 양에서, 학생은 오른쪽의 1이 1개의 미터, 다음 1이 1개의 10미터 단위, 셋째 1이 1개의 100미터 단위를 나타냄을 안다. 왼쪽에서 오른쪽으로 가면, 둘째 1이 첫째의 $\frac{1}{10}$, 셋째가 둘째의 $\frac{1}{10}$을 나타냄을 안다. 1미터의 $\frac{1}{10}$을 나타내기 위해 또다른 1을 셋째 1의 오른쪽에 놓고, 1미터의 $\frac{1}{100}$을 나타내기 위해 또 다른 1을 놓을 수 있을까? 그렇다. 미터의 배수로부터 단위(미터)의 하위 분할을 나타내도록 숫자를 어떠한 방식으로 표시한다면 가능하다. 1미터를 나타내는 1과 1미터의 부분을 나타내는 1 둘 사이에 수선을 그어서

33) [역자 주] 이는 명수법의 진행이 one, thousand, million, … 과 같이 새로운 단위명이 10^3배씩 증가하는 영어식 표현에 해당하는 설명이다. 우리의 명수법에 따르면 일, 만, 억, 조…로 새로운 단위명이 10^4배씩 증가하므로 네 개씩 그룹으로 취해진다는 설명이 적합하다. 따라서 예시도 7452,7452,7452로 생각하여, 각 7452가 칠천사백오십이로 읽히고 각 단위가 억 단위의 7452, 만 단위의 7452, 일 단위의 7452라고 이해하면 된다.

구별할 수 있다. 따라서 111|111에서 수선의 왼쪽 숫자는 각각 1개의 일 미터, 1개의 십 미터, 1개의 백 미터를, 오른쪽 숫자는 1개의 $\frac{1}{10}$ 미터(데시미터), 1개의 $\frac{1}{100}$ 미터(센티미터), 1개의 $\frac{1}{1000}$ 미터를 나타낸다. 같은 숫자들로 구성되어 있는 양쪽 모두, 오른쪽에서 왼쪽으로는 10배로 증가하고 왼쪽에서 오른쪽으로는 10으로 나누거나 $\frac{1}{10}$ 배가 된다는 동일 법칙을 따른다. 그러나 일 단위, 즉 참조 단위를 나타내는 숫자의 위치를 표시하기 위해 그러한 분리선 대신 소수점을 이용하는 것이 더 편리하다. 따라서 앞서 제시했던 1들로 표현된 수는 111·111로 표현될 것이다. 예를 들어, 453·453미터로 표시된 수에서 일의 자리 숫자의 왼쪽으로 첫째 숫자는 십들, 일의 자리 숫자의 오른쪽으로 첫째 숫자는 $\frac{1}{10}$ 들을 나타낸다. 일의 자리 숫자의 왼쪽으로 둘째 숫자는 백들, 오른쪽으로 둘째 숫자는 $\frac{1}{100}$ 들을 나타낸다. 일의 자리 숫자의 왼쪽으로 셋째 숫자는 천들, 오른쪽으로 셋째 숫자는 $\frac{1}{1000}$ 들을 나타낸다.

소수점의 오른쪽 숫자들 역시 왼쪽 숫자들과 마찬가지로 세 개씩 묶음으로 읽힌다는 것이 쉽게 관찰될 것이다. 수를 쓸 때 453은 항상 사백오십삼이다. 이 예에서 소수점의 왼쪽은 453미터(기본 단위), 오른쪽은 453밀리미터이다. 학생이 수를 읽고 쓰는 것에 완전히 숙달하려면 여기서도 마찬가지로 많은 연습을 해야 한다. 이것은 어떤 수와 그 수의 측정 단위를 자동적으로 읽고, 불러 주는 양을 받아쓰는 능력을 의미한다. 예를 들어, 측정 단위에 따라 각 구간에 이름을 붙일 때, 왼쪽으로 첫째 구간(숫자 세 개씩 그룹)을 단위 구간, 둘째 구간을 천(천 단위) 구간, 셋째 구간을 백만 구간이라 하고, 오른쪽으로 첫째 구간을 천 분의 일 구간, 둘째 구간을 백만 분의 일 구간이라 하자. 숫자 7을 십억 분의 일, 십만, 십, 십 분의 일만큼 표현해 보자. 45를 십, 백,

천분의 일, 백만 분의 일만큼 표현해 보자. 오른쪽 구간에서 측정 단위를 옳게 읽는 데 주의하자. 예를 들어, ·00573은 오백칠십삼 십만 분의 일이다. 0006734는 육천칠백삼십사 천만 분의 일이다.

덧셈과 뺄셈

덧셈

앞서 보았듯이, 덧셈은 양의 모호한 전체를 확정적으로 만들기 위해서 그 양 안에서 조작한다. 양을 2피트, 3피트, 4피트, 5피트 등의 부분으로 측정하면, 각 부분들의 수를 단순히 세기만 해서는 확정적인 측정에 도달하지 못한다. 모든 부분에서 공통 측정 단위의 수를 세어 이 공통 단위가 **몇 번 들어 있는지** 전체량을 구해야 한다. 덧셈을 배울 때, 세기는 측정 단위 그룹에 대한 직관과 관련되며, 그 결과가 실제적인 사용을 위해 누적된다. 적절히 훈련된 학생은 앞의 예에서 2로 시작하여 3, 4를 하나씩 이어 세지 않는다. 물체들의 최상의 배열이 도움이 되는 초기 단계의 세기일 때조차도, 그렇게 세지 않는다. 학생은 결국 하나씩 세지 않고 5+4=9임을 지각한다. 그러므로 덧셈은 주어진 두 개 이상의 양을 부분으로 갖는 전체로서의 양을 구하는 연산으로 간주될 수 있다. 부분은 **가수**(더해지는 양)이고, 양을 분명하게 확정한 결과가 **합**이다. 따라서, 정수든 분수든, 모든 덧셈에서 모든 가수와 합은 같은 종류의 양이다. 즉 '각각'과 '모두'는 **동일한** 측정 단위를 **가져야 한다**. 5피트와 4분을 더하는 것이나 5피트와 4막대를 더하는 것은 불가능하다. 즉, 먼저 가수를 동일 측정 단위로 표현하지 않은 채 전체량을 (측정 단위가 몇 개인지 표시하는) 수로 나타내는 것은 불가능하다.

덧셈표에 숙달되면 암산과 필산 모두에서 속도와 정확성을 얻는다. 일 단위로만 아니라 십 단위, 백 단위, 천 단위, 학생이 알게 된 어떤 단위로도 수 결합을 연습하면 합과 차에 대한 지식뿐만 아니라 합과 차를 적용하는 기술을 획득하는 데 큰 도움이 될 것이다. 그래서 필수적이다. 수를 다루는 실제적인 능력은 우선 연산의 부분적 의미로, 나중에는 완전한 의미로 획득되어야 한다. 몇 가지 부가적인 사항에 주목할 필요가 있다.

1. 언급된 것처럼 획득한 몇십에 대한 지식을 이용해야 한다. 예를 들어, 8+8=16이면, 18+8=26, 28+8=36 등이 논리적인 순서로 즉각 이어져야 한다. 처음에 학생은 가르기를 하여 10을 "만들 수" 있다. 그다음에 이러한 방식으로 20을 만든다. 예컨대, 아동이 합 8+8을 8+2+6=10+6=16으로 하여 구하는 것처럼 8을 2+6으로 가르면 18+2+6=20+6=26이다. 그러나 모든 경우에 중간 단계는 가능한 빨리 가수에 대한 지각 없이 이루어져야 한다. 예를 들어, 28+8은 사용된 단위의 종류나 크기에 상관없이 즉각적으로 합이 36임을 생각해내야 한다.

2. 이와 관련하여 75와 68의 합처럼 두 자리 수끼리의 덧셈에 대한 전문성은 다시금 단위가 무엇이든 간에 쉽게 획득 가능하다. 획득되고 또 흥미롭게 사용된다. 지식, 능력, 기술이 정말 철저하게 획득된다면, 산술의 전체 과정의 처음부터 끝까지 본질적인 "암산" 실행에 이보다 더 흥미로운 연습은 없을 것이다. 따라서 78과 89의 합을 구할 때 정신적 움직임은 십들의 합, 단위들의 합, 그 합으로 도출된 십들과 단위들, 십들과 단위들의 합일 것이다. 매우 빨리 두 "합"이 동시에 획득되고, 조금만 연습하면 전체(15개의 십, 1개의 십, 7개의 단위)가 즉각적으로 나온다. 2개 열을 더하는 것도 한 열씩 더하는 것만큼 쉽다.

3. 또한, 같은 증가량에 의한 덧셈(과 뺄셈)시, 많은 암산(예: 2부터 24까지 2씩 세기, 1부터 31까지 2씩 세기, 3부터 36까지 3씩 세기, 1부터 37까지 3씩 세기 등)이 있어야 한다.

4. 필산 시 각 열의 합을 각각 적는 것이 탁월한 연습을 제공한다. 각 열의 합 중에서 오른쪽 숫자는 그것이 유도되는 열 아래에, 다른 숫자는 대각선 왼쪽 아래에 적는다. 그다음 이 부분합을 더하여 전체합을 얻는다.

$9874	28
8768	29
3425	14
8267	23
2482	16
9341	17
2345	14
8273	20
2834	17
6443	17
7512	45
5454	15
$62052	195

42 + 51 + 45 + 57 = 195

위의 예에서 제1열의 합은 42이다. 2를 제1열 아래에 적고, 4는 아랫줄의 제2열에 적는다. 제2열의 합은 51이다. 1은 제2열 아래에, 즉 2의 왼쪽에 적고, 5는 아랫줄에서 4의 왼쪽에 적는다. 제3열의 합은 45이다. 5는 1의 바로 왼쪽인 제3열 아래에 적고, 4는 5의 왼쪽 대각선 아래에 적는다. 제4열의 합은 57이다. 7은 7이 나온 제4열 아래에 적고, 5는 그 아랫줄의 4 옆에 적는다. 이제 이 부분합을 더하면, 전체 62052달러가 나온다. 이 방법의 이점은 다음과 같다.

(1) 학생에게 받아올림 과정에 대한 명확한 아이디어를 제공한다.

(2) 덧셈에서 실수하는 경우에, 학생이 오류를 더 쉽게 발견하도록 돕는다. 학생이 오류가 어디서 발생했는지 찾기 위해 전체 수행을 훑어야 한다면 힘들고 단조롭게 느끼지 않을까? 이렇게 배열하면 어떤 열의

덧셈도 앞 열의 덧셈과 독립적으로 검토할 수 있으며, 이는 "받아올린" 수에 대한 지식을 요구하지 않는다. 예를 들어, 오류가 천의 자리 덧셈에서 발생했음을 안다면, 받아올린 수를 확인하기 위해 백의 자리 수를 더하지 않고도 오류를 찾아 수정할 수 있다.

(3) 열을 독립적으로 더하기 때문에, 각 행의 숫자들의 합을 더한 것과, 수가 분리된 것으로 취급하여 열의 합을 더한 것을 비교하여 결과를 검토할 수 있다. 이 두 합은 같아야 한다. 예시에서, 제1행의 숫자들의 합은 28, 제2행의 합은 29 등이고, 이 합들을 더하면 195이다. 이는 각 열의 합인 42, 51, 45, 57을 더한 것과 같다.

(4) 이 방법은 특히 가로와 세로 둘 다로 더해야 하는 도표화된 수의 덧셈에서 유용하다.

5. 우수한 학생을 위한 또 다른 탁월한 연습은 왼쪽에서 시작하는 두 수의 덧셈이다. 오른쪽 자리에서 시작해서 두 수를 더하는 평범한 안이 단조로워질 때, 흥미를 유발하며 새로운 방법을 실행할 수 있다. 이 방법이 참신하고, 동시에 연산에 대한 더 넓은 관점을 얻게 되기 때문이다. 유일하게 주목할 점은 우리가 수행하고 있는 자리에서 두 숫자의 합이 아랫자리의 합으로 인해 1 증가해야 하는지이다. 어떠한 순서로 두 숫자를 더하더라도, 아랫자리의 합으로부터 1이 올라오는지 알아보기 위해 학생은 동시에 그 아랫자리를 살펴본다.

628
359 를 더할 때 6과 3을 더하면서, 한눈에 그 합이 증가되지 않음을 파악하고 즉각 9를 쓴다. 다음 쌍인 2와 5를 더할 때, 우리는 즉시 그 합이 다음 쌍 (8+9)의 합으로부터 1이 증가함을 알고 8이라고 쓴다. 학생은 이 방법을 쉽게 사용할 수 있을 때까지 연습해야 한다. 학생은 두 수를 쓰고 합을 구하고, 이 합을 두 수의 뒤의 것에 더하고, 이 합을 앞의 합에 더하는 등 어떤 범

위로든 스스로 연습해 볼 수 있다. 덧셈은 기본 과정인 세기에서 더 발달한 것이고, 그 자체가 수 연산에서 "우리가 보는 모든 것의 광원"이기 때문에 완벽히 숙달해야 한다. 전에 말했듯이, 이 숙달이 이루어지기까지 모든 다른 아이디어와 연산을 배제하지는 않더라도 말이다. 가능하다면 수에 대한 충분한 지식을 갖춘 채, 그러나 필요하다면 그 지식 없이도 덧셈을 완전히 파악해야 한다.

뺄셈

덧셈과 뺄셈은 역연산이다. 하나가 다른 것을 함의하며, 기초 연산에서 덧셈을 강조하되 양자는 함께 다루어져야 한다. 대상을 가지고 실제 조작하는 뺄셈은 논리적으로 덧셈을 앞서는 것 같다. 만약 14단위 양에 대해 확정적 아이디어를 얻고 그것을 8개 단위와 6개 단위의 두 개의 알려진 부분으로 각각 분리하고자 한다면, 부분으로부터 전체를 구성하는 최종 과정이 완성되기 전에 논리적으로 6단위의 양이 전체로부터 제거되고 두 개의 하위 양이 전체의 부분으로 인식될 것이다. 따라서 이 두 연산을 완전히 분리시킬 필요는 없다. 오히려 두 연산은, 이미 제기된 이유에서, 덧셈을 좀더 먼저 주목하면서 상호 관련된 연산으로 지도해야 한다.

덧셈과 뺄셈 사이의 논리적이고 심리학적인 관계에 대해 본 바로부터, 뺄셈은 주어진 양에서 그 양의 주어진 부분을 덜어낸 다음 남는 부분을 구하는 연산임을 알 수 있다. 덧셈에서처럼 뺄셈에서도 조작하고 있는 모든 양들(피감수, 감수, 차)은 동일한 측정 단위를 가져야 한다. 더욱이, 덧셈시 모호한 전체에서 그것의 주어진 부분들로 조작했듯이, 뺄셈에서는 모호하게 여겨진 "차"를 완전히 확정적으로 만들기 위해 확정된 부분을 확정된 전체에서 빼는 활동을 하는 것이다.

나머지 또는 차

덧셈과 관련되는 뺄셈의 본질을 본다면, 한 수를 다른 수로부터 "취하는" 것과 두 수 사이의 차를 구하는 것 사이에 "중요한 구별"을 주목해야 할 강력한 이유가 없다. 주어진 일부를 전체의 부분으로 간주하지 않으면, 나머지를 구하기 위해서 주어진 양의 주어진 일부만큼을 덜어낼 수 없다. 더 적은 것을 더 많은 것의 부분이라고 생각하지 않는다면, 두 개의 측정되는 양 사이의 "차"에 대한 확정적인 아이디어를 얻을 수 없다. 만약 5달러가 9달러로부터 덜어진 부분으로 주어지면, 기본적으로 5부터 9까지 세어서 나머지를 구한다. 5달러와 9달러가 두 개의 양으로 주어진다면, 5에서 9까지 세어서 차를 결정해야 한다. 5달러를 9달러의 부분으로 생각해야 한다.

수와 수 관련 과정의 좋은 아이디어 개발을 위해 부분과 전체 만들기에 관한 예비 활동이 합리적으로 이루어진다면, 형식적인 뺄셈의 실제 조작 시 어려움이 거의 없을 것이다. "빌려주기와 받아내림"이라는 장기간의 신비로운 조작과 관련하여 다음과 같은 사항에 주목할 수 있다.

1. 예를 들어, 75−38에 관한 연산은 셈돌을 이용해서 완전히 명확해질 수 있고, 또 그래야 한다. 단위와 관련하여 십 단위는 수많은 구성적 활동을 통해 명료해졌다. 이때 정신적 과정은 다음과 같이 간단하게 나타내어진다.

$$
\begin{array}{rrrl}
 & 60 & + & (10 + 5) \\
- & 30 & - & 8 \\
\hline
= & 30 & + & 2 + 5 = 37
\end{array}
$$

학생이 덧셈구구에 숙달했다면, 10과 5를 더하고 그 합에서 8을 덜어내어 7을 구하는 연산은 아마도 10에서 8을 덜어내고 그 차에 5를 더하여 7을 구하는 것만큼 쉽고, 쉽게 자동화될 것이다. 그러나 두 과정의 의미와 정체성은 완벽하게 명확해질 수 있다. 학생은 처음에 "빌려온" 10에서 8을 덜어내고 그 차(2)에 5를 더하는 것이, 빌려온 10에 5를 더하고 그 합 15에서 8을 덜어내는 것보다 조금은 쉽다고 생각할 것이다. 그러나, 어떤 경우든, 이러한 분석적 활동은 과정에 대한 명확한 이해, 특히 과정의 자동적 사용으로 이어져야 한다. 물론 몇십들의 합뿐만 아니라 차를 찾는 연습도 많이 해야 한다.

2. 뺄셈에서 "빌려주기와 받아내림"을 설명하는 두 번째 방법은 피감수와 감수에 같은 양을 더하는 방법으로, 마찬가지로 명확하다. 학생은 조작을 "해"봄으로써 두 양이 같은 양만큼 증가해도 두 양 사이의 차는 같게 유지된다는 것을 혼자 힘으로 발견할 것이다. 75−38에서 십 단위 하나, 즉 10개의 일을 5개의 1에 더한다. 그리고 첫 번째 경우에서처럼 8을 뺀다. 즉 15−8 또는 10−8+5이다. 그리고나서 감수에 있는 3개의 십을 1개의 십만큼 증가시켜서 4개의 십을 얻고, 7개의 십에서 이 수를 덜어낸다. 이 과정은 문제의 직접적인 해법은 아니지만 꽤 쉽게 이해할 수 있는 것이다. 두 방법은 심리학적 복잡함에 있어 별 차이가 없다. 두 방법 모두 15에서 8을 덜어낸다. 즉 10+5−8을 한다. 십의 자리에서 빌리는 방법에서 기억해야 할 것은, 십들의 뺄셈에서 실제 다루어지는 십 단위의 수는 쓰인 십 단위의 수보다 1 작다는 것이다. 덧셈의 경우도 똑같이, 실제 다루어지는 십 단위의 수는 쓰인 십 단위의 수보다 1 크다는 것을 기억해야 한다.

3. 뺄셈을 다루는 최선의 방법은 아마도 나머지와 감수의 합이 피감수과 같다는 사실에 기초한 방법일 것이다. 예를 들어, 15달러와 8달러 사이의 차를 구하고자 한다면, 8을 15까지 채워나가는 것이다. 즉, 8에서 15까지 세어서 8과 15 사이의 "차"인 새로운 7을 세는 것이다. 45와 38 사이의 차를 구하는 것은 38에 어떤 수를 더해야 45가 되는지 찾는 것이다. $\begin{array}{r}45\\ \underline{38}\\ 7\end{array}$. 감수의 8개

단위를 채워서 피감수의 5개 단위를 만들 수는 없다. 따라서 7개 단위를 더하여 15까지 만들고 나머지의 가정된 부분으로 7을 적는다. 8에 7을 더하여 15를 만들 때, 감수의 3개 십으로 1개 십을 가져와 4개 십을 만든다. 이것을 피감수의 4개 십으로 만들기 위해 십이 하나도 **필요하지 않다**. 따라서 나머지는 7이다. 75−38 등도 유사하게 처리할 수 있다. 좀 더 큰 수로 예를 들어보자.

$$\begin{array}{c} 873478 \\ \hline 564693 \\ 308785 \end{array}$$

873478에서 564693을 빼보자. 즉 감수에 어떤 수를 더해야 피감수와 같은 결과가 나올지 구해 보자. 그림처럼 피감수 아래에 감수를 쓴다. 같은 자리의 숫자끼리 같은 열에 맞추어 쓴다. 감수의 오른쪽 숫자인 3으로 피감수의 오른쪽 숫자인 8을 만들려면 5를 더해야 한다. 이것이 나머지의 오른쪽 숫자이다. 9를 17로 만들면서 9에 8을 더하고(십 단위), 나머지의 둘째 숫자로 8을 적는다. 감수의 6백에 17(십)에서의 1(백)을 받아올려서 7(백)을 만든다. 이 7(백)에 7(백)을 더하여 14(백)를 만든다. 이 숫자를 나머지의 셋째 자리에 적는다. 14에서 1을 감수의 4(천)으로 받아올리면 5(천)이 되고, 8(천)을 더하여 피감수의 13(천)을 만든다. 8을 나머지의 천의 자리에 적는다. 마찬가지로 만들어진 13으로부터 1을 피감수의 다음 숫자인 6으로 받아올리면 7이 된다. 이 7로 피감수의 7을 만들기 위해 **아무것도 필요로 하지 않으므로**, 따라서 나머지의 만의 자리에 0을 적는다. 마지막으로, 5로 8을 만들기 위해 3이 필요하므로 3을 나머지의 마지막 숫자로 적는다. 정신적 과정의 기술은 다음과 같으며, 이때, 진한고딕체를 써서 **나머지**에 적힐 숫자를 나타내었다. 3과 5는 8. 9와 **8**은 17. 7과 **7**은 14. 5와 **8**은 13. 7과 **0**은 7. 5와 **3**은 8. 몇 번만 연습하면 피감수(합)는 언급하지 않고, 간단히 3과 5, 9와 8 등으로 나타낼 수 있다. 이 방법은 평상시 잔돈을 거슬러 받을 때 적용되며, 덧셈과 뺄셈 모두에 관련된 계산 시 쉽게 이용할 수 있다. 은행에 19128달러가 있는 상인이

2714달러, 996달러, 3952달러, 166달러, 7516달러의 합만큼 돈을 찾는다고 가정하자. 인출 후 은행에는 얼마가 남을까? 덧셈과 마찬가지로, 피감수 아래에 감수들을 열을 맞춰 배열한다. 감수를 모두 더하고 설명한 방법대로 피감수까지 채워가면서 만들어진 수를 적는다. 과정은 다음과 같다.

$19128
2714
996
3952
166
7516
$3784

제1열: 12, 14, 20, 24[34]에 4를 더해서 28 - 2를 받아올린다.

제2열: 3[35]. 9. 14. 23. 24에 8을 더해서 32 - 3을 받아올린다.

제3열: 8, 9, 18, 27, 34에 7을 더해서 41 - 4를 받아올린다.

제4열: 11, 14, 16에 3을 더해서 19

이는 피감수의 19(천)을 만들며, 전체를 "채우는" 수, 즉 나머지는 3784달러이고, 이것이 은행에 남아있는 상인의 잔액이다. "받아올림"의 원리는 정확히 덧셈의 원리이다. 연속하는 부분합을 이용하여 작은 수를 큰 수로 만드는 것이다. 예를 들어, 제2열에서 24(십)일 때 32(십)를 만들기 위해 8(십)을 더하고, 1(십)이 더 생기므로 총 3을 다음 "채우는" 열로 받아올린다.

이 방법이 비논리적이며 학생들에게 1년 이상의 시간을 낭비하게 한다고 하는 주장은 타당한 근거가 없는 것 같다. 첫째 진술은 수의 심리학에 의해, 둘째 진술은 교실에서의 실제 경험에 의해 반박된다. 15에서 7까지 내려가며

34) [역자 주] 다섯 개 가수의 일의 자리 수를 아래서부터 차례대로 더한 부분합이다.

35) [역자 주] 제1열에서 받아올린 2와 제2열의 첫 수인 1을 합한 3이 출발 수이다.

생각하는 것이 논리적이라 생각한다면, 8부터 15까지 올라가며 생각하는 것이 비논리적임을 보이는 것은 쉽지 않다. 15개 단위의 측정되는 전체를 7개 단위로 된 하나와 8개 단위로 된 다른 하나의 두 부분으로 이루어진 것으로 생각하지 않고서는 둘 중 어느 경우도 생각할 수 없다. **연속 과정으로서** 8+7=15는 필수불가결한 상호 관계인 15−8=7, 15−7=8을 수반한다. 사칙연산의 관계에 대해 보인 바로부터, 채우는 방법과 덜어내는 방법 사이에 어떤 어려움 상의 차이가 있다면, 그 차이는 의식적인 주의를 덜 요구하는 채우는 방법이 더 선호된다는 것뿐이다. 아무리 그럴지라도, 심리학적 방법으로 배운 학생들은 채우는 방법을 이해하는 데 어려움이 적고 그 적용 기능을 빨리 습득한다는 것이 실제 학교 수업에 대한 지식으로부터 분명히 알려져 있다.

덧셈과 뺄셈의 기본 원리

양이 부호 +와 −로 연결된 몇 개의 항으로 표현될 때 그 표현을 **다항식**이라고 하며, 몇 개의 연산이 수행될 때 그 결과를 다항식의 **총합** 또는 합이라 한다. 덧셈과 뺄셈을 연결하는 기본 원리 중 몇 가지는 다음과 같다.

(1) 같은 것에 같은 것을 더하면, 전체는 같다.

(2) 같은 것에서 같은 것을 빼면, 나머지는 같다.

(3) 어떤 양이든 0을 더하거나 빼면, 양은 불변이다.

(4) 어떤 다항식이든 덧셈과 뺄셈을 수행하는 **순서가 바뀌어도** 결과는 같다[36].

학생은 이러한 원리를 사용할 수 있고, 적절한 때가 되면 그에 대한 추상적 인식이 가능해질 것이다.

36) [역자 주] 세 수의 덧셈과 뺄셈에서 더하고 빼든지, 빼고 더하든지 그 결과가 같다는 의미로, 예를 들어, 15−8+7과 15+7−8의 결과가 같음을 말한다.

11 곱셈과 나눗셈

곱셈

수 발달상 한 단계인 곱셈에 관한 앞선 논의로부터(특히 86쪽 이하 참조), 학생들로 하여금 곱셈의 과정을 잘 이해하게 하려면 몇 가지 사항을 항상 염두에 두어야 함이 분명하다.

1. 곱셈은 단순히 덧셈의 특별한 유형이 아니다. 곱셈은 수에 대한 아이디어, 즉 단위의 크기가 하위 단위로 얼마이든 간에 측정 단위에 대한 측정되는 양의 비율을 나타낸다는 아이디어의 발달과 의식적인 사용을 의미한다. 1단위의 측정에서 1, 2, 3, …, 9를 세는 경우, 전체를 구성하는 일련의 단위 9개 중에서 명명하는 단위가 9번째로 인식될 때, 즉 정의된 양이 측정 단위의 9배로 파악될 때, 그 수를 아는 것이다.

2. 측정 과정의 발달에는 (정확한 측정 단계에서와 마찬가지로) 측정 단위 자체가 확정적인 수의 하위 단위로 측정된다는 분명한 인식이 존재한다. 이러한 인식이 곱셈 과정을 발생시키고, 양을 구성하거나 같게 만들기 위한 단위의 반복 횟수를 나타내는, 더욱 확정적이고 정확한 수에 대한 아이디어를 야기한다. 1의 9배가 9임을 매우 의미 있게 이해하게 한다.

3. 어떤 주어진 측정 단위로 표현되는 양은 곱셈을 통해서 그 측정 단위의 하위 단위로 표현된다. 다시 말해서, 양에 있는 유도 단위의 수를 양에 있는 기본 단위의 수로 대체하는 것이다. 만약, 배럴당 5달러인 밀가루를 7배럴 구입한다면, 측정되는 비용은 5달러×7이다. 5달러씩 단위가 7개인 것이다. 이는 곱셈에 의해 35달러, 즉 1달러×35로 바뀐다. 곱이라고 불리는 이 새

로운 측정은 7개의 5가 아니다. 이것은 관련은 있지만 서로 다른 측정 하에서 동일한 양을 나타낸다. 이것은 35개의 1이다. 이 두 측정 중 전자에서 수는 7이고, 후자에서 수는 35이다.

4. 피승수는 기본 단위로 이루어진 어떤 측정 단위로 간주되어야 한다. 그리고 연산은 더 잘 알려져 있거나 편리한 측정 단위로 표현함으로써 단지 양을 더욱 확정적으로 만드는 것으로 간주되어야 한다.

5. 피승수 자리에는 항상 측정되는 양이 와야 한다고 생각할 수 있지만, 어느 인수든 승수나 피승수가 될 수 있다. 이 아이디어는 기초 단계에서조차도 처음부터 사용되어야 한다. 야드당 5달러인 벨벳 12야드에서 기본 단위인 달러의 수를 구할 때, 12를 항상 승수로 규정하고 5달러는 피승수로만 규정해야 한다는 법칙은 없다. 반대로, 정신의 필수 법칙에 따라 모든 측정 과정은 두 단계를 지니며, 따라서 측정 5달러×12는 측정 12달러×5를 수반한다[37]. 수와 측정 과정에 대해 완전한 오개념을 가지고 있을 때만, '12야드가 어떻게 12달러가 될 수 있는가?'라는 질문을 던질 수 있다. '5달러×12=12달러×5'라는 명제는 사물에 관한 명제가 아니다. 그것은 어떠한 양을 정의하고 해석하는 정신의 방식, 즉 심리적 과정에 관한 명제이다. 횟수와 부분의 교환에 대한 이 측정 원리는 연산의 올바른 이해에 필수적이며, 처음부터 지적으로 사용할 수 있고, 지적인 사용에 의해 완벽하게 숙달하게 된다. 곱셈 문제는 측정되는 양에 있는 단위 그룹의 수, 각 단위 그룹에 있는 하위 단위의 수가 주어질 때, 이러한 관련 인수들로부터 측정되는 양에 있는 하위 단위의 수를 결정하는 것이다.

37) [역자 주] 유도 단위와 그것을 구성하는 기본 단위의 관계에 의해 5달러×12=1달러×5×12, 12달러×5=1달러×12×5이므로 이와 같은 설명이 가능하다.

곱셈의 형식적 절차

곱셈의 형식적 절차를 학습할 때 다음의 논리적 단계를 고려하는 것이 좋다.

(1) 어떠한 양에 10의 거듭제곱을 곱할 수 있다. 어떤 기본 단위로 시작해서, 그 단위 10개로 이루어진 측정되는 양을 상상한다. 즉 기본 단위에 10을 곱하는 것이다. 더 나아가, 이 10단위 양을 측정 단위로 사용하여, 더 큰 양을 만들기 위해 이 10단위를 10번 반복하는 것을 생각할 수 있다. 즉 10단위 양에 10을 곱하는 것이며, 이 더 큰 양을 하위 단위로 표현하면, 기본 단위가 100개인 것이다. 이러한 절차와 표기가 어떻게 대응하는지는 이미 제시한 바 있다. 1단위에 10을 곱하면 10이 되고, 10단위에 10을 곱하면 100이 된다. 다시 말해서, 소수점 왼쪽에 0이 생길 때마다 1이 10배씩 증가하는 것이다. 따라서 5개의 1 곱하기 10은 5개의 10 또는 10개의 5, 즉 50이다. 5개의 10 곱하기 10은 50개의 10 또는 500, 즉 5에 100ㅍ 곱하는 것이다.

(2) 부분곱의 합을 구하여 양을 측정하는 전체곱을 구할 수 있다. 만약 주어진 양이 4피트×28로 측정될 경우, 4피트에 20을 곱하고 4피트에 8을 곱할 수 있으며, 부분곱의 합이 전체곱인 피승수의 28배가 될 것이다. 이는 세로셈의 기초이다.

(3) 승수의 인수들을 곱할 수 있다. 이것은 부분과 횟수의 관계를 이용하는 것이다. 예를 들어, 2달러×20으로 표현되는 양이 있다면, 이 양은 2달러×5×4, 즉 10달러×4로 똑같이 표현된다. 다시 말해, 측정 단위를 5배 크게 만들고, 그 단위의 수는 5배 작게 만드는 것이다.

다음의 예를 살펴보면, 피승수를 5배하여 첫째 부분곱을 구한다. 다음으로 피승수에 4를 곱하는 과정은, 사실 피승수의 10배를 구하고 다시 이 곱의 4배를 구해서, 둘째 부분곱인 11120을 얻는 것이다.

278		
45		
1390	…	피승수의 5배
1112	…	피승수의 40배(즉, 피승수의 10배의 4배)
12510	=	피승수의 45배

특별한 계산법

많은 경우에 특별한 계산법을 사용할 수 있다. 이 특별한 계산법은 정신 활동에 좋은 연습으로 작용하며 수와 연산에 대한 더 나은 아이디어를 제공할 뿐만 아니라, 후속 학습을 위한 좋은 준비이기도 하다. 이러한 계산법 중 몇 가지를 살펴보자.

1. 승수가 11에서 19까지의 수 중 하나일 때, 곱을 한 줄에 쓸 수 있다.

	9개의	5, 45이다. −4를 받아올린다.
8765	〃	6, 58이고, *5*를 더하면 63이다. −6을 받아올린다.
19	〃	7, 69이고, *6*을 더하면 75이다. −7을 받아올린다.
166535	〃	8, 79이고, *7*을 더하면 86이다. −8을 받아올린다.
	=	8과 *8*을 더하면 16이다.

이탤릭체로 표시한 수는 각각 피승수의 각 자리 숫자에 오른쪽부터 1씩 곱한 것이다. 만약 31, 41, 91을 곱하려면, 피승수 위에 승수를 쓴 다음, 피승수 자체를 승수에 있는 숫자 1로부터 얻은 부분곱으로 사용하는 것이 가장 좋다.

예를 들어,

81	…	승수
96478567	…	1을 곱한 결과(곱)
771828536	…	8(8개의 10)을 곱한 결과(곱)
7814763927	…	곱

이때에도 19를 곱할 때와 같이 곱을 한 줄로 쓸 수 있지만, 정신 활동 시 오류가 발생할 위험이 커진다.

84×76과 같은 예는 흥미롭고 유용한 정신적 연습을 제공한다. 교차해서 곱하고(80×6, 4×70) 곱을 더하면, 76개의 10이다. 일의 자리 수끼리 곱하면, 2개의 10과 4개의 1이다. 십의 자리 수끼리 곱하면, 56개의 100이다. 따라서 63개의 100, 8개의 10, 4개의 1이므로, 6384이다.

2. 수의 제곱을 구하는 연습은 매우 유용하다. 두 수의 합의 제곱과 두 수의 제곱의 차를 구하는 규칙은 쉽게 파악할 수 있다. 예를 들어, 85에 85를 곱해 보자.

$$\begin{array}{llll} 80 & + & 5 & \\ 80 & + & 5 & \\ \hline 80^2 & + & 5\times 80 & \\ & + & 5\times 80+5^2 & \\ \hline 80^2 & + & 10\times 80+5^2 & = 7225 \end{array}$$

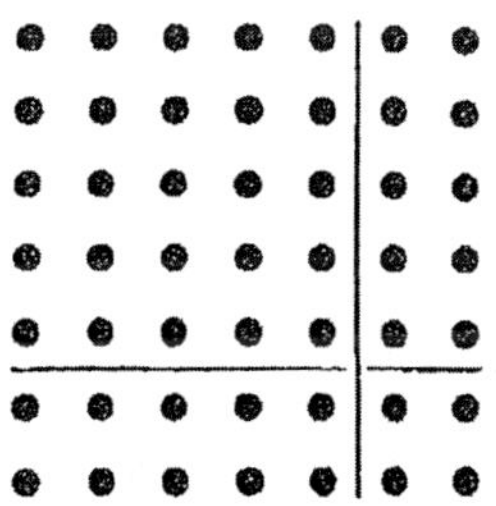

이는 낱개를 점으로 나타냄으로써 직관적으로 제시할 수 있다. 이 그림은 7(5+2)의 제곱을 나타낸다. 우리는 (i) 5의 제곱, (ii) 5를 2번 취한 것 (2개), (iii) 2의 제곱이 전체 정사각형을 구성한다는 것을 한눈에 볼 수 있다. 즉, 첫째 수의 제곱, 첫째 수와 둘째 수의 곱을 2번 취한 것, 둘째 수의 제곱이 전체 정사각형을 구성하는 것이다. 이 그림은 두 제곱의 차(7^2-5^2)가 2의 12배라는 것도 쉽게 보여준다. 그런데, 12는 두 수의 합(7+5)이고 2는 두 수의 차(7-5)다. 이것이 다른 수에도 적용될까? 학생들은 스스로 일반적인 원리를 발견하는 데 매우 흥미를 느낄 것이다. 두 수의 제곱의 차와 두 수의 합과 차의 곱은 같다.

만약 이 그림에서, 3의 제곱과 4의 제곱, 4의 제곱과 5의 제곱을 비교한다면, 어떤 수의 제곱은 바로 앞 수의 제곱에 두 수의 합을 더하기만 하면 얻을 수 있다는 것을 알 것이다. 3의 제곱은 9이다. 4의 제곱은 9(=3^2)+(3+4)이다. 5의 제곱은 16+(4+5)이다. 7의 제곱은 36+(6+7)이다. 학생은 어떤 수의 제곱이 주어지면 다음 이어지는 수의 제곱은 주어진 제곱에 두 수(어떤 수와 다음 수)의 합을 더하여 구한다는 것을 스스로 추론할 것이다.

이러한 원리 외에도 수많은 원리가 암산 연습에서도 마찬가지로 흥미롭고 유용한 기초가 된다. 95의 제곱, 95×105는 (100−5)(100+5), 295×305는 (300−5)(300+5), 250의 제곱, 251의 제곱 등등.

3. 뺄셈의 '채우기 방법(making-up method)'은 주어진 양에서 두 수의 곱을 뺄 때 편리하게 사용할 수 있다.

89713에서 8793을 8번 빼는 것은 다음과 같이 수행된다.

89713	8개의 3, 24와 *9* = 33 − 3을 받아올린다.
8793	〃 9, 75와 *6* = 81 − 8을 받아올린다.
8	〃 7, 64와 *3* = 67 − 6을 받아올린다.
19369	〃 8, 70과 *19* = 89

이탤릭체로 표시한 수는 나머지인 19369를 나타낸다.

4. 승수를 구성하는 일부 수(몇십 등)가 다른 수의 배수가 된다는 사실을 이용할 수 있다. 예를 들어, 봉지당 3287달러인 밀가루 2053봉지의 가격을 구하고 싶다면, 3287을 승수로 사용하여 3개의 부분곱으로 적을 수 있다.

2053	
3287	
14371	… 7배
57484	… 280배
6159	… 3000배
$ 6748211	

이 예시에서 우리는 7을 곱한 다음, 28이 7의 4배임을 인지하여, 첫째 줄 곱에 4를 곱해서 둘째 줄을 얻는다. 그다음, 피승수에 3을 곱하여 그 곱을 주의 깊게 천의 자리에 써넣는다.

우리는 종종 부분곱을 구하는 순서를 어기면서 이 방법을 유용하게 이용할 수 있다. 따라서, 만약 567392와 218126의 곱을 구해야 할 경우, 전자를 승수로 사용하여 다음과 같이 계산할 수 있다.

```
       218126
       567392
  ------------
     1526882     … 7000배
   12215056      … 560000배
     85505392 … 392배
  ------------
  123762947392
```

56이 7의 8배이고 392가 56의 7배라는 것을 알 수 있다. 따라서, 7로 시작한다. 이 곱에 8을 곱하면, 둘째 줄 부분곱을 얻는다. 마지막으로 이 둘째 줄에 7을 곱하면, 셋째 줄 부분곱을 얻을 수 있다.

또는 2의 9배가 18이고, 18의 7배가 126임을 살펴보면서 218126을 승수로 사용할 수도 있다.

```
        567392
        218126
  ------------
  1134784
   10213056
      71491392
  ------------
  123762947392
```

먼저 피승수에 2(2십만)를 곱한다. 이 첫째 곱에 9를 곱한다. 이 둘째 부분곱에 7을 곱한 다음, 곱의 알맞은 자리 배치에 주의를 기울이면, 비로소 완벽한 곱을 얻을 수 있다.

5. 덧셈 암산에 좋은 연습을 제공한다는 점에서 유용함을 입증하는 또 다

른 방법은 한 줄로 두 인수의 곱을 구하는 방법이다. 예를 들어, 487×563을 계산하려면, 승수의 각 자리 수의 순서를 거꾸로 바꾸어 종이쪽지의 아래쪽 가장자리에 적는데, 그러면 |365|가 된다. 이 종이를 단위 (3)이 피승수의 일의 자리 바로 위에 오도록 피승수의 위쪽에 놓는다. 이제 쪽지를 피승수를 따라 숫자 하나하나씩 옆으로 미는데, 거꾸로 된 승수의 마지막 자리 숫자(5)가 피승수의 맨 앞자리 숫자 위에 놓일 때까지 밀면 된다. 그리고 임의의 쌍의 곱 또는 그 곱들의 합, 즉 열에 있는 수들의 합을 취하는 것이다.

|365| 487	3개의 7, 21 − *1* 그리고 2를 받아올린다.
|365| 487	3개의 8, 26 ; 6개의 7, 68 − *8* 그리고 6을 받아올린다.
|365| 487	3개의 4, 18 ; 6개의 8, 5개의 7, 101 − *1* 그리고 10을 받아올린다.
|365| 487	6개의 4, 34 ; 5개의 8, 74 − *4* 그리고 7을 받아올린다.
|365| 487	5개의 4 그리고 받아올림한 7 − *27*
	이탤릭체로 표시한 수는 순서대로 곱 274181이다.

곱셈의 검산

(1) 인수를 교환하여 다시 한번 계산해 본다. (2) 곱을 한 인수로 나누면 다른 인수가 나와야 한다. (3) 승수와 피승수를 각각 9로 나눈 나머지를 구한 다음, 이 나머지들을 곱한 뒤 9로 나누어 나머지를 구한다. 이 나머지가 승수와 피승수의 곱을 9로 나누었을 때의 나머지와 같아야 한다. 예를 들어, 이 구거법에 따라 다음을 테스트해 보자.

987761 × 56789 = 56093959429

7 · · 2와 8의 곱에서의 나머지

피승수에서의 나머지 · · 2 ╳ 8 · · 승수에서의 나머지

7 · · 곱에서의 나머지

이 검산은 정확도가 높은 테스트는 아니다. 이 검산은 곱에서 9나 9의 배수의 오류를 잡아내지 못한다. 따라서 만약 0 대신 9를, 9 대신 0을 쓰거나, 부분곱을 잘못된 위치에 쓰거나, 곱에 하나 이상의 0이 삽입되거나 생략된 경우, 또 두 숫자를 바꿔 쓴 경우, 한 숫자를 크게 쓴 만큼 다른 숫자를 작게 쓴 경우에는 9로 나눈 나머지가 달라지지 않기 때문에, 구거법으로 오류를 감지하지 못할 수 있다. 그러나 이 검산은 십진 표기법을 분명하게 설명해주므로 여전히 흥미롭다.

곱셈표

물론 곱셈표를 위한 확실한 토대는 덧셈표와 뺄셈표에 숙달하는 것이다. 6의 경우 2단과 3단처럼 곱셈표의 주어진 일부를 가끔씩 경험하는 것이 표 전체를 만들고 숙달하는 데 큰 도움이 되지는 않을지라도, 표의 완전한 부분 중 일부(예: 2단, 3단, 10단)에 주목하여 꽤 이른 시기부터 전문적으로 다룰 수 있다. 곱셈표는 기호와 그 결합을 특별히 암기하기 위한 엄청난 노력을 요구하며, 이 노력은 어떤 방식으로도 줄일 수 없다고들 말한다. 사실 이 노력이 매우 부담스럽기는 한데, 다소 가벼워질 수 있다고 믿는다. 학생들은 산술의 핵심인 곱셈표를 반드시 배워야 하고 완벽하게 학습해야 한다. 그래서 어떠한 인수 쌍이 주어지더라도 즉각 그 곱을 말할 수 있어야 한다. 암기하지 못해서 표를 보고 판단하는 일은 없어야 한다. 그러므로 할 수만 있다면, 곱셈표를 배우는 노력을 "줄이는" 것은 가치 있다. 이 목표를 달성하기 위해 합리적이라고 여겨지는 몇 가지 제안이 있으며, 그 제안들은 확실한 경험적 테스트를 거쳤다.

1. 표의 의미

학생들은 곱셈표를 만드는 방법을 정확히 배워 알고 있다. 표의 의미도 안다. 기호를 암기하는 것은 다른 종류의 암기와 마찬가지로 항상 지능이 가동 중인 곳에서 도움을 받는다. 그리 오래된 과거는 아니지만, 예전에는 곱셈표의 의미를 잘 알지도 못한 채 익숙한 곡에 맞추어 줄줄이 말하거나 노래를 부르곤 했다. 그러나 합리적인 지도를 받은 아동들은 곱셈표에 대해 중요한 사항들을 알고 있다. 교사는 이러한 사항들을 이용해서 아동들이 완전한 숙달에 이르기 위해 애쓰는 것을 경감시켜 주어야 한다.

2. 지능의 도움을 받는 암기

(1) 학생들은 2단, 3단 등 곱셈표의 일부분을 구성하는 방법을 배웠다.

(2) 학생들은 측정 단위의 반복을 나타내는 수인 횟수에 대한 적절한 아이디어를 획득했기 때문에, 곱셈표의 구성이 의미하는 바를 정확히 안다. 즉, 그들은 각각 5센트인 오렌지 6개, 야드당 9센트인 옷감 6야드 등과 같이, 모든 곱의 의미를 안다.

(3) 학생들은 바로 직전 인수 쌍의 곱으로부터 다음 인수 쌍의 곱을 도출할 수 있다. 야드당 8센트인 옷감 6야드의 값이 48센트임을 알면, 7야드에는 8센트가 더 든다는 것을 안다. 이와 유사하게 10개의 오렌지가 50센트임을 배우면, 9개의 오렌지는 5센트가 싸고, 8개의 오렌지는 10센트가 싸다는 것을 빠르게 배운다. 따라서 만약 학생들이 어떤 곱셈구구를 잊더라도, 이를 구성하거나 다시 기억할 수 있는 여러 가지 방법을 알게 될 것이다.

3. 인수의 교환

곱셈표를 배울 때 인수들의 관계를 반드시 염두에 두어야 한다. 이 관계는 노력을 크게 줄여준다. 부분과 횟수 사이의 관계에 대한 적절한 아이디어를 도출할 수 있다면, 인수들의 관계를 아는 것은 어려운 일이 아니다. 3센트짜리 오렌지 5개의 가격은 3센트×5이다. 이는 5센트×3과 같아 보인다. 이것들 각각은 측정되는 양, 즉 금액의 합을 표현한다. 이 관념에서 “오렌지”에 대한 생각은 사라진다. 흔히 이 원리를 언급하지 않고 곱셈표를 가르치기 때문에, 표를 배우는 노력이 필요한 것보다 적어도 1.5배 더 드는 것이다. 우리는 어릴 때 6×9=54라는 것을 의심하지 않고 9×6=54를 배웠다. 오늘날이 예전보다 낫도록 해보자.

4. 더 도움을 주는 암기 - 연계

이와 관련하여 다음의 제안은 주목할 만하다.

(1) 가급적 염두에 두어야 하는 것은 곱과 그 곱을 도출하는 하나 또는 두 인수 사이의 연계가 즉시 형성되어야 한다는 점이다.

(2) 10단은 덧셈(10씩 세기)에서 이미 학습했다. 학생들은 수에 간단히 0을 붙여서 어떤 수에 10을 "곱하는" 방법을 알고 있다. 곱과 인수의 연계는 직접적이다. 피승수에 10에 해당하는 0을 붙인 것이 곱이다. 그러면 10단을 수월하게 할 수 있다.

(3) 11단도 거의 마찬가지로 쉽다. 처음에 1부터 9까지 한 자리 수를 곱하는 경우에는 각각의 곱이 그 숫자와 직접 연계된다. 그 숫자가 11, 22, 33 등과 같이 단순히 반복된다. 10개의 11은 11개의 10으로부터 이미 알고 있으며, 다른 두 곱(11×11, 12×11)도 이를 토대로 구성해야 한다[38].

(4) 9단도 비슷한 방식으로 구성하고 기억할 수 있다. 학생은 다음 사항에 주목할 것이다. (a) 곱은 몇십과 낱개로 이루어진다. (b) 9단(10×9까지)의 곱에서 십의 자리 수는 피승수보다 항상 1만큼 작다. (c) 모든 곱에서 각 자리 숫자들의 합은 9이다. 따라서 학생은 피승수를 보고 십의 자리 수를 쓴 다음, 바로 일의 자리 수를 쓸 수 있다. 또한, 10×9까지는 십의 자리 법칙으로서 (b)가 잘 적용되며, 그다음부터 20×9까지

38) [역자 주] 영어권에서는 피승수와 승수의 순서가 우리의 표현과 반대이다. 예를 들어 11의 12배(12 times 11)를 12×11로 표현한다. 원문 전반에서 이와 관련한 설명의 일관성을 위해 원문의 표현을 그대로 번역하여 제시하였다.

는 십의 자리 수가 피승수보다 2만큼 작고, 그 이후에는 십의 자리 수가 피승수보다 3만큼 작다는 것 등을 파악해야 한다. 또, 구성된 곱셈표를 보고, 어떻게 십의 자리가 1씩 증가하고 일의 자리가 1씩 감소하는지에 주목해야 한다. 이는 다소 복잡해 보일 수도 있지만, 잘 작동한다. 우리는 어떤 6세 아동이 10×9까지 9단을 15분 안에 구성하고 배운 것을 알고 있다.

(5) 전체 곱셈표를 구성하는 것을 정식으로 다루기 전에 아마도 2단은 완전히 학습했을 것이다. 2씩, 3씩 앞으로, 거꾸로 세기 등을 많이 연습했다. 이때 곱과 인수 간의 암기를 돕는 연계를 형성하는 방법은 없어 보인다. 그러나 2씩 더하는 것은 쉬운 연산이며, 그래서 2단도 빠르게 배운다.

(6) 12단(2단을 가정)의 암기는 연계의 도움을 받을 수 있다. 곱은 피승수만큼의 10들을 취하고, 일의 자리로서 피승수를 2배 하여 구할 수 있다. 3×12는 3개의 십과 6개의 일(3의 2배)이다. 피승수가 5부터 9까지일 때는 일의 자리 수를 2배 하면 10보다 커지지만, 쉽게 더할 수 있다. 5×12는 5개의 십과 10개의 일(5의 2배)이므로 60이다. 또, 곱을 살펴보면, 1부터 4까지의 곱은 12, 24, 36, 48이다. 5부터 9까지의 곱은 각각 피승수보다 10이 1개만큼 더 있고 일의 자리 수는 0, 2, 4, 6, 8과 같이 2씩 증가한다. 5, 6, 7, 8, 9와 12의 곱은 따라서 60, 72, 84, 96, 108이다.

(7) 5단을 학습하면서 다음에 대한 관찰을 통해 연계의 도움을 받을 수 있다. (a) 곱의 **일의 자리 수**는 5와 0이 번갈아 나오며, 피승수가 **홀수**일 때는 5, **짝수**일 때는 0이다. (b) 피승수가 짝수이면, 곱의 **십의 자리 수**는 피승수의 반이다. 피승수가 **홀수**인 경우에 곱의 십의 자리 수는 피승수보다 1만큼 작은 수의 반이다. 8×5는 4개의 10과 0개의 낱개이다. 9×5는 4개의 10과 5개의 낱개이다. 우수한 학생들은 이 규칙을

확인하는 것뿐만 아니라 이러한 규칙에 따라 곱셈표를 확장하는 데 즐거움을 느낄 것이다. 예를 들어, 9단에서 왜 곱의 십의 자리 수가 10×9까지는 피승수보다 1만큼 작고, 20×9까지는 2만큼 작은가? 8단에서 왜 곱의 십의 자리 수가 5×8까지는 피승수보다 1만큼 작고, 6×8부터 10×8까지는 2만큼 작은가? 등등.

나눗셈

앞서 살펴보았듯이, 나눗셈은 곱과 두 인수 중 하나가 주어질 때 다른 인수를 구하는 연산이다. 5장에서 나눗셈의 본질과 곱셈, 분수와의 관계를 언급하였고, 특히 대부분의 교과서에서도 실제 산술 활동에 대해 충분히 설명하기 때문에, 이에 대한 설명을 더 할 필요는 없을 것이다. 그러나 몇 가지 점에는 간단히 주목할 필요가 있다.

(1) 만약 교수 방법에서 측정으로서 수에 대한 아이디어를 지속적으로 염두에 둔다면, 학생들은 곱셈의 역으로서 나눗셈의 본질을 충분히 이해할 수 있을 것이다.

(2) 학생들이 곱셈에서 인수들의 관계를 안다면, 별 어려움 없이 나눗셈을 이해하고 모든 결과를 해석할 수 있을 것이다. 곱셈과 나눗셈 둘 다에서, 측정 단위를 정의하는 수와 측정되는 전체를 정의하는 수의 상관관계에 대한 아이디어를 사용하는 연습을 처음부터 한다면, 학생들은 어떤 문제라도 인수 중 어느 것을 구하는 것인지 즉시 구별할 수 있다.

(3) 형식적인 나눗셈을 "긴 나눗셈"으로 시작할 필요는 없어 보인다. 학생은 2×5=10임을, 그리고 측정 단위가 무엇이든 간에 10÷5=2임을 안다. 10개의 1을 5로 나누면 2개의 1이 되고, 10개의 10을 5로 나누면 2개의 10이 되며, 10개의 100단위를 5로 나누면 2개의 100단위가 된다는 것을 안다. 학생은 십진법에서 어떤 차수(order)든 12개 단위를 5

로 나누면 그 차수의 2개 단위를 주고, 그 차수의 2개 단위, 즉 그 아래 차수의 20개 단위가 남는다는 것을 안다. 이 20개 단위를 5로 나누면 그 차수의 4개 단위를 주어 총 몫은 24가 된다. 간단히 말해, 학생이 두 자리 수 나누기 한 자리 수를 배웠다면, 어떤 수든 한 자리 수로 나눌 수 있다. 그렇다면, 4976을 8로 나눈다고 가정해 보자.

$$\begin{array}{r} 8\,\overline{)4976} \\ 622 \end{array}$$

여기서 8은 같은 차수에 몫을 제공하면서는, 즉 천 단위에서는 4를 나눌 수 없다. 4가 그 아래 차수에서 40개의 단위로 바뀌어 그 차수에 있던 9와 함께 49가 된다. 이것을 8로 나누면 6이 나오고, 1이 남는다. 마찬가지로 이 1은 아래 차수의 10이 되며, 그 차수에 있던 7과 함께 17이 된다. 17을 8로 나누면 2가 나오고, 1이 남는다. 이 1은 아래 차수의 10이 되고 그 차수에 있던 6과 함께 16이 된다. 이 16을 8로 나누어 몫의 마지막 숫자인 2가 나온다. 일련의 숫자가 무엇이든 이러한 과정은 동일하며, 합리적인 방법과 연습이 따른다면 학생은 아무런 어려움도 겪지 않을 것이다. 몇 가지 실질적인 요점에 주목할 수 있다.

(1) 10의 거듭제곱에 의한 나눗셈은 10의 거듭제곱의 곱셈만큼 쉽다. 사실, 10의 거듭제곱에 의한 나눗셈은 10의 거듭제곱의 곱셈에서 직접 유도된다.

(2) 제수의 인수로 나누는 나눗셈은 승수의 인수를 곱하는 곱셈과 직접 연결된다. 이는 학생들에게 "진짜 나머지(true remainder)"를 발견하는 흥미로운 연습이 될 것이다. 5795÷48의 예를 살펴보자.

$$\begin{array}{rl} 8\,\overline{)5795} & \\ 6\,\overline{)724} & \cdots \text{ 나머지 3, 일의 자리에서 ; 몫은 724개의 8이다.} \\ 120 & \cdots \text{ 나머지 4, 8단위 묶음에서} \end{array}$$

따라서 1들로서 나머지는 8×4+3=35이다. 이것은 오래된 규칙이다. 첫째 제수에 둘째 나머지를 곱하고 그 곱에 첫째 나머지를 더한다. 같은 방법을 3개 이상의 인수로 나타내어지는 제수가 있는 경우에도 적용할 수 있다. 이 규칙을 마지막 두 나눗셈에 적용하고, 첫째 제수 및 첫째 나머지의 결괏값을 사용한다. 또는 각각의 나머지를 발생할 때마다 낱개로 바꾼다. 예를 들어, 2231을 90(=3×5×6)으로 나누어 보자.

```
3)2231
 5)743  3단위 묶음 743개와 나머지 낱개 2개
 6)148  15단위 묶음 148개와 나머지 3개씩 3묶음=낱개 9개
    24  90단위 묶음 24개와 나머지 15개씩 4묶음=낱개 60개
```

따라서 나머지는 60+9+2=71이다. 그렇지 않으면, 마지막 두 나눗셈에 규칙을 적용한다. 먼저 5×4+3=23이다. 이것을 “첫째 제수”에서의 “둘째 나머지”로 사용하면, 나머지는 23×3+2=71이다.

(3) 긴 나눗셈에서는 곱셈과 뺄셈에서 설명한 바와 같이, 곱셈과 뺄셈을 결합할 수 있다. 예를 들어, 635040÷864를 살펴보자.

```
864 ) 635040 (735
      3024
       4320
```

① 7개의 4, 즉 28 그리고 2이므로 30이다. – 3을 받아올린다.

② 7개의 6, 즉 45 그리고 0이므로 45이다. – 4를 받아올린다.

③ 7개의 8, 즉 60 그리고 3이므로 63이다. 이는 302가 되며, 여기에 4를 내려주어 첫째 나머지를 만든다. 몫의 다른 숫자인 3과 5로도 마찬가지 방식으로 진행한다. 학생은 긴 연산 시 이 방법의 적용에 주목할 것이다. 217449898579를 56437로 나누어 보자. 그 과정은 다음과 같다.

```
                3852967
56437 ) 217449898579
           481388
            298929
             167448
              545745
               378127
                395059
```

① 3개의 7, 즉 21 그리고 8이므로 29이다. – 2를 받아올린다.

② 3개의 3, 즉 11 그리고 3이므로 14이다. – 1을 받아올린다.

③ 3개의 4, 즉 13 그리고 1이므로 14이다. – 1을 받아올린다.

④ 3개의 6, 즉 19 그리고 8이므로 27이다. – 2를 받아올린다.

⑤ 3개의 5, 즉 17 그리고 4이므로 21이다. 이는 48138이 된다. 8(굵은 숫자)을 아래로 내려주어 완전한 첫째 나머지를 만든다. 이 방법으로 똑같이 계속 진행하면 다른 나머지가 나온다.

(4) 구거법

9(물론 3도)는 9, 99, 999, 9999 등, 즉 10–1, 100–1, 1000–1 등의 척도이다. 그러므로 어떤 수든지 모든 1들을 취하고 매 10마다 1씩, 매 100마다 1씩 빼면, 십의 자리, 백의 자리, 천의 자리 등으로부터 남은 수는 9의 배수가 된다. 따라서 뺀 값의 합이 9의 배수이면, 원래 수는 9의 배수인 것이다. 이 뺀 값의 합은 일들의 수+십들의 수+백들의 수이다. 즉, 이 합은 주어진 수의 각 자리 숫자들의 합이다. 예를 들어, 39273은 9로 나눠질까?

30000 =	3	곱하기	10000 =	3	곱하기	9999	와	**3**
9000 =	9	〃	1000 =	9	〃	999	〃	**9**
200 =	2	〃	100 =	2	〃	99	〃	**2**
70 =	7	〃	10 =	7	〃	9	〃	**7**

	3 = 3	〃	1 = 3	〃	0	〃	3
더하면	39273 =		9의 몇 배수와 24				

따라서 주어진 수는 3으로 정확히 나누어떨어지지만, 9로 나눌 때는 나머지가 6이다. 왜냐하면 24÷9의 나머지가 6이기 때문이다. 원리는 다음과 같다. 어떤 수를 9로 나눌 때의 나머지는 그 수의 각 자리 숫자들의 합을 9로 나눌 때의 나머지와 같다.

그러므로 임의의 수에 대한 구거법은 그 수를 9로 나눌 때의 나머지를 구하는 것이다. 각 자리 숫자들의 합에서 9들을 뺄 때, 우리는 부분합이 8보다 커지면 재빨리 9를 빼서 편리하게 구할 수 있다.

나눗셈의 검산

(1) 몫이 정수라면 제수만큼 반복해서 더한다. (2) 제수에 완전한 몫[39]을 곱한다. (3) 곱셈에서와 같이 구거법을 사용한다. 예를 들어,

3893865223 ÷ 179 = 21753437

		4		· · 8×5의 곱에서 9들을 빼면
제수에서 9들을 빼면 · ·	8	╳	5	· · 몫에서 9들을 빼면
		4		· · 피제수에서 9들을 빼면

나머지가 있는 경우에도 이 방법을 적용할 수 있다. 나머지가 155인 경우의 정확도를 테스트해 보자.

$$3893865378 \div 179 = 21753437\frac{155}{179}$$

		6		· · 8×5+2에서 9들을 빼면
제수에서 9들을 빼면 · ·	8	╳	5,2	· · 몫과 *나머지*에서 9들을 빼면
		6		· · 피제수에서 9들을 빼면

39) [역자 주] 여기서 완전한 몫(complete quotient)은 (1)의 몫이 정수인 것과 대비되는 용어로, 1보다 작은 부분이 있는 몫을 의미한다.

이 검산의 단점은 구거법에 의한 곱셈의 검산에서 발생하는 단점과 유사하다.

곱셈과 나눗셈을 연결하는 기본 원리

측정의 아이디어가 발달함에 따라 측정과 연산으로서의 수 이론으로부터, 곱셈과 나눗셈을 연결하는 기본적인(분수에서도 역시 기본적인) 원리를 찾을 수 있다. 이 원리는 다음과 같다.

(1) 같은 수에 같은 수를 곱하면, 곱이 같다.
(2) 같은 수를 같은 수로 나누면, 몫이 같다.
(3) 식에 일련의 승수와 제수가 포함되어 있을 때, 승수와 제수의 순서를 바꾸어도 식의 값은 변하지 않는다.

마지막 원리는 수와 수의 발달에 대한 논의 시 명시적 또는 묵시적으로 유용한 응용에 대한 몇 가지 원리를 포함한다.

(a) 인수의 순서는 바뀔 수 있다. (b) 인수에 임의의 수를 곱하는 것은 곱에도 같은 수를 곱하는 것이다. (c) 인수를 임의의 수로 나누는 것은 곱도 같은 수로 나누는 것이다. (d) 피제수에 임의의 수를 곱하는 것은 몫에도 같은 수를 곱하는 것이다. (e) 피제수를 임의의 수로 나누는 것은 몫도 같은 수로 나누는 것이다. (f) 제수에 임의의 수를 곱하는 것은 몫을 같은 수로 나누는 것이다. (g) 제수를 임의의 수로 나누는 것은 몫에 같은 수를 곱하는 것이다. (h) 제수와 피제수를 모두 같은 수만큼 곱하거나 나누면, 몫은 변하지 않고 그대로 유지된다. (i) 이미 밝혔듯이, 이 모든 원리는 수의 원리와 필수적으로 관련된다. 다음의 사항에 주목할 필요가 있다. 승수와 제수를 포함하는 다항식에서, **곱셈과 나눗셈은 덧셈과 뺄셈보다 먼저 수행해야 한다.**

12 약수[40]와 배수

최대공약수

수에 대한 명확한 아이디어를 가진, 즉 단위를 **측정자**로 보도록 배운 학생은 최대공**약수**를 어렵지 않게 숙달할 것이다. 이 학생에게는 모든 예비 개념이 익숙하기 때문에, 형식적인 과정으로 쉽게 나아갈 것이다.

이 장에서 제공하는 예시에서 일반적으로 순수한 수 기호를 사용하지만, 수와 수 관련 과정의 모든 곳에서 그러하듯이, 여기에서도 (특히, 도입 차시에서) **측정**의 아이디어가 중요하게 다루어져야 함을 명심해야 한다. 공통 인수가 공**약수**이다. 즉 두 가지 이상의 양에 정확한 횟수로 포함되는 측정 단위이다. 공배수는 두 가지 이상의 양으로 확정적으로 측정되는 양이며, 이때 이 두 가지 이상의 양은 그 자체가 같은 종류와 크기의 단위로 측정된다. 교사는 모든 사례와 예시를 구체적으로 다루어야 하며, 측정의 아이디어가 처음부터 끝까지 중요하게 유지되어야 함을 알아야 한다.

쉬운 인수분해

15를 예로 들면, 학생은 수 15가 3개의 5 또는 5개의 3으로 간주될 수 있음을 안다. 5나 3은 15의 측정자 또는 약수이고, 등식 15=5×3은 5와 3이 15의 약수 또는 인수라는 사실을 분명히 보여준다. 35를 택하면, 학생은 등식 35=5×7의 중요성을 발견한다. 나아가 5가 15와 35 각각의 약수이며, 따라서 두 수의 공약수임에 주목한다. 다음으로 수 12와 18을 취하여, 학생

40) [역자 주] 원문에서 'measures'이다. 측정의 개념이 단위에 하위 단위가 몇 번 들어가는지를 세는 것인데, 나누어떨어지는 수를 단위로 하여 측정값을 얻을 수 있으므로 약수에 대해 동일한 용어(measure)를 사용한 것으로 보인다.

은 12의 모든 약수가 1, 2, 3, 4, 6, 12이고, 18의 모든 약수가 1, 2, 3, 6, 9, 18임을 안다. 그다음, 1, 2, 3, 6이 12와 18의 공약수임을 알게 될 것이다. 그리고, 그러한 약수 가운데 가장 큰 약수가 있고, 그것이 최대공약수라고 불린다는 것을 알게 될 것이다. 수업에서 어떠한 절차도 배우기 전에, 학생들은 쉬운 예를 가지고 머릿속으로, 또는 쓰면서 연습해야 한다. 16과 24의 공약수와 최대공약수, 24, 36, 48의 공약수와 최대공약수 등을 찾아보아야 한다. 몇 가지 간단하고 실용적인 문제를 제시함으로써 흥미를 한층 더 유발할 수 있다.

통상적인 형식적 방법을 시작하기 전에, 주어진 수를 간단한 인수로 분해하여 최대공약수를 찾는 연습을 해 보는 것이 좋다. 이때, 어떠한 기본 원리를 떠올리고 발전시킬 필요가 있다. 나눗셈 $\begin{array}{r|l} 2 & 60 \\ \hline 3 & 30 \\ \hline & 10 \end{array}$을 해석해 보면, 먼저 60은 30개의 2이고, 30개의 2는 다시 10개의 3개의 2, 즉 10개의 6이다. 따라서 만약 어떤 수가 인수 2를 포함하고 몫이 인수 3을 포함하면, 그 수 자체가 인수 또는 약수 6을 포함하는 것이다.

$108=2\times2\times3\times3\times3$

$72=2\times2\times2\times3\times3$

이기 때문에, 두 수의 공통 인수를 모두 추출하면 2, 2, 3, 3이다. 따라서 $2\times2\times3\times3$, 즉 36이 두 수의 최대공약수이다. 이 방법을 연습하는 것은 의미 있을 것이다. 학생은 새로운 흥미를 갖게 되며, 교사는 수와 기초 과정을 더 확실히 연습시키는 이점을 취할 수 있다.

일반적인 방법

그러나 이 방법이 한계가 있음을 곧 알게 될 것이다. 왜냐하면, 이 방법을 성공적으로 적용하는가는 인수를 발견하는 학생의 능력에 달려 있기 때문이다. '851과 1073의 최대공약수를 찾으시오.'와 같은 예를 학생들에게 제공하면, 이 문제가 학생들의 인수분해 능력을 훌쩍 넘어선다는 것을 알게 될 것이다. 실패의 원인은 명백하게 학생들에게 있다. 둘 중 어느 수도 인수를 찾지 못하기 때문이다. 더 새로운, 또는 확장된 방법의 필요성이 느껴진다. 이 필요성은 교사로 하여금 더 효과적인 방법을 소개할 기회가 되며, 이를 발전시켜, 정상적이고 자연스러우며 자발적인 흥미가 있는 상태에서 수업을 진행하게 된다.

기본 원리

그러한 방법을 발전시키려면, 시도했던 사례에서 벗어나 그 방법의 기초가 되는 특정 사실에 주의를 기울이는 것이 좋다. 수 21과 35의 사례를 생각해 보면, 이전과 같이, 21이 3개의 7이고 35가 5개의 7임을 알 수 있다. 따라서 만약 35에 21을 더하면, 3개의 7과 5개의 7 즉, 8개의 7이 될 것이다. 이때 7은 측정 단위, 즉 약수이다. 마찬가지로, 35에서 21을 뺀 값은 2개의 7이 될 것이다. 더 나아가, 만약 21을 35의 3배에 더하면, 3개의 7과 5개의 7의 3배가 된다. 즉, 어떤 수만큼의 7이다. 이는 7의 몇 배, 8의 몇 배, 9의 몇 배 등에 대해서도 사실이다. 실제 측정은 이 원리를 더욱 분명하게 해 준다. 따라서 만약 AB와 CD가 공통 척도를 갖는다면, 그 공통 척도는 AB와 CD를 각각 정확하게 측정해야 한다.

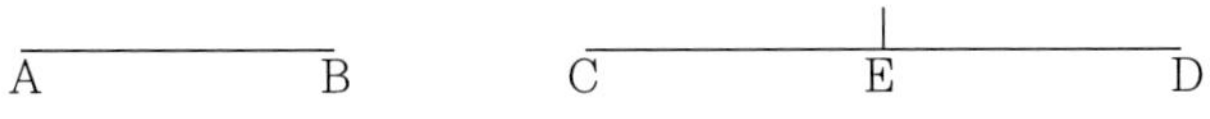

그리고 CD에서 AB와 같은 부분인 CE를 측정한다면, 공통 척도는 CE도 정확하게 측정해야 하고, 따라서 ED도 정확하게 측정해야 한다. 왜냐하면, 이 공통 척도는 CD 전체를 측정하고, ED는 CD와 CE의 차이기 때문이다. 같은 방식으로 AB에서 ED를 측정할 수 있으며, 동일한 추론이 적용된다. 따라서 학생들이 몇 가지 일반적인 원리를 발견하여 그 일반성을 볼 수 있도록 지도한다.

1. 21과 35, 즉 3개의 7과 5개의 7의 합이나 차를 취하거나, 21의 몇 배와 35의 몇 배의 합이나 차를 취하면, 이는 몇 개의 7이 된다. (이때 7은 무엇이든간에 측정된 양을 나타낸다.) 이러한 사실로부터, 두 수를 측정하는 어떤 수는 두 수의 합이나 차를 측정하거나, 두 수의 배수의 합과 차도 측정할 것임이 분명하다. 학생들은 이 원리를 일반적인 형태로 발전시킬 수 있다. c가 a와 b의 공약수라면, a=mc, b=nc이고, 따라서 a+b=mc+nc이다. 등등.

2. 두 수의 공약수는 두 수의 합을 측정하고, 뺄셈에서 차와 감수의 합이 피감수와 같으므로, 차와 감수의 모든 공통 인수는 피감수의 인수이다.

방법의 적용

이제 적용해 보기 위해, 수 851과 1073을 취할 것이다. 이 두 수가 너무 커서 어렵다면, 다음 질문에 답해보자. 851과 1073의 공통 인수를 가지는 더 작은 수는 무엇일까? 이 질문에 기대되는 답은 1073−851일 것이다. 그러나 이 답은 확인해봐야 한다.

851	1073
	851
	222

만약 851과 1073이 공통 인수를 갖는다면, 이 인수는 222도 측정할 것이다. 또한, 만약 222와 851이 공통 인수를 갖는다면, 이 인수는 1073을 측정할 것이다. 따라서 851과 1073의 최대공약수는 222의 인수이고, 851과 222의 최대공약수는 1073의 인수이다. 그러므로 851과 222의 최대공약수는 851과 1073의 최대공약수이다. 이제, 851에서 222, 또는 222의 2배, 또는 222의 3배를 빼면, 222와 그 차의 최대공약수는 851과 222의 최대공약수와 같을 것이다. 이를 통해 851에서 222의 3배를 빼는 것이 유리하다는 것은 분명하다.

```
851        222
666
----
185
```

이어지는 단계를 통해 다음을 쉽게 이해할 수 있을 것이다.

```
185        222
           185
           ---
            37
     ----
185         37
```

37은 185를 정확하게 나누며, 따라서 37이 185와 37의 최대공약수이다. 그러므로 37은 851과 1073의 최대공약수이다. 학생들은 이제 851=23×37, 1073=29×37임을 알 것이며, 이 증명을 더욱 확신하게 된다. 이 과정이 어떤 것인지 다음과 같이 나타낼 수 있다.

```
851)1073(1
     851
    ----
     222) 851(3
          666
          ---
          185) 222(1
               185
               ---
                37) 185(5
                    185
```

이제 어떠한 확정적인 방법이 발전된 것을 살펴볼 것이다. 학생들이 이 방법을 적용하여 연습할 때, 과정이 단축되거나 좀 더 정돈된 형태로 보인다는 점을 들어 특정 방법을 설명하는 것이 좋을 것이다. 예를 들어, 위에 주어진 851과 1073의 최대공약수를 찾는 과정은 다음과 같이 제시된다.

	1	3	1	5
1073	851	222	185	37 = 최대공약수
851	666	185	185	
222	185	37		

또는 다음의 예시처럼 과정을 편리하게 배열할 수 있다. 158938과 531206의 최대공약수를 찾아보자.

		531206
158938	3	476814
108784	2	54392
50154	1	50154
46618	11	4238
3536	1	3536
3510	5	702
26	27	702

몫이 가운데 열에 제시되며, 그 과정은 자명하다.

주어진 두 양에서 임의의 공통 인수를 쉽게 발견할 수 있다면, 먼저 두 양을 모두 공통 인수로 나누는 것이 더 낫다는 것을 인지해야 한다. 또한, 최대공약수를 구할 때 한쪽 양에서만 발견되는 소인수는 소용이 없다. 예를 들어, 위의 예에서 첫째 나머지는 8로 나눌 수 있고, 맞은 편에서 그에 대응하는 수, 즉 첫째 제수는 2로 나눌 수 있다[41]. 따라서 이 수를 2로 나누고 다른 수는 8로 나누며, 구하고자 하는 공약수의 일부인 2를 유보한다. 이러한 인수들을 없애고, 몫인 79469와 6799로 계산한다. 전자를 후자로 나누면 나머지가 4680이며, 이는 분명히 40, 13, 9를 인수로 갖는다. 따라서 처음의 두 양이 공통 인수를 갖는다면, 실제로 얻게 되는 결과는 13×2이다.

수의 측정에 대한 이러한 탐구는 수의 분류를 제안한다. 수는 (1) 인수로 2를 포함하면 짝수, 2를 포함하지 않으면 홀수이며, (2) 더 간단한 인수로 분해할 수 있으면 합성수, 분해할 수 없으면 소수이다.

두 수가 합성수라도 공통 인수가 없을 수 있다. 이때 두 수를 서로소라고

41) [역자 주] 원래 두 수인 158938과 531206로부터 첫째 나머지는 531206−158938×3에서 얻은 54392를, 첫째 제수는 158938을 말한다. 각각이 8, 2로 나뉘므로, 이후는 공통 인수 2를 간직한 채, 그 몫인 6799와 79469로 계산하는 것을 설명한 것이다.

한다. 최소공배수에 대한 탐구를 시작하기 전에, 학생들이 이러한 분류와 정의에 익숙하다고 가정할 것이다.

최소공배수

사실 새로운 절차를 도입할 때 늘 그렇듯이, 최소공배수를 제시할 때도 그 절차의 근거가 되는 필수적인 사실과 아이디어를 먼저 명확히 밝히는 것이 필요하다. 이때 학생들은 우선 배수, 공배수, 최소공배수라는 용어에 대해 명확한 아이디어를 가져야 한다. 15의 인수(또는 약수)가 3이고 15를 3의 배수라 하며, 이는 3이 정확하게 측정하는 양임을 나타낸다. 이제 학생은 또 다른 3의 배수를 말하도록 요구받고, 선택하는 만큼 말하거나 쓸 수 있음을 알게 될 것이다. 그런 다음, 일련의 2의 배수도 쓴다면 다음과 같은 두 수열을 얻게 된다.

3, 6, 9, 12, 15, 18, 21, 24, …
2, 4, 6, 8, 10, 12, 14, 16, 18, 20, 22, 24, …

학생은 2의 배수이면서 3의 배수인 수가 있고 그러한 수가 2와 3의 공배수임을 알게 된다. 여기서 공배수는 6, 12, 18, …이다. 이때, 가장 작은 배수로 시작했기 때문에, 6이 2와 3의 가장 작은 공배수, 즉 최소공배수다. 이쯤에서 학생이 둘째 공배수가 6+6이고 셋째 공배수가 6+6+6이라는 것 등을 찾지 못할 리 없다. 즉, 두 수의 모든 공배수는 가수로서 최소공배수를 반복하여 만들 수 있다. 그리고 학생은 그 이유를 알게 될 것이다. (앞의 예를 참조할 때,) 6보다 큰 2와 3의 공배수를 구하려면 6에 2와 3의 공배수를 더해야 하며, 이때 사용할 수 있는 가장 작은 수가 6이다.

서로소인 수

형식적인 절차를 지도하기 전에, 서로소인 두 수의 최소공배수는 두 수의 곱이라는 사실을 밝히는 단계가 필요하다. 예를 들어, 수 5와 7로 생각해 보자. 공배수는 인수로 5와 7을 반드시 포함해야 한다. 그러므로 공배수는 5에 다른 인수를 곱한 것이다. 그런데, 이 공배수는 7을 포함하고 7은 5와 서로소이므로, 공배수의 다른 인수는 반드시 7을 포함해야 한다. 7의 최소 배수가 7이므로, 5와 7의 최소공배수는 5×7이다. 마찬가지로, 4와 9의 공배수는 4의 배수이고, 따라서 4에 다른 인수를 곱한 것이다. 그러나 이 공배수는 9의 배수이기도 한데, 4는 9의 인수를 포함하지 않기 때문에, 다른 인수는 반드시 9를 포함해야 한다. 9를 포함하는 가장 작은 수는 9이므로, 4와 9의 최소공배수는 4×9이다. 이 사실은 일반적으로 자명한 것으로 받아들여진다. 그러나 학생들이 이 사실을 완전히 숙지할 수 있도록 돕는 것이 최선이며, 이러한 다소 추상적인 논의는 일련의 배수를 예로 들면서 해야 한다.

5, 10, 15, 20, 25, 30, 35
7, 14, 21, 28, 35, 42, 49

여기서, 예컨대 30은 7의 배수일 수 없으며, 인수 5, 2, 3으로 구성되고, 이 수들은 모두 7과 서로소이다.

다음 단계는 36과 48처럼 서로소가 아닌 두 수의 최소공배수를 찾는 것이다. 두 수를 각각 소인수분해하면 다음과 같다.

$$36=2\times2\times3\times3$$
$$48=2\times2\times2\times2\times3$$

따라서 공배수는 인수로 2를 4번, 3을 2번 가지며, 이에 최소공배수는 2×2×2×2×3×3, 즉 144이다.

이제 다음 절차에 따라 이 관계를 쉽게 밝힐 수 있다.

```
2 ) 36, 48
   --------
2 ) 18, 24
   --------
3 )  9, 12
   --------
     3,  4
```

첫째 나눗셈은 36=2×18, 48=2×24를 보여준다. 따라서 공배수는 2를 인수로 가져야 하고, 남은 인수들은 18과 24를 정확하게 포함하는 어떤 수를 구성해야 한다. 마찬가지로 18과 24의 공배수는 인수 2를 가져야 하고, 남은 인수들은 9와 12를 정확하게 포함하는 어떤 수를 구성해야 한다. 분명히 공배수는 인수 2×2×3을 가져야 하며, 남은 인수들은 3과 4를 정확하게 포함하는 어떤 수를 구성해야 하는데, 두 수가 서로소이므로 최소공배수는 인수로 4×3을 갖는다. 따라서 주어진 수의 최소공배수는 2×2×3×3×4, 즉 144이다.

이제 학생은 36과 48 각각을 나눌 수 있는 가장 큰 수인 12로 한 번에 나눌 수 있음을 쉽게 알 수 있으며, 주어진 두 수의 최소공배수를 찾는 확정적인 방법을 추론할 수 있다. 이때, 인수를 한 번에 발견할 수도 있고, 또는 두 수의 최대공약수를 찾는 절차에 의존해야 할 수도 있다.

이제 이러한 절차를 3개 이상의 수로 확장할 수 있다.

$$
\begin{array}{r|l}
2 & 12,\ 15,\ 18 \\ \hline
3 & \ 6,\ 15,\ \ 9 \\ \hline
 & \ 2,\ \ 5,\ \ 3
\end{array}
$$

최소공배수는 인수 2를 가지며, 수 6, 15, 9가 나온다. 이어서 인수 3을 도입해야 하며, 아직 수 2, 5, 3이 남아있다. 이 수들은 서로소이기 때문에, 이 수들을 포함하는 가장 작은 수는 2×5×3이다. 따라서 12, 15, 18의 최소공배수는 2×3×2×5×3, 즉 180이다.

이 예를 다음과 같이 처리할 수도 있다.

$$
\begin{array}{r|l}
6 & 12,\ 15,\ 18 \\ \hline
3 & \ 2,\ 15,\ \ 3 \\ \hline
 & \ 2,\ \ 5,\ \ 1
\end{array}
$$

그리고 최소공배수는 6×3×2×5=180이다.

여기서 첫째 나눗셈은 12와 18을 나눌 수 있는 6으로 나눈 것이다. 그러나 합성수로 나누는 것은 최소가 아닌 배수를 도출할 수도 있다. 다음 예시를 살펴보자.

$$\begin{array}{r|l} 3 & 6,\ 15,\ 42 \\ \hline 2 & 2,\ \ 5,\ 14 \\ \hline & 1,\ \ 5,\ \ 7 \end{array}$$

$\therefore$ 최소공배수 = $3\times2\times5\times7=210$

만약 3이 아닌 6을 첫째 제수로 취한다면, 다음과 같이 될 것이다.

$$\begin{array}{r|l} 6 & 6,\ 15,\ 42 \\ \hline & 1,\ 15,\ \ 7 \end{array}$$

그리고 그 결과는 $6\times15\times7=3\times2\times3\times5\times7=630$이 될 것이다.

이렇게 결과가 차이 나는 이유는 명백하다. 후자는 최소공배수의 인수인 6을 찾은 후인데, 아직 15의 모든 인수, 즉 3과 5를 제공할 필요가 있다고 가정한 것이다. 그러나 이미 취한 인수 6이 인수 3을 포함하고 있다. 앞서 살펴봤던 12, 15, 18의 최소공배수를 찾는 경우에서 이와 유사한 일련의 절차가 올바른 결과를 도출했던 이유도 알 수 있을 것이다. 학생이 여러 수의 최소공배수를 찾을 때 그런 상황이 빈번히 발생하며, 따라서 소수인 인수로 나누는 것이 (실제로) 항상 바람직하다는 것을 알게 될 것이다.

더 큰 수

처음부터 지도해왔으며 이제 학생들이 분명히 이해하게 된 생각은, 여러 수의 최소공배수는 다음의 두 가지를 포함해야 한다는 것이다. (1) 수의 서로 다른 모든 인수, (2) 각 인수의 가장 큰 지수. 학생들은 이제 얼핏 보아서 잘 풀리지 않는 수의 최소공배수를 찾기 위해 최대공약수를 적용하는 규칙을 쉽게 추론할 것이다. 851과 1073의 최소공배수를 구한다면, 앞서와 같이, $851=23\times37$, $1073=29\times37$임을 찾고, 따라서 최소공배수가 $23\times29\times37$임을 즉시 알 것이다. 두 수와 최대공약수를 비교해 보면, $23 = \frac{23 \times 37}{37} = \frac{851}{37}$,

$29 = \frac{29 \times 37}{37} = \frac{1073}{37}$이라는 것을 쉽게 알 수 있다. 그러므로 두 수의 최소공배수는 두 수 중 하나를 최대공약수로 나누고 그 몫에 다른 수를 곱해서 구할 수 있다. 이 방법은 물론 모든 경우에 쉽게 적용된다. 예를 들어, 12, 15, 18의 최소공배수를 찾아보자. 먼저 12를 12와 15의 최대공약수로 나누면 4이다. 따라서 두 수의 최소공배수는 4×15=60이다. 60과 18의 최대공약수는 6이다. 따라서 최소공배수는 $\frac{60}{6} \times 18 = 180$이다.

마찬가지로 12, 20, 36, 60, 54의 최소공배수를 구해 보자.

12와 20의 최소공배수는 60이다.
60과 36의 최소공배수는 180이다.
180과 54의 최소공배수는 540이다.

실제 경험한 바에 따르면, 학생들은 의심의 여지 없이, 일반화된 형태의 원리와 규칙에 대해 말할 수 있다. 두 수 a와 b의 최대공약수가 c일 때 $a = mc$, $b = nc$라면, a와 b의 최소공배수는 mnc이고, $\frac{mc}{c} \times nc$ 또는 $\frac{nc}{c} \times mc$ 등으로 설명할 수 있다.

이 장을 마치면서, 약수와 배수를 예시하는 아주 다양한 실제 문제를 이용하여 산술에서 이 부분에 대한 관심을 더하는 것이 중요함을 강조할 필요는 없다. 또 학생들로 하여금 그러한 문제들이 경우에 따라서 약수나 배수를 찾는 것과 관련된다는 결론에 도달한 이유를 밝혀야 한다고 말할 필요도 없다.

13 분수

앞서 분수의 본성(7장 참조), 사칙연산과 그 본성의 심리학적 관계에 대해 논의한 바 있기 때문에, 분수의 형식적인 지도에 대해 소개하기 위해 앞에서 도출된 몇 가지 요점을 간략히 살펴볼 필요가 있다.

수는 양의 측정에 의존한다. 이 측정은 같은 종류의 사물을 세는 것과 같이 부정확한 단위를 사용하는 것으로 시작하며, 덧셈과 뺄셈으로 이어진다. 이러한 초기의 대략적인 측정은 정확하게 정의된 측정 단위를 사용하면서 곱셈, 나눗셈, 분수를 야기하는 고차원적인 단계로 발전한다. 곱셈과 나눗셈은 양의 측정으로서 수의 아이디어, 즉 (i) 측정 단위, (ii) 반복 횟수를 더욱 분명하게 보여 준다. 분수는 측정의 아이디어를 한 단계 더 발전시킨다. 분수는 정신적 과정으로서, 정의된 측정 단위를 의식적으로 사용하여 더욱 확정적인 측정을 이룬다. 또한, 분수는 표기로서, 이와 같은 보다 확정적인 정신적 과정에 완전한 표현을 제공한다. 따라서 분수는 곱셈과 나눗셈에 관련된 두 개념 즉, 전체를 정확한 단위로 분석하기와 이를 정의된 전체로 종합하기를 보다 명시적으로 이용한다. 곱셈과 나눗셈이 처음부터 함의되기 때문에, 분수에 대한 아이디어는 처음부터 존재한다. 측정 없이는 수가 없고, 분수가 없다면 측정도 없다. 이미 지적했듯이, 분수의 "분자, 분모"는 측정되는 양을 정확히 해석하는 데에, 자연수에조차 함축되어 있다.

분수의 과정에 새로운 것이 없으므로, 분수의 지도도 익숙한 자연수의 연산과 본질적으로 다르지 않다. 측정으로서 수의 아이디어가 기본 활동과 사칙연산 방법의 토대였다면, 분수의 아이디어를 지속적으로 사용했어야 하며 학생이 분수의 형식적인 학습에 도달할 때 거리낄 것이 없다. 학생이 오랫동안 사용해온 과정의 본질을 좀 더 주의깊게 살펴보는 것은 쉬운 일이다. 사칙연산의 기초적, 형식적인 지도와 관련하여 제기됐던 제안들이 분수 지도에 똑같이 적용된다. 측정의 아이디어는 계속 중요하게 다루어져야 한다. "분수" 측정 단위와 "분수의 성질"을 개발하기 위한 기초로서, 고정 단위 오류와 그것의 논리적 파생물인 정의되지 않은 질적 단위를 사용하는 것('파이와 사과 방법')을 피해야 한다. 측정으로서 수와 측정 아이디어 발달상의 단계일 뿐인 연산에 대해 논의하는 과정에서 도출된 모든 유사한 사항들은 자연수를 지도할 때와 마찬가지로 분수를 지도할 때에도 간과할 수 없다. 예를 들어, 측정에서 단위의 본질적인 성질, 즉 "측정되는 전체의 측정되는 부분", "측정 단위를 정의하는 수와 측정되는 양을 정의하는 수 사이의 심리-논리적 관계", 또는 가끔 표현했듯이, "부분(측정 단위)의 크기와 측정되는 양을 구성하거나 같게 만드는 부분의 수 사이의 관계" 등이다. 정확한 수는 측정 단위의 정의를 요구하는데, 분수는 측정 단위를 분명히 명시하거나 정의하여 이 요구를 완전히 충족시킨다. 측정되는 양을 나타내는 모든 수에 있어서 질문은 다음과 같다. 측정 단위는 무엇이며, 어떻게 정의되고 측정되는가? 얼마나 많은 단위가 양을 구성하거나 같게 만드는가? 분수 형태의 수만이 이런 질문에 완전하게 답할 수 있다. 분수는 양의 측정으로서 수의 심리적 과정의 완성이며, 양에 대한 아이디어가 확정적이 되고, 확정적으로 표현된 것이다.

다음에 다루는 분수들은 이 장에서 말한 수의 원리에 엄격하게 부합하며 실제 경험적 테스트를 통과한 것이지만, 오로지 참고용으로 제공된다. 그 원리는 보편적이며 필수적이다. 원리를 효과적으로 적용하기 위한 장치는 개인과 집단의 어떠한 한계 내에 있다. 원리는 철학에 의해, 장치는 합리적 경험에 의해 결정된다. 교사는 원리에 충실해야 하며, 인간의 어떤 장치에도 예속되어선 안 된다.

Ⅰ. 분수의 기능

1. 분수는 그 기본 개념에 따르자면 측정 단위가 명확하게 정의되는 수로 간주된다.

4다임, 5인치, 9온스의 양에서 측정 단위는 명확하게 정의되지 않는다. 그 단위들의 가치는 함축적이거나, 그렇지 않으면 양에 대한 확정적인 개념이 없다. $\frac{4}{10}$달러, $\frac{5}{12}$피트, $\frac{9}{16}$파운드에서는 측정 단위가 명시적으로 정의되며, 각각의 표현은 다음의 네 가지를 의미한다. (1) 실제 측정 단위가 유도되는 참조체(또는 참조 기준) (2) 이 단위가 참조체로부터 유도되는 방법 (3) 양에 있는 유도 단위의 절대 수 (4) 이 수가 참조체에 대한 주어진 양의 비율이라는 점.

예를 들어, $\frac{9}{16}$파운드에서 참조체는 1파운드다. 직접적인 측정 단위를 얻기 위해 이 참조체를 16등분 한다. 주어진 양에 있는 이 측정 단위의 수는 9이다. 참조체에 대한 주어진 양의 비율은 $\frac{9}{16}$이다.

2. 학생이 제대로 학습했다면 어떤 양이라도 똑같이 2, 3, 4, 5, …, n개의 부분으로 나눌 수 있고, $\frac{2}{2}$, $\frac{3}{3}$, $\frac{4}{4}$, $\frac{5}{5}$, …, $\frac{n}{n}$의 형태로 표현할 수 있음을 안다.

만약 그렇지 않다면 이에 대해 반드시 학습해야 한다. 분수로 분명해지는 나눗셈과 곱셈에 대한 아이디어에 익숙하다면, 학생은 어떤 양이든 2개의 $\frac{1}{2}$, 3개의 $\frac{1}{3}$, 4개의 $\frac{1}{4}$, …, n개의 $\frac{1}{n}$로 측정될 수 있음을 금세 배울 것이다. (학생이 합리적으로 지도받았다면 이미 배웠을 것이다.) 어떤 양의 $\frac{1}{2}$, $\frac{1}{3}$, $\frac{1}{4}$, …, $\frac{1}{n}$을 취하려면, 양을 2, 3, 4, …, n으로 나누기만 하면 된다는 것도 금방 배우게 된다. 또한, 예를 들어, 16센트, 16피트, 16파운드를 4개의 부분으로 나눈다면, 각각의 경우에서 단위를 1, 2, 3, 4 또는 $\frac{1}{4}$, $\frac{2}{4}$, $\frac{3}{4}$, $\frac{4}{4}$로 센다는 것도 금세 배울 것이다. 4분의 몇인 각각의 단위는 다른 단위로 측정되며, 유사한 아이디어와 연산을 갖춘 정수, 즉 4센트, 4피트, 4파운드 등으로 표현됨을 빠르게 배울 것이다.

3. 분수의 기초적인 실용 원리

수의 과정을 위한 이러한 완전한 표현이 분수를 다루는 데 사용되는 기본 원리라는 것은 분명하다. 분수의 분자, 분모에 같은 수를 곱하거나 같은 수로 나누어도 분수의 크기는 변하지 않는다. 이 원리는 보통 "증명"된다. 그러나 이 원리는 수 개념 자체와 관련되어 있어, 삼각형의 정의처럼 증명하기 어려울 것이다. 그러나 어느 정도까지는 직관과 사례를 제공할 수 있다. 예를 들어, 어떤 12단위의 양은 $\frac{2}{2}$, $\frac{4}{4}$, $\frac{12}{12}$ 또는 $\frac{3}{3}$, $\frac{6}{6}$, $\frac{12}{12}$로 측정된다. 측정이 변해도 양의 정체는 변하지 않는다. 나아가, 양의 절반이 측정되면, $\frac{1}{2}$, $\frac{2}{4}$, $\frac{3}{6}$, $\frac{6}{12}$의 정체가 즉시 드러난다. 물론 이 원리는 측정되는 주어진 양에서 단위의 "크기"가 단위의 수와 반비례하여 변한다는 것이다. 이 원리가 학생의 이해력을 넘어선다고들 말한다. 반면, 이 설명에 관한 구성적인 연습이 수행된다면, 적기에 이 원리를 완전히 인식하게 된다. 예를 들어, 아동이 24단위의 양을 2, 3, 4, 6, 8로 측정할 때, 측정 부분의 크기와 수 사이의 관계를 느끼지 않을 수 없다. 사실상 이것이 수의 과정이다.

원리의 증명

관계에 대한 초기의 모호한 인식이 명확한 이해로 발전하지 못한다면, 분명히 방법이 잘못된 것이다. 어떠한 경우든, 학생이 이 방법을 합리적으로 사용한 후에도 원리를 이해하지 못한다면, 형식적인 "증명"은 헛될 뿐이다. 소위 증명은 원리에 기초하는데, 원리는 일반적으로 단순히 예시되거나 가장된 형태로 사용된다. 예를 들어, $\frac{3}{4}$달러=$\frac{15}{20}$달러를 증명해 보자. $\frac{3}{4}$달러 =$\frac{1}{4}$달러×3이기 때문에, 4를 곱하면 $\frac{3}{4}$달러×4=$\frac{1}{4}$달러×4×3=3달러이다. 양변에 5를 곱한다.

$\therefore$ $\frac{3}{4}$달러×4×5=3달러×5=15달러이며, 한편 $\frac{15}{20}$달러×20=15달러이다.

$\therefore$ $\frac{3}{4}$달러×20=$\frac{15}{20}$달러×20이고, 양변을 같은 수로 나누면

$\therefore$ $\frac{3}{4}$달러=$\frac{15}{20}$달러

또는 일반화하면, $\frac{a}{b}\times b = a$이고, 양변에 n을 곱한다.

$\therefore$ $\frac{a}{b}\times nb = na$이다. 한편 $\frac{na}{nb}\times nb = na$이므로

$\therefore$ $\frac{a}{b}\times nb = \frac{na}{nb}\times nb$이고, 양변을 nb로 나누면

$\therefore$ $\frac{a}{b}= \frac{na}{nb}$

이러한 증명이나 이와 유사한 증명은 본질적으로 이미 고려된 아이디어다. 만약 주어진 양을 같은 부분 몇 개로 나눈다면, 각 부분은 특정 값을 갖는다. 부분의 수가 2배가 되면, 각 부분은 이전 부분의 값의 절반이 된다. 부분의 수가 3배가 된다면, 각 부분은 처음 부분의 값의 $\frac{1}{3}$이 된다. 부분의 수가 n배가 되면, 각 부분은 처음 부분의 값의 $\frac{1}{n}$이 된다.

이와 같은 중요한 원리(한 번 더 말하자면, 수의 원리)에 대한 형식적인 증명이

필요하다면, 다음은 아마도 다른 어떤 것보다 쉽게 이해할 수 있을 것이다. 예를 들어, $\frac{3}{4}$달러=$\frac{27}{36}$달러=$\frac{75}{100}$달러=…를 증명하기 위해 $\frac{4}{4}$달러=$\frac{36}{36}$달러=$\frac{100}{100}$달러=…를 택한다.

$\therefore$ $\frac{1}{4}$달러=$\frac{9}{36}$달러=$\frac{25}{100}$달러=…

$\therefore$ $\frac{3}{4}$달러=$\frac{27}{36}$달러=$\frac{75}{100}$달러=…

4. 나눗셈으로서의 분수

분수의 기초 개념이 그저 형식적인 나눗셈인 것은 아니지만 그럼에도 불구하고 분수는 나눗셈의 아이디어를 포함하며, 그러한 형식적인 과정과 동일시하지 않고서는 분수를 충분히 다룰 수 없다. $\frac{7}{12}$피트의 양은 처음에 $\frac{1}{12}$피트×7로 간주되고, 심리적 상관관계에 따라 7피트×$\frac{1}{12}$, 즉 7피트÷12로 인식되어야 한다. 몇 번에 걸쳐 제시했듯이, 이러한 측정은 그 과정이 의식적인 관심의 대상이 될 때마다 동일한 측정의 두 단계로 인식되지 않을 수 없다. 이는 교환법칙이며, 측정되는 양에서 단위의 크기와 수 사이의 연결이다. 만약, 양의 $\frac{1}{3}$의 3배와 양의 3배의 $\frac{1}{3}$이 같다는 것, 일반적으로 q의 $\frac{1}{n}$의 n배와 q의 n배의 $\frac{1}{n}$이 같다는 것을 모른다면, 수에 대한 명확한 개념을 갖지 못한 것이다. 한 양이 어떤 참조체의 $\frac{1}{12}$로 7번 측정된다면, 이는 이러한 참조체 중 첫째 참조체의 $\frac{1}{12}$+둘째 참조체의 $\frac{1}{12}$+셋째 참조체의 $\frac{1}{12}$+…과 같다. 즉, 모두 합쳐 참조체의 $\frac{1}{12}$이 7개인 것이다.

여러 가지 사례와 소위 증명이 제시될 수 있다. 예를 들어,

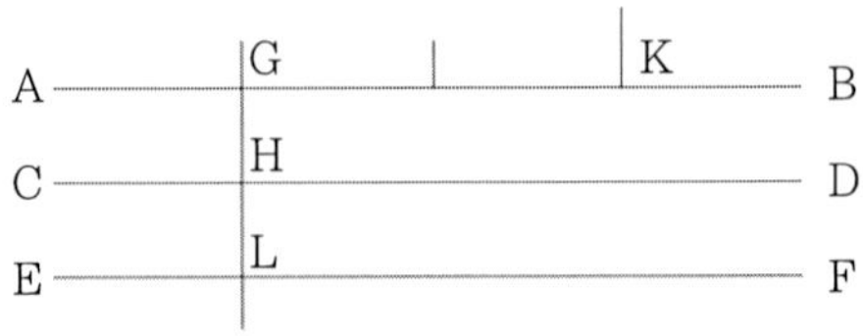

(1) 임의의 양의 $\frac{3}{4}$이 그 양의 3배의 $\frac{1}{4}$과 같음을 보여라. AB가 어떤 양이 됐든, $\frac{1}{4}$로 측정되고 $\frac{4}{4}$로 표현할 수 있다. CD, EF는 AB와 같은 측정되는 양이다. AB의 $\frac{3}{4}$인 AK가 AG+CH+EL과 같음은 명백하다. 즉, AB의 3배의 $\frac{1}{4}$과 같다.

(2) $\frac{1}{12}$피트×7=7피트×$\frac{1}{12}$(즉, 7피트÷12)임을 보여라. 참조 단위인 1피트를 12개의 $\frac{1}{12}$피트로 생각하고 표현할 수 있다.

∴ 7피트= 84개의 $\frac{1}{12}$피트

∴ 7피트×$\frac{1}{12}$=7개의 $\frac{1}{12}$피트=$\frac{1}{12}$피트×7

(3) $\frac{1}{4}$달러×3이 3달러×$\frac{1}{4}$과 같음을 증명하라.

$\frac{1}{4}$달러의 4배=1달러이고, 양변에 3을 곱하면

∴ $\frac{1}{4}$달러의 4배×3=3달러

∴ $\frac{1}{4}$달러×3=3달러÷4

또는 임의의 양을 q라고 하면

$\frac{1}{4}q$의 4배 $=q$

$\therefore$ $\frac{1}{4}q$의 4배$\times 3=3q$

따라서, $\frac{1}{4}q\times 3=3q\div 4$

(4) 일반화하여, $\frac{1}{n}q\times m=mq\div n$을 증명하라.

$\frac{1}{n}$의 n배$\times q=q$

$\therefore$ $\frac{1}{n}$의 n배$\times q\times m=mq$

$\therefore$ $\frac{1}{n}q\times m=mq\div n$

이러한 형식적인 증명은 유용하고 필요하기조차 하지만, 학생이 만약 원리의 합리적인 사용을 통해 이 책에서 계속 강조해 온 횟수와 부분 사이의 관계에 대한 명확한 아이디어를 발달시키지 않았다면, 자칫 호도될 수 있다. 그럴 경우, 학생은 사고의 완전한 소유로 이끄는 정신적 움직임 속에 있는 의식적인 배우라기보다 기호 조작에서 단순한 구경꾼이 되기 쉽다.

Ⅱ. 분수 형태의 변환

1. 앞서 언급한 바에 따르면, 임의의 양은 분모가 무엇이든 분수의 형태로 표현될 수 있다. 9야드를 8분의 몇 야드로 표현해 보자. 측정 단위가 $\frac{8}{8}$이므로, 이 단위가 9개인 것은 $\frac{72}{8}$이다. 마찬가지로, 7달러를 100분의 몇으로 표현하면 $\frac{700}{100}$이다. 일반적으로, q개의 단위로 측정된 임의의 양을 n분의 몇으로 표현하면 $\frac{nq}{n}$이다.

2. 같은 방식으로, 분수의 형태로 표현된 임의의 양을 다른 분모의 동치분수로 변환할 수 있다. $\frac{4}{5}$달러를 분모가 20인 동치분수로 변환해 보자. 두 가지 방법 중 하나를 따를 수 있다.

(1) 20은 5에 4를 곱한 5의 배수이다. 따라서 주어진 분수의 분자, 분모 모두에 4를 곱하여 $\frac{16}{20}$달러를 얻는다. 이것이 최선의 방법이다.

(2) 새로운 분모가 20이 되도록, 측정 단위를 $\frac{20}{20}$달러로 간주한다. $\frac{4}{5}$달러는 $\frac{1}{5}$달러×4이다.

$\frac{1}{5}$달러=$\frac{20}{20}$달러의 $\frac{1}{5}=\frac{4}{20}$달러

∴ $\frac{4}{5}$달러=$\frac{16}{20}$달러

이러한 변환에서 새로운 분모는 일반적으로 원래 분모의 배수라는 점에 주목할 수 있다. 그렇지 않다면, 새로운 동치분수는 복잡해질 것이고 분자 자

리에 분수가 놓일 것이다. 만약 $\frac{4}{9}$야드를 분모가 12인 동치분수로 변환해야 하는 경우, 분자와 분모 둘 다에 $1\frac{1}{3}$을 곱하여 $\frac{5\frac{1}{3}}{12}$이라는 결과를 얻게 된다.

3. 기약분수로 만드는 것, 즉 참조체로 정의되는 가장 큰 측정 단위로 나타내는 것이 종종 필요하고 편리하다. 이는 분수의 분자, 분모를 최대공약수로 나누어 수행한다. 따라서, 양을 참조체인 달러로 정의되는 가장 큰 측정 단위로 표현하면, $\frac{6}{12}$달러는 $\frac{1}{2}$달러와 같다. 이와 관련된 원리는 이 장의 I-3에서 제시하였다. 즉, 단위의 크기가 몇 배 증가하면, 그 단위의 수는 그만큼 줄어든다.

실제로 12장에 설명한 바와 같이, 최대공약수는 일반적으로 면밀히 조사하여 찾을 수 있다. 따라서, $\frac{612}{684}=\frac{2\times2\times3\times3\times17}{2\times2\times3\times3\times19}=\frac{17}{19}$이다. 경우에 따라서는 최대공약수를 12장에서 설명한 일반적인 방법으로 찾아야만 한다. 제시된 분수가 $\frac{79469}{265603}$라면, 최대공약수가 13임을 구해야 한다. 주어진 분수의 분자, 분모를 13으로 나누면 $\frac{6113}{20431}$이 되는데, 이는 동치분수 중에서 가장 간단한 형태이다.

4. 대분수를 가분수로 바꾸는 경우나 가분수를 대분수로 바꾸는 경우, 분수의 기초 원리가 적용된다.

(1) $75\frac{2}{3}$야드를 가분수로 바꾸어 보자. 식은 75야드+$\frac{2}{3}$야드이다. 75야드를 분모가 3인 분수의 형태로 표현해 보자.

1야드는 $\frac{3}{3}$야드이다.

75야드는 $\frac{3}{3}$야드×75=$\frac{225}{3}$야드이다.

∴ 75야드+$\frac{2}{3}$야드=$\frac{225+2}{3}$야드=$\frac{227}{3}$야드

(2) 가분수를 대분수로 바꾸는 조작 시에는, 문제를 $75\frac{2}{3}$가 결과인 형식적인 나눗셈으로 간주하거나 가분수가 그만큼의 $\frac{1}{3}$을 표기한 것으로 간주하면 된다. 3개의 $\frac{1}{3}$은 1야드이다. 227개의 $\frac{1}{3}$에 3개의 $\frac{1}{3}$이 얼마나 있는가? 이는 앞에서와 같이 75개의 1과 $\frac{2}{3}$가 남는, 즉 $75\frac{2}{3}$야드인 나눗셈의 사례임이 뻔히 보인다. (1)에서 양의 기초적인 측정은 3개 단위×75+2개 단위이고, 3에 75를 곱한다. 이와 상관관계가 있는 75개 단위×3을 사용하는 것은 마찬가지로 논리적이다. (59쪽 참조)

5. 분수의 비교, 공통분모

분모가 다른 분수를 분모가 같은 분수로 변환해야 하는 경우가 종종 있다. 앞서 살펴보았듯이, 같은 측정 단위를 갖지 않으면 양을 확정적으로 비교할 수 없다. 5피트와 5로드를 직접 비교할 수 없다. 5피트와 5로드 둘 다 동일한 측정 단위로 표현해야 한다. 4달러와 7다임도 마찬가지이다. 같은 방식으로, $\frac{3}{4}$달러와 $\frac{4}{5}$달러를 확정적으로 비교할 수 없다. 양자는 공통의 (기본) 참조 단위를 갖지만, 공통의 (실제) 측정 단위를 갖지는 않는다. 그러나 양자를 공통 측정 단위로 표현할 수 있다. $\frac{15}{20}$달러, $\frac{16}{20}$달러 또는 $\frac{30}{40}$달러, $\frac{32}{40}$달러 등으로 표현할 수 있다. 비교하기 위해서는 일반적으로 양을 **가장 큰 공통 측정 단위**로 표현하는 것이 편리하며, 이는 분모의 **최소공배수**에 의해 결정된다.

(1) 두 양 $\frac{5}{6}$피트와 $\frac{6}{7}$피트를 비교해 보자. 여기서 분모의 최소공배수는 42이고, 두 분수는 $\frac{35}{42}$피트와 $\frac{36}{42}$피트가 된다. 따라서 후자가 더 크다.

(2) $\frac{15}{32}$달러와 $\frac{59}{128}$달러 중 어느 것이 더 큰가? 최소인 공통분모는 128이고, $\frac{1}{128}$달러가 공통 측정 단위가 된다. 따라서 두 분수는 $\frac{15\times 4}{128}$달러, $\frac{59}{128}$달러이고, 전자가 더 크다.

"여러 가지 분수 중에서 어느 것이 가장 큰가?"라는 간단한 질문이 주어질 때, 비슷한 과정을 통해 공통 분자로 변환하여 답하는 것을 주목해야 한다.

(1) $\frac{5}{6}$달러와 $\frac{6}{7}$달러 중 어느 것이 더 큰가? 분자의 최소공배수는 30이다. 첫째 분수의 분자, 분모에 모두 6을 곱하고 둘째 분수의 분자, 분모에는 5를 곱하면, $\frac{30}{36}$달러, $\frac{30}{35}$달러가 된다. 후자의 분모가 더 작으므로(따라서 측정 단위가 더 크므로), 후자가 더 큰 분수이다.

(2) 세 양 $\frac{3}{4}$달러, $\frac{7}{12}$달러, $\frac{5}{8}$달러를 공통 분자로 변환하여 비교해 보자. 3, 7, 5의 최소공배수는 105이다. 따라서 각 분수의 분자, 분모에 곱하는 승수는 각각 35, 15, 21이고, $\frac{105}{140}$달러, $\frac{105}{180}$달러, $\frac{105}{168}$달러가 된다. 그러므로 첫째 분수가 가장 크고, 둘째 분수가 가장 작다. 이 경우에는 분모를 통분하면 더 쉽게 비교할 수 있다.

분수의 최대공약수와 최소공배수

여기서도 역시 자연수에서의 해당 연산과 본질적으로 다른 것은 없다. 앞서 말했듯이, 양을 비교하기 위해서는 반드시 동일한 측정 단위로 표현해야 한다. 분수가 공통분모를 가질 때(즉, 동일한 측정 단위로 정의된 양으로 표현될 때), 약수와 배수의 일반적인 규칙이 즉시 적용된다. 예를 들어,

(1) $\frac{5}{6}$야드와 $\frac{4}{9}$야드의 최대공약수를 구해보자. 두 분수를 동분모로 나타내면, $\frac{30}{36}$야드, $\frac{16}{36}$야드가 된다. 30과 16의 최대공약수는 2이다. 따라서 구하고자 하는 최대공약수는 $\frac{2}{36}$이다.

(2) $18\frac{2}{5}$피트와 $57\frac{1}{2}$피트에 정수 번 포함되는 가장 긴 길이는 얼마인가? 가장 작은 공통분모의 가분수로 바꾸면, $\frac{184}{10}$, $\frac{575}{10}$가 된다. 두 분자의 최대공약수는 23이고, 따라서 구하는 수는 $\frac{23}{10}$, 즉 $2\frac{3}{10}$이다.

(3) 종 4개가 동시에 울리기 시작한다. 종은 각각 1초, $1\frac{1}{8}$초, $1\frac{1}{12}$초, $1\frac{3}{10}$초 간격으로 울린다. 종은 몇 초 뒤에 다시 동시에 울릴까? 이때에는 수의 최소공배수가 필요하다. 네 분수를 가장 작은 공통분모의 가분수로 바꾸어 보자. $\frac{120}{120}$, $\frac{135}{120}$, $\frac{130}{120}$, $\frac{156}{120}$이 된다. 분자들의 최소공배수는 14040이고, 따라서 구하는 최소공배수는 $\frac{14040}{120}$ =117이다. 그러므로 구하고자 하는 간격은 117초이다.

Ⅲ. 사칙연산

1. 분수의 덧셈

(1) 분수가 공통분모를 가질 때, 즉 동일한 측정 단위로 표현될 때, 덧셈 과정은 자연수의 덧셈과 같다. 3다임+4다임과 $\frac{3}{10}$달러+$\frac{4}{10}$달러 연산 사이에 근본적인 차이는 없다. 유일한 차이점은 측정 단위를 표현하는 방식에 있다. 전자는 7개의 다임으로, 후자는 7개의 $\frac{1}{10}$달러로 표현한 것뿐이다.

(2) 분모가 다를 때에는, 분수를 공통분모를 갖는 동치분수로 바꾸어야 한다. 즉, 공통 측정 단위로 표현해야 한다(Ⅱ-5 참조). 우리는 4달러와 4 하프 이글(half-eagle)[42], 4피트와 4야드의 덧셈을 할 수 없다. 양을 공통 측정 단위로 표현하지 않으면, 즉 전자는 4달러+20달러의 형태로, 후자는 4피트+12피트의 형태로 표현하기 전에는 덧셈을 할 수 없다. 따라서, $\frac{3}{4}$야드와 $\frac{4}{9}$야드를 먼저 공통 측정 단위로 표현하지 않고서는 둘을 더할 수 없다. 앞서 언급했듯이, 편의상 기본 참조 단위인 야드와 관련하여 정의되는 가장 큰 공통 측정 단위를 선택해 보자. 이 최대 단위는 분모 4와 9의 최소공배수인 36이다. 따라서 공통 측정 단위로 표현되는 양은 $\frac{27}{36}$야드와 $\frac{16}{36}$야드이며, 그 합은 1야드의 $\frac{1}{36}$이 43개(27+16=43), 즉 $\frac{43}{36}$야드이다. 이 연산은 합 (27+16)인치를 구하는 것과 본질적으로 같다.

(3) 대분수의 덧셈 시에는 자연수의 합과 분수의 합을 구하고, 그다음 이

42) [역자 주] half eagle은 과거 미국에서 사용하던 5달러 동전 단위이다.

두 결과의 합을 구하는 것이 가장 좋다. 일반적으로 가분수는 대분수로 표현되어야 한다. $13\frac{4}{9}$야드, $17\frac{5}{6}$야드, $\frac{15}{4}$야드의 합을 구해 보자. 합은

$$13\frac{4}{9} + 17\frac{5}{6} + 3\frac{3}{4} = 13 + 17 + 3 + \frac{4}{9} + \frac{5}{6} + \frac{3}{4}$$
$$= 33 + \frac{16+30+27}{36}$$
$$= 33 + 2\frac{1}{36} = 35\frac{1}{36}\text{야드}$$

2. 분수의 뺄셈

뺄셈은 덧셈의 역연산이므로, 동일한 원리와 방법이 덧셈과 뺄셈 모두에 적용된다. 대분수의 뺄셈 시에는 먼저 분수 부분을 같은 측정 단위의 동치분수로 바꾸고 뺄셈을 수행하는 것이 가장 좋다. 예를 들어,

(1) $10\frac{7}{10}$달러에서 $5\frac{2}{5}$달러를 지불하면, 얼마가 남는가?

분수 부분을 공통분모로 표현하면, $10\frac{7}{10}$달러$-5\frac{4}{10}$달러$=5\frac{3}{10}$달러이다.

(2) 옷감 $16\frac{3}{8}$야드에서 $6\frac{8}{9}$야드를 잘라내면, 얼마만큼이 남는가?

분수 부분을 공통분모로 통분하면,

$$\left.\begin{array}{l} 16\frac{3}{8} = 16\frac{27}{72} = 15\frac{72+27}{72} \\ 6\frac{8}{9} = 6\frac{64}{72} \end{array}\right\}$$

$$\left.\begin{array}{r} 15\frac{72+27}{72} \\ -\ 6\frac{64}{72} \end{array}\right\} = 9\frac{35}{72}\text{야드 (차)}$$

여기서 감수의 분수 부분이 피감수의 분수 부분보다 더 크다. 따라서 피감수를 $15+1+\frac{27}{72}=15\frac{72+27}{72}=15\frac{99}{72}$의 형태로 바꾼다. 실제 수행시, 피감수의 분수 부분의 분모인 72에서 64를 빼고 그 차에 분수 부분의 분자를 더할 수 있다. 즉 27에서 64를 뺄 수 없으므로, 72에서 64를 빼고, 차 8을 27에 더해서 $\frac{35}{72}$를 구한다. 이는 예시에서 다루었듯이, 피감수에서 1($=\frac{72}{72}$)을 취하여 피감수의 분수 부분과 결합하는 것이다.

3. 분수의 곱셈

(1) 피승수가 분수이고 승수가 자연수일 때, 연산은 정수의 곱셈과 정확하게 똑같다. 야드 당 $\frac{3}{4}$달러인 옷감 12야드의 가격을 구하려면, 3에 12를 곱하고 적절한 측정 단위로 곱을 정의한다. 야드 당 3달러인 옷감 12야드의 가격을 구할 때, 완전한 과정은 1달러$\times 3\times 12$이다. 순수한 수 3과 12로 조작하여 36을 구하고, 적절한 측정 단위로 1달러를 지정하여 곱을 정의한다. 그러면, 가격은 36달러이다. 제시된 문제의 경우에도 정확하게 이와 똑같이 수행한다. $\frac{1}{4}$달러$\times 3\times 12$, 즉 적절한 측정 단위($\frac{1}{4}$달러)의 36배이며, 곱은 36쿼터 달러이다. 단위나 단위를 쓰는 방식이 바뀌는 것이지, 과정이나 곱은 바뀌지 않는다.

(2) 승수가 분수일 때에도 정확히 같은 원리가 성립한다. 사실, 측정되는 양 $\frac{3}{4}$달러$\times 12$는 12달러$\times\frac{3}{4}$과 같다. 이 양의 개념(돈의 가치)에서 야드는 아무 상관이 없으며, 다른 어떠한 측정의 형태라도 취할 수 있

다. 사실, $\frac{3}{4}$달러×12는 1달러의 $\frac{3}{4}$+1달러의 $\frac{3}{4}$+1달러의 $\frac{3}{4}$+⋯과 같이 1달러의 $\frac{3}{4}$을 12번 더한 것이고, 즉 12달러의 $\frac{3}{4}$이다. 피승수는 항상 측정 단위이다. 승수는 항상 이 단위가 어떻게 측정되는 전체를 구성하는지 보여준다. 이는 순전히 하나의 연산이다. 이 예에서 분모는 유도 측정 단위를 이끌어내기 위해 단위 12달러를 어떻게 처리하는지 보여준다. 이 단위는 네 부분으로 나뉘어야 하며, 그렇게 구한 유도 단위를 세 번 취해야 한다. 이미 제시한 바와 같이, 분수의 본성에 따라, 이는 피승수의 $\frac{1}{4}$의 3배 또는 피승수의 3배의 $\frac{1}{4}$을 나타낸다. 즉, $\frac{12}{4}$달러×3 또는 $\frac{12 \times 3}{4}$달러이다.

(3) 그 과정에 대한 대개의 설명은 이와 조화를 이룬다. 이 설명은 피승수를 순수한 수의 나눗셈의 경우로 간주한다. 즉, $\frac{3}{4}$은 3의 $\frac{1}{4}$이고, 양에 $\frac{3}{4}$을 곱하기 위해 양의 3배에서 $\frac{1}{4}$을 취한다. 사실 분수의 모든 연산에 곱셈뿐만 아니라 나눗셈의 아이디어도 존재한다. 문제에는 항상 인수와 제수의 요소가 있다.

(4) 두 인수가 모두 분수 형태일 때 따라야 할 방법도 앞의 두 가지 경우와 다르지 않다.

야드 당 $\frac{3}{4}$달러인 옷감 $\frac{4}{9}$야드의 가격을 구할 수 있다. 결과는 $\frac{3}{4}$달러×$\frac{4}{9}$로 나타난다. 즉, 앞에서와 같이, 어떤 양의 4배를 9로 나누거나 양의 $\frac{1}{9}$에 4를 곱하는 것이다. 첫째 경우에서, $\frac{3}{4}$달러×4는 $\frac{1}{4}$달러×3×4=$\frac{1}{4}$달러×12=3달러이거나 $\frac{1}{4}$달러×4×3=1달러×3=3달러

이다. 그리고 이것의 $\frac{1}{9}$은 $\frac{3}{9}$달러, 즉 $\frac{1}{3}$달러이다.

우리는 피승수를 분모의 배수로 결정되는 측정 단위를 갖는 동치분수로 바꿀 수 있다. 예를 들어, $\frac{3}{4}$달러×$\frac{4}{9}$는 $\frac{27}{36}$달러×$\frac{4}{9}$=$\frac{3}{36}$달러×4=$\frac{3}{9}$달러=$\frac{1}{3}$달러이다. 완성된 과정은 $\frac{3}{4}\times\frac{4}{9}=\frac{12}{36}$로 보인다. 그러나 분자는 항상 피제수의 인수이고 분모는 제수의 인수이므로, 공통 인수로 나눌 수 있다. 예를 들어, $\frac{3}{36}$달러×4에서 단위의 개수의 4배를 취하든($\frac{12}{36}$달러) 단위를 4배 크게 만들든($\frac{3}{9}$달러), 양의 값은 동일하다. 이는 곱셈과 나눗셈의 기본 원리(182쪽 참조)를 적용하는 것일 뿐이다. 만약 210을 21로 나눈다면, 다음과 같이 진행할 수 있다. $\frac{210}{21}=\frac{3\times7\times5\times2}{3\times7}=\frac{3}{3}\times\frac{7}{7}\times5\times2=10$이다. 또, $32340\div385=\frac{7\times7\times11\times2\times6\times5}{11\times5\times7}=\frac{7}{7}\times\frac{11}{11}\times\frac{5}{5}\times7\times2\times6=1\times84=84$이다.

4. 분수의 나눗셈

(1) 제수가 정수이고 피제수가 분수일 때 분수의 나눗셈을 해 보자.

옷감 5야드에 $\frac{7}{10}$달러를 지불한다면, 야드 당 가격은 얼마인가? 1야드의 값은 $\frac{7}{10}$달러의 $\frac{1}{5}$, 즉 $\frac{7}{50}$달러이다. 만약 끈이 야드 당 5달러라면, $\frac{7}{10}$달러로 끈을 얼마만큼을 살 수 있을까? 답은 $\frac{7}{10}$달러÷5달러로 나타내어진다. 두 양은 반드시 같은 측정 단위를 가져야 하며, 식은 $\frac{7}{10}$달러÷$\frac{50}{10}$달러=7÷50=$\frac{7}{50}$과 같다. 따라서 $\frac{7}{50}$야드의 끈을 살 수 있다.

(2) 제수가 분수이고 피제수가 정수일 때 분수의 나눗셈을 해 보자.

옷감이 야드 당 $\frac{3}{4}$달러라면, 6달러로 옷감을 몇 야드 살 수 있을까? 야드의 수가 6달러$\div\frac{3}{4}$달러로 주어지며, 여기서 다시, 양을 동일한 측정 단위로 바꿔야 한다. 6달러$\div\frac{3}{4}$달러$=\frac{24}{4}$달러$\div\frac{3}{4}$달러$=24\div3=8$이므로, 옷감 8야드를 살 수 있다.

벨벳 $\frac{3}{4}$야드에 6달러를 지불한다면, 야드 당 가격은 얼마인가? 가격은 6달러$\div\frac{3}{4}$으로 구할 수 있으며, 이는 구하는 양의 3배의 $\frac{1}{4}$이 6달러임을 의미한다. 따라서 6달러$\times4\div3=8$달러이다. 또는 교환법칙에 의해 8달러$\times\frac{3}{4}=\frac{3}{4}$달러$\times8=6$달러이므로, 6달러$\div\frac{3}{4}$달러$=8$로 구할 수 있다.

(3) 제수와 피제수가 모두 분수일 때 분수의 나눗셈을 해 보자.

$\frac{4}{5}$달러로 야드 당 $\frac{3}{20}$달러인 옷감을 얼마나 살 수 있을까? 그 양은 $\frac{4}{5}$달러$\div\frac{3}{20}$달러로 주어지며, 다시 그 양을 공통 측정 단위로 표현해야 한다. 결과는 $\frac{16}{20}$달러$\div\frac{3}{20}$달러$=16\div3=5\frac{1}{3}$이고, 이것이 야드 수이다.

옷감 $5\frac{1}{3}$야드의 가격이 $\frac{4}{5}$달러라면, 야드 당 가격은 얼마인가? $\frac{4}{5}$달러$\div\frac{16}{3}$이고, 즉 어떤 양의 16배의 $\frac{1}{3}$이 $\frac{4}{5}$달러이다. 그 양의 16배는

$\frac{4}{5}$달러×3이며, 그 양은 $\frac{4}{5}$달러×3×$\frac{1}{16}$=$\frac{3}{20}$달러이다.

제수의 역수

이 모든 경우에서, 실제로 제수의 역수를 피제수와 함께 인수로 다루어 몫을 구한다. 이 또한 단지 비교해야 하는 양을 동일한 측정 단위로 바꾸는 것임을 분명히 해야 한다. 12달러를 $\frac{4}{5}$달러로 나눌 때, 즉 두 수의 비율을 구할 때, 두 수는 동일한 측정 단위로 표현되어야 한다. 제수는 1달러의 $\frac{1}{5}$로 측정된다. 따라서 피제수도 1달러의 $\frac{1}{5}$로 표현되어야 한다. 이는 5×12, 즉 60이 된다. 이 문제는 이제 평범한 나눗셈으로 바뀐다. 12달러÷$\frac{4}{5}$달러=$\frac{60}{5}$÷$\frac{4}{5}$=60÷4=15이다. 이와 유사하게, $\frac{12}{13}$달러÷$\frac{4}{5}$달러=$\frac{60}{52}$=$\frac{15}{13}$에서, 제수는 1달러의 $\frac{1}{5}$로 표현된다. 피제수 $\frac{12}{13}$달러도 $\frac{1}{5}$로 표현되어야 한다. 어떻게 이렇게 될까? $\frac{12}{13}$달러에 5를 곱하면 그것은 $\frac{12}{13}$달러에 있는 $\frac{1}{5}$의 수인 $\frac{60}{13}$이 된다. 왜냐하면, 만약 12달러가 60개의 $\frac{1}{5}$이라면, 12달러의 $\frac{1}{13}$은 $\frac{60}{13}$개의 $\frac{1}{5}$이기 때문이다. 측정 단위는 이제 동일하며, $\frac{60}{13}(\frac{1}{5})÷4(\frac{1}{5})=\frac{15}{13}$를 얻는다. 따라서, "제수의 역수 취하기"는 양을 동일한 수의 측정으로 표현함으로써, 문제를 보통의 나눗셈으로 만든다.

규칙에 대한 형식적인 증명이 일반적으로 너무 추상적이어서 시작하지 못할지라도, 학생들이 구체적인 예시에 포함된 과정의 본성을 자유롭게 사용하고 학습한 후에는, 더 추상적인 증명, 심지어 일반적인 증명까지도 쉽게 이해하게 될 것 있다. 몇 가지 예를 살펴보자.

1. 두 분수의 곱은 주어진 분수의 분자끼리의 곱이 분자가 되고, 분모끼리의 곱이 분모가 됨을 증명해 보자.

(1) $\frac{3}{8}\times\frac{5}{9}=\frac{15}{72}$를 증명해 보자.

$\frac{3}{8}\times 5=\frac{15}{8}$이다. 그러나 이 곱은 9배 더 크므로, 구하는 곱은 $\frac{15}{8}$의 $\frac{1}{9}$인 $\frac{15}{72}$이다.

(2) $\frac{3}{8}\times 8=3$이다. 왜냐하면 $\frac{3}{8}\times 8=3\times\frac{1}{8}\times 8$이기 때문이다.

$\frac{5}{9}\times 9=5$이다. 두 식의 좌변끼리, 우변끼리 곱하면

$\therefore\ \frac{3}{8}\times 8\times\frac{5}{9}\times 9=3\times 5$

양변을 8×9로 나누면

$\therefore\ \frac{3}{8}\times\frac{5}{9}=\frac{3\times 5}{8\times 9}$이다. 즉, 분자끼리의 곱이 분자가 되고, 분모끼리의 곱이 분모가 된다.

(3) 일반화하여 $\frac{a}{b}$와 $\frac{c}{d}$를 임의의 두 분수라고 하자.

$\frac{a}{b}\times b=a$이다. (수의 본성에 의해 $\frac{1}{b}\times b=1$이기 때문이다.) 이와 유사하게,

$\frac{c}{d}\times d=c$이다. 두 식의 좌변끼리, 우변끼리 곱하면

$\therefore\ \frac{a}{b}\times\frac{c}{d}\times bd=a\times c$

양변을 bd로 나누면

$\therefore \frac{a}{b}\times\frac{c}{d}=\frac{a\times c}{b\times d}$이다. 즉, 주어진 두 분수의 분자끼리의 곱과 분모끼리의 곱이 각각 구하는 분수의 분자와 분모가 된다.

2. 분수의 나눗셈에 대한 규칙인 "제수의 역수를 취하여 곱하기"를 증명해 보자.

(1) $\frac{3}{8}\div\frac{5}{9}$에서 $\frac{3}{8}$을 5로 나누면 결과는 $\frac{3}{40}$이다. 그러나 5로 나누는 것이 아니라 5의 $\frac{1}{9}$로 나누어야 한다. 따라서 구하는 몫은 $\frac{3}{40}$의 9배가 되어야 한다. 즉, $\frac{3\times 9}{8\times 5}$인 $\frac{27}{40}$이다.

(2) $\frac{3}{8}\times 8=3$에서 양변에 9를 곱하면

$\therefore \frac{3}{8}\times 8\times 9=3\times 9$ ①

마찬가지로, $\frac{5}{9}\times 9=5$에서 양변에 8을 곱하면

$\therefore \frac{5}{9}\times 9\times 8=5\times 8$ ②

①을 ②로 나누면

$\therefore \frac{3}{8}\div\frac{5}{9}=\frac{3\times 9}{5\times 8}$

곱셈에서와 마찬가지로 일반화하여 증명할 수 있다.

14 소수

앞서 10장에서 살펴보았듯이, 소수는 학생들이 이미 잘 알고 있는 표기법의 자연스럽고 타당한 확장으로 생각할 수 있다. 수학 지도를 위한 기초로서 소수에 대해 이러한 관점을 취하면, 보통의 과정이 전부 얼마나 쉽고 자연스럽게 만들어지는지, 더 나아가 이러한 처리 방식이 간단한 규칙을 만드는 데 언급되는 모든 것들을 어떻게 상기하고 확인하는지 알게 될 것이다.

표기법과 명수법

수 111을 생각해 보자. 오른쪽부터 시작해서, 첫째 1은 1개의 1(단위)을 의미한다. 둘째 1은 1개의 10, 즉 10개의 1을 의미한다. 셋째 1은 1개의 100, 즉 10개의 10 또는 100개의 1을 의미한다. 셋째 1은 첫째 1의 100배, 둘째 1의 10배와 같고, 둘째 1은 첫째 1의 10배, 셋째 1의 $\frac{1}{10}$과 같다. 첫째 1은 둘째 1의 $\frac{1}{10}$, 셋째 1의 $\frac{1}{100}$과 같다. 이제 수 111을 다시 써 보자. 첫째 1을 단위로 간주한다는 것을 나타내기 위해 그 1 다음에 점을 찍는다. 그리고 그 점 다음에 3개의 1을 쓴다. 즉 111·111이다.

연속적인 숫자들 사이에 지금까지 살펴본 것과 동일한 관계가 적용된다면, 각각의 1이 무엇을 의미하는지 물을 수 있다. 소수점은 그 바로 앞에 있는 1이 단위임을 알려주며, 점 바로 뒤에 있는 1은 자연스럽게 단위인 1의 $\frac{1}{10}$을 의미하고, 우리가 말하는 대로의 $\frac{1}{10}$이다. 그 오른쪽에 있는 1, 즉 단위의 오른쪽 둘째 자리에 위치하는 1은 $\frac{1}{100}$이라고 말하는, 단위의 $\frac{1}{100}$이다. 이는 앞의 1의 $\frac{1}{10}$로, $\frac{1}{10}$의 $\frac{1}{10}$이다. 유사하게, 그다음 1은 $\frac{1}{1000}$을 의미하며, 이는 $\frac{1}{10}$의 $\frac{1}{100}$ 또는 $\frac{1}{100}$의 $\frac{1}{10}$과 같다. 따라서 위에서 쓴 수는 다음과 같이 읽을 수 있다. 1개의 100, 1개의 10, 1개의 1(단위), 1개의 $\frac{1}{10}$, 1개의 $\frac{1}{100}$, 1개의 $\frac{1}{1000}$. 그러나 보통의 수처럼, 수를 읽기 위해서는 요소들을 그룹으로 묶는 것이 편리하며, 여기에서도 역시 비슷한 방법을 적용하는 것이 좋다. 가장 오른쪽에 있는 1은 1개의 $\frac{1}{1000}$이다. 그 위치에서 왼쪽에 있는 1은 10개의 $\frac{1}{1000}$과 같다. 또 그 왼쪽에 있는 1은 100개의 $\frac{1}{1000}$이다. 따라서 점의 오른쪽에 111개의 $\frac{1}{1000}$이 있는 것이다. 이제 자연수까지 읽을 수 있다. 111과 천분의 111이다. 학생들은 조금만 연습하면 확장된 표기법과 명수법을 충분히 익힐 수 있다. 다음과 같은 몇 가지 질문이 유용할 것이다.

(1) 539·7423을 읽어 보자. 그리고 그 읽기가 수를 적절히 표현함을 보여라.
(2) 소수 ·5에서 점과 5 사이에 0을 삽입하면 소수의 값이 변하는 반면, 5의 오른쪽에 0을 추가하면 값이 변하지 않음을 설명하라.
(3) ·573245의 값과 가장 가까운 소수 세 자리 수를 말하라.

이러한 질문은 십진법의 본질적인 특징 중 일부를 새로운 관계로 이끌 것이며, 학생의 초기 발달 단계에서 어쩔 수 없이 다소 흐릿하게 보였던 사실들을 분명하게 밝혀줄 것이다.

Ⅰ. 간단한 규칙

곱셈

일단 표기법을 이해하면, 소수의 덧셈과 뺄셈은 어렵지 않게 할 수 있고 그 단계를 지나 곱셈으로 넘어가게 된다. 이와 관련하여, 가장 주목할 만한 적용은 10, 100 등의 곱셈이다. 학생에게 7과 ·7, ·3과 ·03, ·009와 ·0009를 비교하라고 하면, 학생은 즉시 각 경우에서 점의 위치 때문에 첫째 수가 둘째 수의 10배라는 것을 알 것이다. 이어서, 수 37과 3·7을 비교하라고 하면, 학생은 첫째 수의 3이 둘째 수의 3의 10배만큼 크고 첫째 수의 7이 둘째 수의 7의 10배만큼 크므로, 첫째 수가 둘째 수의 10배만큼 크다는 것을 알 것이다. 이처럼, 학생은 점의 위치를 오른쪽으로 한 칸 옮기면 원래 수의 10배만큼 큰 수가 된다는 것을 발견하게 된다. 유사하게, 이에 상응하는 결론이 100, 1000 등의 곱셈에도 이어질 수 있다. 이때, 각 경우의 결론을 학생 스스로 파악하여 설명할 수 있어야 한다. 곧이어 수를 10, 100, 1000 등으로 나누는 나눗셈이 뒤따를 것이다. 이는 단지 점을 왼쪽으로 한 칸, 두 칸, 세 칸 옮기기만 하면 된다. 다음으로, 소수와 정수의 곱셈을 살펴보자.

$$\begin{array}{r} 5{\cdot}3\,7 \\ 3 \\ \hline 1\,6{\cdot}1\,1 \end{array} \qquad \begin{array}{r} 4{\cdot}4\,2 \\ 5\,7 \\ \hline 3\,0{\cdot}9\,4 \\ 2\,2\,1{\cdot}0 \\ \hline 2\,5\,1{\cdot}9\,4 \end{array}$$

각각의 경우에서, 곱셈은 정수끼리의 곱셈과 같은 방식에 근거한다. 따라서, 둘째 경우에 2개의 $\frac{1}{100}$ 곱하기 7은 14개의 $\frac{1}{100}$이다. 즉, 1개의 $\frac{1}{10}$과 4개의 $\frac{1}{100}$이며, 4를 $\frac{1}{100}$의 자리에 놓아야 한다. 4개의 $\frac{1}{10}$ 곱하기 7

은 28개의 $\frac{1}{10}$이고, 이는 앞서 나온 1개의 $\frac{1}{10}$과 함께 29개의 $\frac{1}{10}$, 즉 2개의 1과 9개의 $\frac{1}{10}$이 된다. 이때 9를 $\frac{1}{10}$의 자리에 놓아야 한다. 따라서 점을 9 앞에 찍는다면, 4와 9는 적절하게 위치한 것이다, 등등. 다음으로 5를 곱하고, 이전 장에서 설명한 것과 같은 이유로, 그 결과를 한 자리 왼쪽에 써야 한다. 학생은 이제 승수가 정수인 곱셈을 이해할 것이며, 승수가 소수인 곱셈을 배울 준비가 된 것이다.

```
   3·1 2        3·1 2
     2 3          2·3
  ------       ------
   9·3 6
  6 2·4
  ------      -------
  7 1·7 6      7·17 6
```

학생에게 어떤 수들의 곱셈, 예컨대 3·12와 23의 곱셈을 하라고 하면, 결과는 71·76이다. 그리고 나서 3·12와 2·3을 곱해야 한다면, 이것이 앞의 곱셈과 다른 점은 승수가 원래 승수의 $\frac{1}{10}$이라는 것뿐이다. 그러면 곱도 원래 곱의 $\frac{1}{10}$이 될 것이므로, 곧바로 7·176을 쓸 수 있을 것이다. 소수의 자릿수가 다른 추가적인 한두 가지 예시를 더 살펴보면, 두 소수를 곱하기 위해서는 먼저 정수의 곱셈을 하고, 그 결과인 곱에 승수와 피승수의 소수점 아래 자릿수 만큼을 표시하는 것에 대해 충분히 보여줄 수 있다.

나눗셈

나눗셈을 지도할 때, 정수의 나눗셈으로 시작하는 것이 좋다. 이미 알고 있는 과정과 연결되기 때문이다. 다음의 예를 살펴보자.

```
   (1)                       (2)
7) 2 1 (3                 7) 2·1(·3
   2 1                       2·1
   ───                       ───

     (3)                      (4)
5) ·0 0 1 5(·0 0 0 3      2 3)1 2 5·8 1 (5·4 7
   ·0 0 1 5                   1 1 5
   ────────                   ─────
                                1 0·8
                                  9·2
                                  ───
                                  1·6 1
                                  1·6 1
                                  ─────
```

첫째 나눗셈을 설명할 수 있는 학생은 둘째, 셋째, 넷째 나눗셈도 바로 설명할 수 있다. 학생은 제수가 자연수일 때 어떻게 나누는지 알 것이다. 이때, 학생에게 다음의 나눗셈에서 몫이 같은 이유를 설명하도록 할 수 있다.

```
3) 15     12) 60
    5          5
```

학생은 이미 알고 있는 원리, 즉 제수와 피제수에 같은 수를 곱해도 몫이 변하지 않는다는 원리를 인식하게 될 것이다. 이때, 몫이 35÷·7과 같으면서 제수가 자연수인 나눗셈에 대해 말하도록 할 수 있다. 예상되는 답은 350÷7이다. 어떻게든 학생은 이 결과를 도출할 것이고, 이 식의 몫이 50이기 때문에 35÷·7=50이라고 결론지을 수 있다. 몇 가지 예를 더 살펴보면서 일관된 처리 방법을 보일 수 있다.

초기 연습 시에는 학생에게 자신이 한 것에 대한 전체 과정을 쓰게 하는 것이 좋다. 학생에게 1·3754÷·23의 몫을 구하도록 했다고 가정해 보자. 학생의 풀이가 어느 정도는 다음과 같아야 한다.

1·3754를 ·23으로 나눈 몫은 (피제수와 제수 각각에 100을 곱한 것인) 137·54를 23으로 나눈 몫과 같다.

```
23)137·54(5·98
   115
   ----
    22·5
    20·7
    -----
     1·84
     1·84
     ----
```

∴ $1 \cdot 3754 \div \cdot 23 = 5 \cdot 98$

소수와 분수의 관계

간단한 규칙을 이해하고 나면, 이제 소수를 분수로, 분수를 소수로 바꾸는 것을 생각할 수 있다.

정의에 따라 $\cdot 273 = \frac{2}{10} + \frac{7}{100} + \frac{3}{1000} = \frac{273}{1000}$ 이고, 학생은 소수를 분수꼴로 나타내는 방법을 바로 안다.

다음으로, 학생에게 소수의 나눗셈에 관한 연습으로, 1을 2로 나누어 보게 할 수 있다.

```
2) 1·0(·5
   1·0
   ---
```

이와 유사하게, 다음 나눗셈을 할 수 있다.

```
4)3·00 (·75        8)7·00 (·875
  2·8                6·4
  -----              ----
   20                 60
                      56
                      ----
                       40
```

그런데 1÷2, 3÷4, 7÷8의 몫이 $\frac{1}{2}$, $\frac{3}{4}$, $\frac{7}{8}$과 같음을 이미 알고 있다.

$\therefore\ \frac{1}{2}=\cdot5,\quad \frac{3}{4}=\cdot75,\quad \frac{7}{8}=\cdot875$

연습 문제로 이 결과를 검산할 수 있다.

$\cdot75=\frac{75}{100}=\frac{3}{4}$

이제 분수를 소수로 바꾸는 방법을 알게 되었다. 동시에, 위의 검산에서 또 다른 방법이 제안되는데, $\frac{3}{4}=\frac{3}{2\times2}=\frac{3\times5\times5}{2\times5\times2\times5}=\frac{75}{100}=\cdot75$이다. 이 방법은 이론적인 관점에서 매우 가치가 있으며, 학생은 이 방식으로 여러 가지 예제를 풀어보아야 한다.

이어서 $\frac{2}{3}$를 살펴보자.

```
3)2·0 0 (·6 6
  1·8
  ---
    2 0
    1 8
    ---
      2
```

$\frac{2}{3}=\cdot6666\cdots$이고, 6이 끝없이 반복된다. 이는 다음과 같이 표현된다. $\frac{2}{3}=\cdot\dot{6}$, 그리고 $\frac{2}{3}$는 순환소수가 된다고 말한다. 이제 $\frac{2}{3}$를 소수로 바꾸는 또 다른 방법을 찾아보자. 이 방법에 따르면, 분모에 다른 수를 곱해서 분모를 10, 100, 1000 등, 즉 10의 거듭제곱으로 만든다. 이러한 거듭제곱은 10에 그 자체를 몇 번 곱해서 만들어진다. 그런데 10 자체가 2와 5의 곱이므로, 모든 10의 거듭제곱은 전체적으로 같은 개수의 인수 2와 5로 구성된다. 이때, 3은 어떤 수를 곱해도 10의 거듭제곱이 될 수 없다. 즉, $\frac{2}{3}$를 자릿수가 유한한 보통의 소수로 바꿀 수 없다. 이제 이 경우에 대한 완전한 안목을 갖

게 된다. 다음은 순환소수의 예이다.

$$\frac{1}{7} = \cdot\dot{1}4285\dot{7} \qquad \frac{1}{9} = \cdot\dot{1} \qquad \frac{1}{11} = \cdot\dot{0}\dot{9}$$

다음으로 $\frac{1}{6}$을 살펴보자.

$$\begin{array}{r} 6)\overline{1\cdot000}(\cdot166 \\ \underline{6} \\ 40 \\ \underline{36} \\ 40 \\ \underline{36} \\ 4 \end{array}$$

$\frac{1}{6} = \cdot16666\cdots$이고, 6이 계속해서 반복된다. 이는 $\frac{1}{6} = \cdot1\dot{6}$으로 쓸 수 있다.

여기서 소수 첫째 자리 숫자는 반복되지 않으며, $\frac{1}{6}$은 혼순환소수가 된다고 말한다. 앞에서 보았던 것들은 순순환소수라고 부른다. 이와 마찬가지로,

$$\frac{7}{12} = \cdot58\dot{3} \qquad \frac{1}{18} = \cdot0\dot{5}$$

만약 이러한 예에 둘째 방법을 적용한다면, 다음을 얻게 된다.

$$\frac{1}{6} = \frac{1}{2\times3} = \frac{5}{2\times5\times3} = \frac{5}{3}\text{의 } \frac{1}{10}$$
$$\frac{7}{12} = \frac{7}{2\times2\times3} = \frac{7\times5\times5}{5\times2\times5\times2\times3} = \frac{175}{3}\text{의 } \frac{1}{100}$$
$$\frac{1}{18} = \frac{1}{2\times3\times3} = \frac{5}{5\times2\times3\times3} = \frac{5}{9}\text{의 } \frac{1}{10}$$

주어진 예들은 다음과 같은 명제로 이어지는데, 이러한 명제는 일반 논증

에 의해 쉽게 참임을 보일 수 있다.

명제 Ⅰ. – 분모가 인수로 2나 5만 포함하는 분수는 소수점 아래의 자릿수가 분모의 인수 2나 5중에서 더 많이 들어있는 인수의 개수와 같은 소수가 된다.

명제 Ⅱ. – 분모가 인수로 2나 5를 포함하지 않는 분수는 순순환소수가 된다.

명제 Ⅲ. – 분모가 인수로 2나 5와 더불어 이것과 서로소인 인수를 포함하는 분수는 혼순환소수가 된다. 이때, 소수점 아래 순환마디 앞의 자릿수는 분모의 인수 2나 5 중에서 더 많이 들어있는 인수의 개수와 같다.

다음과 같은 질문은 이 부분에 있어서 가치 있는 연습을 제공한다.

(1) 순순환소수가 되는 $\frac{1}{7}$, $\frac{1}{29}$ 등과 같은 분수의 경우에, 순환마디의 숫자의 개수에 어떤 제한이 있는가?

(2) $\frac{1}{7} = \cdot\dot{1}4285\dot{7}$: 분모가 7인 모든 분수는 왜 순환마디의 자릿수가 같고 같은 숫자들의 순환 배열로 이루어지는 순환소수가 되는지 설명하라.

이제, 순환소수를 분수로 바꾸는, 역과정을 살펴볼 차례이다. 이러한 소수를 다루는 가장 좋은 방법에 대해서는 견해 차이가 있다. 여기에 제시하는 방법은 여러 가지 이유로 최선이라 여겨지는 것이다.

$$\cdot\dot{3} = \cdot 3333\cdots \text{ (3이 끝없이 반복된다.)}$$
$$\therefore\ \cdot\dot{3} \times 10 = 3\cdot 3333\cdots \text{ (3이 끝없이 반복된다.)}$$
$$\text{그리고 } \cdot\dot{3} = \cdot 3333\cdots \text{ (3이 끝없이 반복된다.)}$$

∴ $\cdot\dot{3}$의 10배에서 $\cdot\dot{3}$을 빼면 다음을 얻는데, 이것은 $\frac{1}{3}$을 소수꼴로 바꾸어 검산할 수 있다.

$$\cdot\dot{3} \times 9 = 3$$
$$\therefore\ \cdot\dot{3} = \frac{3}{9} = \frac{1}{3}$$

이와 유사한 예를 살펴보자.

$$\left.\begin{aligned} \therefore\ \cdot\dot{1}\dot{7} \times 100 &= 17\cdot17171717\ \cdots \\ \cdot\dot{1}\dot{7} &= \cdot17171717\ \cdots \end{aligned}\right\}$$ (17이 끝없이 반복된다.)

∴ 뺄셈을 하면 다음을 얻는데, 이것도 분수를 소수꼴로 바꾸어 검산할 수 있다.

$$\cdot\dot{1}\dot{7} \times 99 = 17$$

$$\therefore\ \cdot\dot{1}\dot{7} = \frac{17}{99}$$

다음으로, $\cdot 2\dot{7}\dot{9}$의 동치분수를 구해 보자.

$$\left.\begin{aligned} \cdot 2\dot{7}\dot{9} &= \cdot2797979\ \cdots \\ \therefore\ \cdot 2\dot{7}\dot{9} \times 1000 &= 279\cdot797979\ \cdots \\ \text{그리고}\ \cdot 2\dot{7}\dot{9} \times 10 &= 2\cdot797979\ \cdots \end{aligned}\right\}$$ (79가 끝없이 반복된다.)

∴ 뺄셈을 하면

$$\cdot 2\dot{7}\dot{9} \times 990 = 279 - 2 = 277$$
$$\therefore\ \cdot 2\dot{7}\dot{9} = \frac{277}{990}$$

학생은 몇 가지 예를 풀어본 다음에 어떤 순환소수가 주어지더라도 그와 동치인 분수를 쓰기 위한 규칙을 형식화할 수 있다.

이렇게 지도하면 학생에게 직접적이고 확정적인 절차적 방법을 제공한다는 이점이 있다. 반면, 이 방법이 무한수열과 극한의 개념에 의존해야 한다는 사실이 주장되기도 한다. 이에 대한 답으로, 어떤 분수와 동치인 소수를 찾는 자연스러운 과정에서 이미 그러한 무한수열을 접했다는 것을 말할 수 있다. 그리고 실제로 무한수열을 피할 수도 없다. 또한, 극한이라는 개념은 수업 시 용어를 제시할 필요가 없고, 어려운 개념도 아니다. 주어진 수열이 극한을 갖는다는 것을 입증하는 것이 어려운 것이고, 그 극한을 찾는 것이 더 어려운 것이다. 그러나 극한의 아이디어 자체가 어려운 것은 아니다.

축약 방법

다음의 축약 방법만큼 쉽게 가르칠 수 있는 과정은 거의 없다. 물리학과 일상적인 경제생활에서 소수를 사용한 연산은 매우 빈번하게 수행되며, 종종 소수점 아래 자릿수가 많을지라도 계산 결과를 소수 두세 자리까지만 나타내어야 한다는 것을 학생들에게 설명해야 한다. 예를 들어, 상업에 관한 문제에서 답이 79·5917235달러라면, 결과를 79·59달러로 취하는 것이다. 즉, 결과를 소수 둘째 자리까지 취해야 하는 것이다. 이와 같은 방식으로, 만약 필요한 길이가 59·37542156센티미터이고, 눈금의 규칙으로 인해 1센티미터의 $\frac{1}{1000}$의 범위를 넘어 고려하는 것이 불가능하다면, 결과를 59·375로 취해야 한다. 따라서, 예컨대 필요한 것이 소수 네 자리 수의 결과라는 것을 미리 안다면, 불필요한 계산을 피할 수 있다.

축약 곱셈

4·2578532에 7을 곱하여 소수 네 자리 수로 나타내는 예를 살펴보자.

학생은 피승수 8 아래에 승수 7을 쓸 것이다. 만약 (8의 오른쪽에 있는) 5의 곱셈에서 "받아올림 하는 수"를 고려하지 않는다면, 전체 곱셈을 수행해서 그 결과와 비교해야 할 것이다.

```
 4·2578532      4·2578532
         7              7
 ---------      ---------
 29·8049        29·8049724
```

이 예가 보여주는 바는, 직접 주목해야 하는 자리의 오른쪽에 있는 수의 곱셈에 따른 결과가 받아올려질 수 있음을 고려해야 한다는 것이다. 학생이 이와 유사한 몇 가지 예로 연습한 다음, 4·2578532에 40을 곱하여 소수 네 자리 수로 나타내라는 질문을 받을 수 있다. (다섯째 자리에 있는) 5에 1개의 10을 곱하면 넷째 자리의 5가 된다. 따라서 4개의 10을 뜻하는 4를 5 아래에 쓴 다음, 거기서부터 곱셈을 시작하면, 소수 네 자리 수가 되는 결과를 얻을 것이다. 전체로 계산할 때 역시, "받아올림 하는" 수를 고려해야 할 필요가 생길 것이다.

```
  4·2578532      4·2578532
          4             40
  ---------      -----------
  170·3141       170·3141280
```

또한, 동일한 수에 300을 곱하고 소수 네 자리 수로 나타내면 다음과 같다.

```
  4·2578532      4·2578532
          3            300
  ---------      ------------
  1277·3559      1277·3559600
```

다음으로, 4·2578532에 ·5를 곱하고 소수 네 자리 수로 나타내어 보자. 피승수의 7개의 $\frac{1}{1000}$에 1개의 $\frac{1}{10}$을 곱하면 7이 넷째 자리 숫자가 되므로, 7로 곱셈을 시작할 수 있다.

```
4·2 5 7 8 5 3 2          4·2 5 7 8 5 3 2
              5                        ·5
  -------------      -------------------
  2·1 2 8 9          2·1 2 8 9 2 6 6 0
```

이번에는 4·2578532에 347·5를 곱하고 소수 네 자리 수로 나타내야 한다면, 이미 앞에서 도출한 네 가지 결과를 합치는 일이 필요하다.

```
   4·2 5 7 8 5 3 2
          5 7 4 3
  ---------------
  1 2 7 7·3 5 5 9
    1 7 0·3 1 4 1
      2 9·8 0 4 9
        2·1 2 8 9
  ---------------
  1 4 7 9·6 0 3 8
```

이제 이것을 완전한 곱셈과 비교해 보자.

```
          4·2 5 7 8 5 3 2
                  3 4 7·5
  -----------------------
          2 1 2 8 9|2 6 6 0
        2 9 8 0 4 9|7 2 4
      1 7 0 3 1 4 1|2 8
    1 2 7 7 3 5 5 9|6
  -----------------------
    1 4 7 9·6 0 3 9|8 7 0 0
```

두 결과에서 소수점 아래 넷째 자리 수가 1만큼 차이가 나기 때문에, 필요한 모든 것이 고려되지는 않았음을 알 수 있다. 이유는 바로 알 수 있다. (완전한 곱셈에서) 소수점 아래 다섯째 자리에 해당하는 수들의 합이 받아올려질 것으로 예상했던 것보다 1만큼 더 크기 때문이다. 이러한 오류를 방지하기 위해, 쉽게 설명 가능한 예방법을 취할 수 있다. 9를 곱하고 여기에 7을 곱할 때 받아올리는 수를 구해야 한다고 가정해 보자. 이는 6을 받아올리고, 3은 그 옆 자리에 남아있게 되는데 이를 간과하게 되는 것이다. 같은 곱셈에서 6

을 곱하고 여기에 8을 곱할 때 받아올리는 수를 구해야 한다면, 이때에는 4를 받아올리고 그 옆 자리에 8이 남아있게 되며 이를 간과하게 되는 것이다. 그 자리에서 앞서 3을 간과했으므로 전부 11을 간과하게 되는 것이다. 즉 그 자리에서 옳은 결과와 1만큼 차이가 생긴 것이다. 이를 고려하여, 받아올림이 있는 곱셈에서 27, 56, 48, 49와 같이 둘째 숫자가 5보다 크면, 그 수들이 받아올려져서 3, 6, 5, 5가 될 거라고 생각한다. 반면, 32, 42, 54와 같은 수는 3, 4, 5가 될 거라고 생각한다. 학생은 25, 35, 45와 같은 수에서 받아올림 하는 수에 대해 판단해야 한다. 그러나 학생은 이를 더 크게 또는 더 작게 취급하기 쉬우므로, 소수점 아래 넷째 자리의 정확성을 확보하기 위해서는 일반적으로 다섯째 자리부터 곱하는 것이 최선이다.

축약 나눗셈

5·8792314를 3·421384로 나누고 소수점 아래 셋째 자리까지 나타내야 한다고 해 보자. 즉시, 또는 제수를 자연수로 만들기 위해서 두 수에 곱함으로써, 몫의 첫째 유효숫자가 일의 자리에 있음을 알 수 있다. 따라서 4개의 숫자로 이루어진 몫을 구해야 하는데, 이 중 3개는 소수점의 오른쪽에 있어야 한다. 먼저 보통의 나눗셈을 해 보자.

3·421384)	5·879	2314	(1·718
	3·421	384	
	2·457	8474	
	2·394	9688	
	62	87860	
	34	21384	
	28	664760	
	27	371072	

몫의 마지막 숫자를 구하려면 셋째 나머지의 앞쪽 두 숫자 28만 필요함이 분명하다. 따라서, 이 두 숫자의 바로 오른쪽에 세로선을 긋는다면, 이 선의 오른쪽 숫자 열에 영향을 미치는 뺄셈 등이 선의 왼쪽에 영향을 주지 않는 한, 몫의 모든 숫자를 결정하는 데 충분한 왼쪽만 남게 된다. (이 경우에) 피제수에서 선 왼쪽에 있는 숫자의 개수가 구하는 결과의 숫자의 개수와 같음에 주목할 것이다. 이제, 선의 왼쪽에 있는 나눗셈의 부분을 구성해 보자. 첫째 단계는 다음과 같을 것이다.

$$\begin{array}{l}
3\cdot421\overline{384}\ )\ 5\cdot879\ (\ 1 \\
\qquad\qquad\quad \underline{3\cdot421} \\
\qquad\qquad\quad 2\cdot458
\end{array}$$

이는 (다섯째 숫자의 곱셈에서 받아올림이 없이) 제수의 처음 네 숫자만 고려한다는 것을 의미한다. 그러나 나머지가 마지막 자리에서 1만큼 차이가 나는데, 이는 원래 나눗셈에서 선의 오른쪽에 있는 뺄셈에서 "받아내림"이 있기 때문이다. 하지만 지금은 이 차이를 무시하기로 한다. 선의 왼쪽 숫자에서, 이어지는 나눗셈은 제수의 세 숫자와만 관련이 있다. 1과 7의 곱에서 받아올릴 것이 없다. 그 수행은 다음과 같다.

$$\begin{array}{l}
3\cdot42\not{1}\ )\ 5\cdot879\ (\ 1\cdot7 \\
\qquad\qquad\ \underline{3\cdot421} \\
\qquad\qquad\ 2\cdot458 \\
\qquad\qquad\ \underline{2\cdot394} \\
\qquad\qquad\qquad 64
\end{array}$$

첫째 나눗셈 이후 제수의 1에 /을 그어 표시하였다. 여기서 나머지는 64인데, 반면 완전한 나눗셈에서 대응하는 수는 62임을 알 수 있다. 원래의 계산을 참고하면, 선의 왼쪽에 있는 숫자와 관련해서는, 이제 제수의 처음 두 숫자만 사용해야 한다. 그러므로 셋째 숫자를 삭제하고, 다음과 같이 수행할 것이다.

3·4~~2~~~~1~~) 5·879 (1·71
3·421
―――
2·458
2·394
―――
64
34
―――
30

여기서 나머지는 30인 반면, 완전한 계산에서 대응하는 나머지는 28이다. 이제 앞서와 같은 이유로, 제수의 4를 삭제한다. 이때, 마지막 숫자가 9여야 하는지, 8이어야 하는지 궁금하다. 9를 취하면, 9×3=27이다. 4와 9의 곱셈에서 3을 받아올리면 30이 되어 9가 너무 크다고 의심할 수도 있다. 이제, 네 숫자를 알고 싶으면 네 숫자의 제수로 시작해야 한다는 것을 알게 되었다. 곱셈에서 제시했던 것과 같은 이유로, 받아올림/받아내림의 유사한 규칙을 나눗셈 시에도 적용해야 한다. 나아가, 네 숫자로 이루어진 답을 원할 때 다섯 숫자의 제수로 시작한다면, 이는 원래 나눗셈의 숫자 중 추가적인 열을 유지하고 있다는 의미이므로, 그 자리를 엄밀하게 나타내기에 더 그럴듯하다. 그 수행은 다음과 같다.

3·4~~2~~~~1~~~~3~~8) 5·8792 (1·718
3·4214
―――
2·4578
2·3949
―――
629
342
―――
287
273
―――

따라서, 다음을 고려해야 한다.

(1) 답에 포함될 숫자의 개수를 안다.
(2) 그 개수보다 하나 더 많은 숫자로 이루어진 제수로 나눗셈을 시작해야 한다. 이 숫자들은 주어진 제수에서 순서상 앞쪽에 있는 숫자들이다.
(3) 각 뺄셈 후에 차의 오른쪽에 피제수에서 내린 숫자를 쓰는 대신에, 제수의 오른쪽부터 숫자를 하나씩 삭제한다.
(4) 곱셈시 48과 같은 수는 받아올림을 해서 5가 되고, 32와 같은 수는 그대로 3이 되는 것처럼, 오른쪽에서 버렸던 숫자들에서 받아올림의 가능성이 있음을 항상 고려해야 한다.

곱셈의 경우와 마찬가지로, 학생에게 확신을 주고 혹시 생길지 모를 의심스러운 경우에 어떤 수를 받아올려야 하는지 결정하는 판단력을 길러주려면 연습시킬 필요가 있음이 분명하다.

15 백분율과 백분율의 활용

백분율

일부 산술 교과서에서는 백분율을 마치 어떤 독특한 원리를 지닌 특별한 과정인 것처럼 다루고, 따라서 백분율을 별도의 분야로 취급하고 있다. 이러한 교과서에는 백분율의 정의, "사례", 규칙, 공식이 있다. 백분율을 이렇게 상세하게 다루는 것은 이론적 측면이나 실제적 측면에서 봤을 때 잘못된 판단인 것 같다. 왜냐하면 이론적 측면에서 그렇게 하는 것은 수 발달상 새로운 단계를 주장하거나 가정하기 때문이다. 실제적 측면에서는 학생들이 완벽하게 잘 알고 있는 몇 가지 간단한 원리를 지능적으로 적용하는 것이 아니라, 이를 기계적인 규칙 체계로 대체하기 때문이다. 측정으로서 수의 발달에서 백분율은 새로울 것이 없다. 백분율은 분수와 다소 명백하게 연관되는 비율의 아이디어, 비율의 과정과 관련이 있고, 백분율 문제는 이러한 아이디어를 확장하고 정의하며 그 문제를 활용하여 더 큰 편의를 확보하는 데 훌륭한 연습을 제공한다. 그러나 이 새로운 주제에 대한 일부 교과서의 사례나 규칙에서, 양을 다른 어떤 수가 아닌 100개의 부분으로 측정한다는 단순한 사실이 백분율을 수 발달상 새로운 단계를 특징짓는 새로운 과정으로 볼만한 타당한 이유인 것 같지는 않다. "백분율은 $\frac{1}{100}$로 계산하는 과정"이라는 것은 의심의 여지 없이 충분히 맞는 말이다. 그런데 이 과정이 정신적 조작으로서 $\frac{1}{8}$, $\frac{1}{10}$, $\frac{1}{20}$, $\frac{1}{50}$로 계산하는 과정과 대체로 구별이 되는가? 만약 분수와 백분율의 차이가 논리적 과정이나 심리학적 과정의 차이가 아니라 주로 수기호를 다루는 것의 차이라면, 백분율이라는 주제에 신비스러운 느낌을 부여하고 학생을 이해시키기 위해 해당 규칙과 공식을 사용하여 6~9가지 "사례"를 만들어 내는 것이 과연 가치 있는 일인가?

조금도 과장하지 않고, 백분율에 관한 진정한 사실은 이러한 형식적인 처리나 발생하는 복잡성이 필요 없음을 분명하게 보여준다.

(1) 라틴어 per centum의 줄임말인 per cent(퍼센트)는 영어 단어 hundredths ($\frac{1}{100}$)와 같다. 100에 대한 비율이란 어떤 양의 $\frac{1}{100}$이 몇 개인지를 간단하게 표현하는 수이다. 따라서, 1퍼센트, 2퍼센트, 3퍼센트, 4퍼센트, …, n퍼센트는 주어진 양을 똑같이 100개의 부분으로 나눈 것 중 1개, 2개, 3개, 4개, …, n개를 의미하며, $\frac{1}{50}$, $\frac{2}{50}$, $\frac{3}{50}$, …, $\frac{n}{50}$은 주어진 양을 똑같이 50개의 부분으로 나눈 것 중 1개, 2개, 3개, …, n개를 의미한다. 일반적으로 $\frac{1}{n}$, $\frac{2}{n}$, $\frac{3}{n}$, $\frac{4}{n}$, …는 측정될 수 있는 양을 똑같이 n개의 부분으로 나눈 것 중 1개, 2개, 3개, 4개, …를 나타낸다.

(2) 백분율에 관한 모든 문제는 분수에서 논의된 원리들을 포함하며, 이러한 원리를 직접 적용함으로써 해결할 수 있다. 실제로, 그 정신적 활동 시 모든 산술 "규칙"을 도입해야 하며, 이는 항상 학습이 수반되어야 하는데, 이를 위한 가장 쉽고 효과적인 처리 방법은 일반적으로 $\frac{1}{100}$이든 $\frac{1}{90}$이든 $\frac{1}{20}$이든 $\frac{1}{n}$이든 관련된 양에 관한 가장 간단한 분수 형태를 사용하는 것이다.

(3) 따라서 소위 백분율에 관한 모든 사례는 확정적 측정을 나타내는 분수를 직접 적용하거나, 적어도 그러한 적용을 통해서 쉽게 해결할 수 있다. 주요 "사례"에 관한 다음의 간단한 예시를 살펴보자.

1. 어떤 양의 주어진 퍼센트만큼을 구하기

(a) 상인이 다량의 물건을 도매가인 325달러의 $\frac{3}{5}$에 구입했다. 얼마를 지불했을까?

(b) 상인이 다량의 물건을 도매가인 325달러의 60퍼센트에 구입했다. 얼마를 지불했을까?

여기에서 (a)는 분수에 관한 문제이고, (b)는 백분율에 관한 문제이다. 전자에서는 어떤 양이 다른 양의 3개의 $\frac{1}{5}$로 표현되고, 후자에서는 어떤 양이 다른 양의 60개의 $\frac{1}{100}$로 표현된다.

2. 한 양이 다른 양의 몇 퍼센트인지 구하기

(a) 195달러는 325달러의 몇 부분(분수)인가?

(b) 195달러는 325달러의 몇 퍼센트인가?

어떤 의미로는 질문 (a)가 불확정적이라고 말할 수 있다. 즉, 무한개의 동치분수 중 어떤 것이든 정답이 될 수 있다. 따라서 정답은 $\frac{195}{325}=\frac{39}{65}=\frac{3}{5}$ (= $\frac{780}{1300}=\frac{60}{100}$ 등)이다. 그런데 만약 질문이 "195달러에는 325달러의 325분의 1이 몇 개 있는가?", "325달러의 65분의 1은 몇 개 있는가?", "325달러의 5분의 1은 몇 개 있는가?"였다면, 각 질문에 대한 답은 이 분수들 중 앞의 3개이며, 이것들은 모두 정확하게 같은 추론으로 구할 수 있다. 예를 들어, (1) 325달러의 $\frac{1}{325}$은 1달러이다. 이것은 195달러에 195번 포함되어 있다. 따라서 195달러는 325달러의 $\frac{195}{325}$이다. (2) 325달러의 $\frac{1}{65}$은 5달러이다. 이것은 195달러에 39번 포함되어 있다. 따라서 195달러는 325달러의 $\frac{39}{65}$이다. (3) 325달러의 $\frac{1}{5}$은 65달러이다. 이것은 195달러에 3번 포함되어 있다. 따라서 195달러는 325달러의 $\frac{3}{5}$이다. 이러한 추론은 질문의 정답에 해당하는 다른 동치분수의 경우도 마찬가지다.

엄밀히 말하면, 질문 (b)에서는 하나의 답으로 제한되지만, 이 답도 같은 방식으로 구하는 것이고, 사실상 질문 (a)의 답이 되는 무한한 분수들 중에서 얻을 수 있는 것이다.

실제로 그 질문은 "195달러에는 325달러의 100분의 1이 몇 개 있는가?"이다. 앞에서와 같이 추론할 수 있다. 325달러의 $\frac{1}{100}$은 $3\frac{1}{4}$달러, 즉 3.25달러이다. 이것은 195달러에 60번 포함된다. 따라서 195달러는 325달러의 $\frac{60}{100}$이다. 물론 이 질문들에 대한 풀이는 195달러에 325, 65, 5, 100 각각을 먼저 곱하면 달라지게 된다[43]. 이에, 질문 (b)에서 195달러와 325달러의 100분의 몇 간의 비교가 있어야 한다. 즉, 이는 '195달러에 $\frac{325}{100}$달러가 몇 번 포함되는지'이며(분수의 나눗셈 참조), 여기서 양은 동일한 측정 단위로 표현되어야 하고, 나눗셈은 19500(1달러의 $\frac{1}{100}$) ÷ 325(1달러의 $\frac{1}{100}$)이다. 일반적으로 가장 직접적인 방법은 두 양의 비율을 나타내는 어떤 편리한 분수를 구한 다음, 이 분수를 분모가 100인 동치분수로 바꾸는 것이다.

43) [역자 주] 원문에서는 195달러에 1, 65, 5, 100을 곱한다고 기술되어 있으나, 바로 앞에 제시된 설명에 기초할 때, 325, 65, 5, 100을 곱하는 경우의 언급이 적절하기 때문에, 이를 수정하여 번역하였다.

3. 퍼센트가 주어진 수 구하기

(a) 상인이 물건을 195달러에 구매했는데, 이는 정가의 $\frac{3}{5}$이다. 정가를 구해보자.

(b) 상인이 물건을 195달러에 구매했는데, 이는 정가의 60퍼센트이다. 정가를 구해보자.

(a)에서 정가는 5개의 같은 부분으로 측정되며, 그 중 3개가 주어진 것이다. 5개 중 3개가 195달러이므로 5개 중 1개는 65달러이고, 5개 중 5개(전체)는 65달러×5=325달러이다. (b)에서는 정가를 100개의 같은 부분으로 측정한 것이고, 그 중 60개가 주어진 것이다. 100개 중 60개가 195달러이므로 100개 중 1개는 195달러÷60이고, 100개 중 100개(전체)는 195달러÷60×100=325달러이다. 여기서, 마지막 계산 시 인수와 제수를 연결하는 원리에 따라, 각 제수로 나누기 전에 각 인수를 곱할 수 있다. 예를 들어, 양의 $\frac{1}{3}$의 5배는 양의 5배의 $\frac{1}{3}$과 같고, 따라서 65달러÷3×5=65달러×5÷3이다.

도입 차시

교사는 분수의 간단한 원리를 백분율에 적용할 때 각자 다른 방법을 사용할 것이다. 다음의 요점은 단지 제안일 뿐이다.

1. 학생들의 현 발달 단계에서 구체적인 예를 사용할 필요는 거의 없다. 수학 심리학에 따라 산술을 배워온 학생이라면, 현 발달 단계에서 구체적인 예는 필요하지 않을 것이다. 사물을 이용하여 산술을 가르치기 시작하지만, 사물을 끝까지 계속해서 이용해서는 안 된다. 학생이 물체를 이용해야만 한다면, 수 개념을 발달시킬 수 있는 상위의 정신적 과정을 놓친 채 단지 실제

적 과정만을 수행하기 쉽다. 물체에 의존하는 유아 단계는 그저 하나의 단계일 뿐이다. 이 단계가 영원한 안식처가 되어서는 안 되며, 아기처럼 네 발로 기는 방법은 발달을 심각하게 저해할 수 있다.

2. 우선적인 목표는 학생들이 백분율과 분수를 동일시하게 하는 것이다. 학생은 분수를 주어진 분자 또는 분모를 가지는 동치분수로 어떻게, 왜 바꿀 수 있는지 이미 알고 있다. (1) 이제, 어떤 간단한 분수를 100분의 몇으로 표현하는 연습을 해 보자. $\frac{1}{2}=\frac{50}{100}$, $\frac{1}{4}=\frac{25}{100}$, $\frac{1}{5}=\frac{20}{100}$, $\frac{1}{10}=\frac{10}{100}$, $\frac{1}{20}=\frac{5}{100}$, $\frac{3}{4}=\frac{75}{100}$, $\frac{3}{5}=\frac{60}{100}$, $\frac{7}{10}=\frac{70}{100}$ 등이다. 수많은 분수를 각각 분모가 100인 하나의 동치분수로 바꿀 수 있음을, 다시 말해 정확한 수의 100분의 몇으로 표현되는 분수로 바꿀 수 있음을 쉽게 볼 수 있다. (2) 이제, 어떤 분수도 100분의 몇으로 표현할 수 있음을 밝히는 몇 가지 연습을 해 보자.

$$\frac{1}{3}=\frac{33\frac{1}{3}}{100};\ \frac{1}{8}=\frac{12\frac{1}{2}}{100};\ \frac{7}{8}=\frac{87\frac{1}{2}}{100};\ \frac{19}{21}=\frac{1900}{2100}=\frac{90\frac{10}{21}}{100}\text{ 등.}$$

학생들은 10과 100으로 하는 곱셈과 나눗셈이 매우 쉽다는 것을 이미 알고 있다. 다시 말해, 어떤 양의 10분의 몇과 100분의 몇은 그 양의 다른 분수보다 쉽게 구할 수 있다. 또한, 100분의 자연수로 표현될 수 있는 분수의 개수가 10분의 자연수로 표현될 수 있는 분수의 개수보다 훨씬 많다는 것을 알 것이다. 학생들은 아마도 왜 100분의 몇으로 양을 측정하는 관행이 그렇게 일반적으로 채택되었는지 추론할 것이다.

3. 100분의 몇을 쓰는 여러 가지 방법들이 상기되고, 퍼센트라는 용어를 위한 기호가 제공될 것이다. 예를 들어, 5퍼센트는 기호로 5%이며, 이는 $\frac{5}{100}$, 5개의 $\frac{1}{100}$, ·05로 표현된다.

4. 분수와 백분율을 연결하고 백분율의 다양한 "사례"를 보여주는 쉬운 암산(이어서 필산) 문제가 있다. 1퍼센트, 10퍼센트, 25퍼센트, 30퍼센트, 60퍼센트, 80퍼센트, 90퍼센트 등과 동치인 분수는 무엇인가? 양의 $\frac{1}{2}$, 양의 $\frac{1}{4}$, 양의 $\frac{1}{5}$, 양의 $\frac{1}{8}$, 양의 $\frac{3}{4}$, 양의 $\frac{2}{5}$, 양의 $\frac{3}{8}$은 각각 양의 몇 퍼센트인가? 이러한 질문은, 같은 선상에 있는 실용적 문제들과 함께, 분수와 백분율 간 원리의 동일함을 보여줄 것이다. 백분율은 분수의 또 다른 이름일 뿐이다.

5. 이제 학생들은 일반적인 사례를 보여주는 보다 형식적인 문제를 풀 준비가 되었을 것이다. 이런 문제들을 특별한 규칙, 정의, 공식을 요구하는 특별한 사례로 제시하지 말아야 한다. 곱셈 규칙과 골치 아픈 정의를 피하고 학생들에게 몇 가지 간단한 원리를 적용하는 기능을 제공하는 것이 관건이다. 백분율의 9가지 사례, 9가지 규칙이나 공식에 대해 들어본 적도 없는 학생이 백분율 문제를 쉽게 다루는 능력을 갖추고 있다는 것이 실제 경험상 입증된 바 있다. 물론 복잡성 때문에 대수적 분석을 더 적절히 연습해야 하는 문제는 제외하고 말이다. 학생이 백분율 문제를 풀 때 어느 것이든 하나의 해법에 한정되어서는 안 된다. 학생은 때때로 순전히 분수 형태를 사용하고, 다른 때에는 소위 백분율 형태를 사용하며, 또 다른 때에는 두 형태를 섞어서 사용할 것이다. 학생은 그 원리의 진정한 본질에 대해 배워야 하고, 모든 형태를 동등하게 사용할 수 있도록 그 형태들의 적용에 대해 연습해야 하며, 주어진 문제에서 어느 형태가 가장 간결하고 명쾌한 해결로 이어질지를 거의 즉시 결정해야 한다.

지나치게 일반적으로 만연해 있는 용어 **퍼센트**를 모호하게 사용하고 있음에 주의할 필요가 있다. 퍼센트는 종종 그 자체가 분명하고 확정적인 의미를 지니는 것처럼 사용된다. 그러나, 퍼센트는 단지 하나의 가능한 측정 방식을 나타낼 뿐이다. 10퍼센트, 100퍼센트는 그저 $\frac{1}{10}$, 1이라는 의미를 지닐 뿐이다. 모든 수는 측정 가능성을 나타낸다. 이 수들은 측정되는 양에 적용되기 전까지는 무의미하다. 출판된 어떤 책의 백분율 문제 풀이에서, 수가 퍼센트로 표현되었다는 이유로 서로 다른 양을 같은 측정 단위로 정의하는 경우를 드물지 않게 발견할 수 있다. 예를 들어, 어떤 저자가 한 양의 110퍼센트와 다른 양의 90퍼센트 간의 차이가 20퍼센트라는 것을 당연시하여 풀이한 것을 전에 본 적이 있다. "100퍼센트가 구하는 양과 같다고 하자."는 백분율 문제 풀이에서 매우 일상적인 가정이다. 또한, 같은 풀이 내에서 인식될 필요가 있는 서로 다른 양에 대해서 100퍼센트가 같은 역할을 "수행"함을 발견하는 것도 마찬가지로 드물지 않다. 최근 잘 꾸며진 한 영국 서적에서는 "100퍼센트는 1이다."라는 기본 원리를 검정색으로 강조하고 있다. 어떤 양의 100퍼센트는 그 양의 2분의 2, 3분의 3, 4분의 4, …, n분의 n과 같이, 실제로 그 양을 한 번 취한 것이다. 그러나 "100퍼센트를 1(또는 어떤 양이든)과 똑같게" 만드는 이 느슨한 방식은 양의 측정인 수의 본성에 대한 오해 및 측정 과정을 명시적으로 나타내는 분수의 기능에 대한 오해에서 비롯된다. 마치 교사와 학생 모두가 이 미묘한 백 퍼센트에 최면이 걸린 것 같다.

백분율의 활용

1. 손익

"이윤과 손실 퍼센트를 구하기 위해 구입가와 판매가가 주어질 때," 형식적인 사례나 형식적인 규칙은 필요하지 않다. 몇 가지의 예를 통해 여러 가지 "경우"를 보일 것이다.

(1) 설탕을 파운드 당 6센트에 사서, 파운드 당 8센트에 팔았다. 몇 퍼센트의 이윤을 얻었는지 구해보자.

질문은 간단히 다음과 같이 진술된다. 6센트 가격일 때 2센트를 얻은 것은 100센트 가격으로 볼 때 얼마를 얻은 것인가? 즉, $\frac{2}{6}$는 $\frac{1}{100}$이 몇 개인가? 분자와 분모에 $16\frac{2}{3}$$\left(=\frac{100}{6}\right)$를 곱하라. 또는 다음과 같이 해결한다.

6센트의 지출로 2센트를 얻는다.

$\therefore$ 1센트의 지출로 $\frac{1}{3}$센트를 얻는다.

$\therefore$ 100센트의 지출로 $\frac{1}{3}\times 100 = 33\frac{1}{3}$센트를 얻는다.

(2) 옷감을 야드 당 60센트에 사서, 25퍼센트의 이윤을 남기고 팔았다. 판매가를 구해보자.

구입가를 비교 단위로 사용하면, 판매가=구입가의 125퍼센트=구입가의 $\frac{5}{4}$=60센트의 $\frac{5}{4}$=75센트이다. 또는 다음과 같이 해결한다.

가격이 100센트일 때 얻는 이윤은 25센트이다. 가격이 1센트일 때 얻는 이윤은 $\frac{25}{100}$센트이다.

∴ 가격이 60센트일 때 얻는 이윤은 $\frac{1}{4}$센트×60=15센트이다.

따라서 60센트+15센트=75센트가 판매가이다.

(3) 면을 야드 당 12센트에 팔아서 20퍼센트의 이윤을 남겼다. 원가는 얼마일까?

원가를 비교 단위로 사용하면, 원가의 20퍼센트는 원가의 $\frac{1}{5}$이다. 그러므로 원가의 $1\frac{1}{5}$=원가의 $\frac{6}{5}$=12센트이다. 따라서 원가는 10센트이다.

(4) 식료품 상인이 커피를 파운드 당 30센트에 팔아서 25퍼센트의 손실이 발생했다. 상인이 10퍼센트의 이윤을 남기려면 새로운 판매가를 얼마로 정해야 할까?

판매가=원가의 $\frac{3}{4}$=30센트이다. 그러므로 원가=40센트이다. 새로운 판매가=원가의 $\frac{11}{10}$=40센트의 $\frac{11}{10}$=44센트이다. 다른 방법으로 풀어 보면, 손실 판매가, 즉 원가의 $\frac{3}{4}$($\frac{15}{20}$)은 원가의 $\frac{11}{10}$($\frac{22}{20}$)로, 즉 $\frac{22}{15}$ 비율로 인상되어야 한다. 따라서 30센트의 $\frac{22}{15}$=44센트가 구하고자 하는 새로운 판매가이다.

(5) 상인이 제품을 야드 당 39센트에 팔아서 30퍼센트의 이윤을 남겼다. 이 상인이 판매가를 얼마로 하면 40퍼센트의 손실이 발생할까?

이윤 판매가는 원가의 $\frac{13}{10}$이다. 손실 판매가는 원가의 $\frac{6}{10}$이다. 따라서 손실 판매가는 이윤 판매가의 $\frac{6}{13}$=39센트의 $\frac{6}{13}$=18센트이다.

2. 주식, 수수료 등

몇 가지 예로써 이 규칙들에 새로운 원리가 없음을 보일 것이다.

(1) $95\frac{1}{4}$의 비율로 현금화할 수 있는 정부 주식이 있다면, 주식 4000달러를 팔면 현금화되는 돈은 얼마인가?

주식 100달러를 현금화하면 $95\frac{1}{4}$달러가 된다. 주식 4000달러는 $95\frac{1}{4}$달러$\times 40=3810$달러의 현금이 된다.

(2) 주식 100주를 $106\frac{3}{8}$달러에 팔고 중개 수수료 $\frac{1}{8}$달러를 지불할 때, 주식 4400달러를 팔면 현금화되는 총액은 얼마인가[44]?

주식 100주는 $(106\frac{3}{8}-\frac{1}{8})$달러$=106\frac{2}{8}$달러가 된다. 따라서 주식 4400달러는 $106\frac{1}{4}$달러$\times 44=4675$달러가 된다.

(3) 주식 100달러를 120달러에 팔고 6개월마다 배당금으로 4퍼센트를 주는 은행이 있다. 이 은행 주식에 9000달러를 투자하면 얻게 되는 6개월 수익금은 얼마인가?

120달러로 주식 100달러만큼을 사면, 이 주식으로 인해 4달러의 수익금이 생기는 것이다. 즉, 수익금은 $4\div 120$으로, 투자금의 $\frac{1}{30}=9000$달러의 $\frac{1}{30}=300$달러이다.

(4) 주식 100달러를 140달러에 사서 12퍼센트의 이익을 얻는 주식과 120달러에 사서 9퍼센트의 이익을 얻는 주식 중 어느 것에 투자하는 것이

44) [역자 주] 원문에서 4400달러 바로 오른쪽에 six-per-cent라는 문구가 포함되어 있다. 그러나 문장 구조 및 문제 하단에 서술된 설명에 근거할 때, six-per-cent에서 'six'는 불필요하게 포함된 것으로 보여 이를 삭제하고 해석하였다.

더 나을까? 1400달러를 각각 투자하면 얻는 수익금은 얼마인가?

첫째 투자에서 140달러는 12달러의 수익을 가져오므로, 1달러를 투자할 때 $\frac{12}{140}$달러=$\frac{3}{35}$달러의 수익을 얻는다.

둘째 투자에서는 120달러가 9달러의 수익을 가져오므로, 1달러를 투자할 때 $\frac{9}{120}$달러=$\frac{3}{40}$달러의 수익을 얻는다.

$\frac{3}{35}$달러가 $\frac{3}{40}$달러보다 크므로, 첫째가 더 나은 투자이다.

첫째 투자의 수익금=1400달러의 $\frac{3}{35}$=120달러

둘째 투자의 수익금=1400달러의 $\frac{3}{40}$=105달러

(5) 중개상이 상품에 대해 지불한 가격의 $2\frac{1}{2}$퍼센트를 대리점에 수수료로 제공하는 조건으로 어떤 상품에 945달러를 투자하려고 한다. 대리점이 받게 되는 수수료를 구해보자.

중개상이 100달러를 투자할 때마다 대리점은 $2\frac{1}{2}$달러를 수수료로 받기 때문에, 100달러를 투자할 때마다 대리점에 $102\frac{1}{2}$달러를 보내야 한다. 즉, 중개상이 $102\frac{1}{2}$달러를 보낼 때마다, 대리점은 $2\frac{1}{2}$달러를 수수료로 받게 되는 것이다. 따라서 대리점은 중개상이 보낸 전체 금액의 '$2\frac{1}{2} \div 102\frac{1}{2} = \frac{1}{41}$'을 수수료로 받는다. 대리점이 받게 되는 수수료 총액은 945달러÷41이다.

(6) 집값이 3900달러이고 집에 대한 보험료로 보상금의 $2\frac{1}{2}$퍼센트를 지불할 경우, 손해가 발생해서 집주인이 보상금으로 집값과 낸 보험료를

모두 돌려받는다면 얼마를 받게 되는가?

보험료가 보상금의 $2\frac{1}{2}$퍼센트이므로, 집값은 보상금의 '100퍼센트−$2\frac{1}{2}$퍼센트=$97\frac{1}{2}$퍼센트=$\frac{39}{40}$'이다. 따라서 보상금의 $\frac{39}{40}$=3900달러이고, 보상금은 4000달러이다.

(7) 징수원에게 총 부과금의 2퍼센트를 주고 난 후 현금화된 순 부과금이 24500달러라면, 마을에 할당된 총 부과금은 얼마인가?

징수원은 총 부과금의 2퍼센트=총 부과금의 $\frac{1}{50}$을 받는다. 마을은 총 부과금의 $\frac{49}{50}$를 받는다. 총 부과금의 $\frac{49}{50}$는 24500달러이므로, 총 부과금은 25000달러이다.

이자

용어 **퍼센트**의 의미와 쓰임을 배운 학생은 이자 관련 주제에 별 어려움이 없다는 것을 알아야 한다. 그러나 학생들은 이자 문제와 이와 유사한 상업 관련 문제를 자주 틀린다. 실패의 원인을 조사해 보면, 대체로 문제에 관한 수학적 무능력 때문이 아니라 사용되는 용어에 대한 지식이 부족하고 관련된 사업 형태와 운영에 친숙하지 않기 때문이라는 것을 알게 된다. 이러한 이유에서 산술을 상업 관련 문제에 적용할 때, 교사는 학생이 그러한 사업 형태와 운영을 명확하게 알고 잘 이해할 수 있도록 해야 한다.

단리

이미 말한 바와 같이, 돈을 빌릴 때 그 사용에 대해 어떤 대가가 요구되는지, 얼마의 돈(이자)을 지불해야 하는지 학생에게 먼저 설명해 주어야 한다. 또한, 이자는 기간에 따라 달라진다는 것도 설명해야 한다. 기간이 두 배, 세 배가 되면, (이는 두 번, 세 번 사용하는 것을 함축하는 것이기 때문에) 이자가 두 배, 세 배가 된다. 기간의 단위는 일반적으로 1년으로 하며, 그 해의 이율은 퍼센트로 제시된다. 따라서 어떤 사람이 연 5퍼센트로 1년 동안 돈을 빌려준다고 가정하면, 연말에 그 사람은 빌려준 돈의 $\frac{5}{100}$를 이자로 받게 되는 것이다. 만약 돈을 6개월 간 빌려준다면, 이자는 총 대출금의 $\frac{5}{100}$의 $\frac{1}{2}$일 것이다. 53일 동안 빌려준다면, 이자는 총 대출금의 $\frac{5}{100}$의 $\frac{53}{365}$이 될 것이다. 학생은 이제 단리 계산에 관한 어떠한 문제도 풀 준비가 되었다. 학생은 형식적인 계산을 연습하고 이러한 문제에 대해 말해 본 다음, 즉 문제를 충분히 인지한 다음, 경제생활에 종사하는 사람들의 방법대로 신속하게 계산하도록 훈련받아야 한다. 다음으로, 학생이 이자, 대출금(원금), 원리합계라고 부르는 총액 간의 관계를 알아보도록 해야 한다. 대출금이 100달러이고, 대출 기간은 6개월이며, 연 6퍼센트의 이율이라고 가정해 보자. 다음의 선 AB는 6개월을 나타내며, A가 대출 기간의 시작을, B는 대출 기간의 종료를 나타낸다고 하자.

		\$3	이자
원금 :	\$100	\$100	원금
	A	B	

대출 기간의 종료 시점에 빌려준 사람에게 총액 103달러를 갚아야 한다. 즉, 100달러를 반환하고 3달러를 이자로 지불해야 한다. 총액 103달러를 원리합계라고 부른다. 그러면 다음은 분명하다.

(1) 이자 = 원금의 $\frac{3}{100}$

= 원리합계의 $\frac{3}{103}$

(2) 원금 = 이자의 $\frac{100}{3}$

= 원리합계의 $\frac{100}{103}$

(3) 원리합계 = 이자의 $\frac{103}{3}$

= 원금의 $\frac{103}{100}$

선을 사용하여 기간을 표현하는 것은 학생에게 큰 도움이 될 것이며, 앞에서 설명한 것과 유사한 몇 가지 예를 검토한 후에, 학생은 원금, 이자, 원리합계 간의 모든 관계를 알게 되고 기간과 이율이 주어질 때 그것들을 기록하는 방법을 알게 될 것이다. 이러한 관계가 이해될 때 이자 문제를 전부 이해할 수 있으며, 주의가 필요한 것은 문제의 세심한 단계적 차이를 구성하는 교사의 역할이다.

이자에 관한 응용문제에서 가장 눈길을 끄는 것 중 하나는 소위 정할인(true discount)이라 부르는, 사용하지 말아야 하는 용어와 관련된 문제이다. 할인이긴 한데, 이는 실제 경제생활에만 있는 할인이다. 이는 백분율을 적용한 것이고, 이자와 같은 방식으로 계산되는 탓에, 이자로 잘못 말해서 학생들의 마음 속에 혼란을 야기한다.

이에 따라, 이율이 연 6퍼센트이고 6개월의 대출 기간 종료 시점 시의 부채가 150달러인 사람이 지금 지불해야 할 총액을 구하는 문제는 명확한 이자 관련 문제이다. 이 문제를 해결하기 위해서 앞에서 제시한 선 그림을 사용한다. 만약 어떤 사람이 지금 100달러를 갖고 있고 주어진 이율에 맞게 이자가 부과된다면, 기간의 종료 시점에 103달러를 돌려받을 것이 분명하다.

따라서, 지금의 100달러는 6개월 뒤의 103달러와 동등하다. 즉, 지금의 총액은 6개월 뒤의 얼마의 총액과 동등하고, 지금의 총액은 6개월 뒤의 총액의 $\frac{100}{103}$ 이다. 따라서 이 문제의 경우, 지불해야 할 총액은 150달러의 $\frac{100}{103}$ 이다. 여기에 깎아주기, 즉 할인이 있다는 것은 사실이지만, 학생이 이자와 할인에 대한 모든 질문을 이해하기 전에는 이 용어를 그렇게 연결지어 사용해서는 안 된다[45]. 이어서, 학생이 단리를 숙달했다고 가정하고, 복리로 넘어갈 것이다.

복리

교사는 돈의 가치가, 학생이 보아왔듯이, 어느 정도는 시점이 어디인가에 달려 있다고 설명해야 한다. 사업가는 항상 만기일에 이자를 납부한다고 가정하고, 또는 납부가 연기된다는 합의가 이루어지면 이 이자에 또 이자가 붙어야 한다고 여긴다. 자세하게 풀이된 예를 통해 학생들이 그것이 어떻게 이루어지는 것인지 알도록 도울 수 있다. 총 1000달러를 3년간 연 5퍼센트로 빌리는데, 이자는 3년이 지났을 때 종료 시점에 납부하고 매해 연말의 이자에 또 이자가 붙는다고 가정해 보자.

45) [역자 주] 일반적으로 원금과 이율을 알 때 원리합계를 구하는 경우가 많지만, 정할인은 만기시 이율을 생각해서 지금의 총액을 할인해 주는 어음 할인 문제라 할 수 있다.

\$1000	원금
5	
\$50.00	1년차 이자
\$1000	
\$1050	2년차 동안 이자가 붙는 총액
5	
\$52.50	2년차 이자
\$1050.	
\$1102.50	3년차 동안 이자가 붙는 총액
5	
\$55.1250	3년차 이자
1102.50	
\$1157.6250	만기일에 지불해야 하는 원리합계
1000.00	원금
\$157.625	이자의 합계

학생은 이러한 몇 가지 예로 활동하겠지만, 단지 이자에 대한 이자로 얼마를 받는지 결정하는 것만으로는 조금도 즐거움을 느끼지 못할 것이다. 이때, 학생은 복리에 대해 좀 더 일반적인 공부를 할 준비가 된 것이다.

3년 동안 연 5퍼센트의 복리로 빌린 총액을 가정해 보자. 1년 동안 총액에 대한 5퍼센트 이자는 얼마인가? 분명히 총액의 $\frac{5}{100}$이다. 원리합계는 얼마인가? 총액의 $\frac{105}{100}$이다. 그러면, 1년 동안 어떤 총액의 원리합계는 얼마인가? 그 총액의 $\frac{105}{100}$이다. 2년차 동안 이자가 붙게 되는 총액은 얼마인가? 원래 총액의 $\frac{105}{100}$이다. 이것에 대한 원리합계는 얼마가 될까? 그 자체의 $\frac{105}{100}$이므로, 원래 총액의 $\frac{105}{100}$의 $\frac{105}{100}$이다. 따라서 2년 동안 총액의 원리합계는 원래 총액의 $(\frac{105}{100})^2$이다. 3년 동안의 원리합계는 얼마일까? 분명히 원래 총액의 $(\frac{105}{100})^2$의 $\frac{105}{100}$이므로, 원래 총액의 $(\frac{105}{100})^3$이 된다. 이는 원래 총액의 $\frac{1157625}{1000000}$이다. 이는 원래 총액보다 얼마가 더 많은 것인가? 원래 총액의 $\frac{157625}{1000000}$가 더 많은 것이다. 따라서, 이자=원래 총액의 $\frac{157625}{1000000}$=원리합계의 $\frac{157625}{1157625}$ 등이다.

학생에게 1년 이상의 기간(또는 6개월이나 3개월도 합의에 의해 가능함)과 관련된 모든 거래에서 복리는 이자를 만기에 지불한다고 간주하는 경우에만 해당된다는 것을 말해야 한다. 앞서 말했던 것과 같이, 학생은 다음의 이자 문제를 어떻게 해결하는지 즉시 알 것이다. 이율이 연 6퍼센트이고 3년 만기 시점시 부채가 1000달러인 대출을 위해 지금 지불해야 할 총액은 얼마일까? 학생은 한 시점에서 다른 시점으로 돈을 이동시킬 수 있는 능력을 습득해야 한다.

연금

연금에 대해서는 몇 마디로 설명할 수 있다. A가 B에게 100달러를 주고 이율 6퍼센트를 평생 유지할 때, B가 매해 연말에 A나 그의 상속인에게 6달러씩 평생 지급하는 것에 동의한다면, 이는 B가 양자를 동일하다고 받아들인 것이다. 매해 연말에 지급되는 이 6달러를 연금이라고 부른다. 이는 평생 운용되기 때문에 종신연금이라고 부르기도 하며, 첫 지급은 첫해의 말에 이루어지지만, 지금 개시한다고 말한다. 100달러는 아주 적절하게 연금의 현금 가치라고 불리며, 100달러와 연금 6달러의 관계는 분명히 원금과 이자의 관계이다. 따라서 주어진 종신연금의 현금 가치를 구하거나, 주어진 총액으로 거래할 수 있는 종신연금을 찾는 것은 쉬울 것이다. 이를 보이기 위해 무한히 연장되는 선이 필요하다.

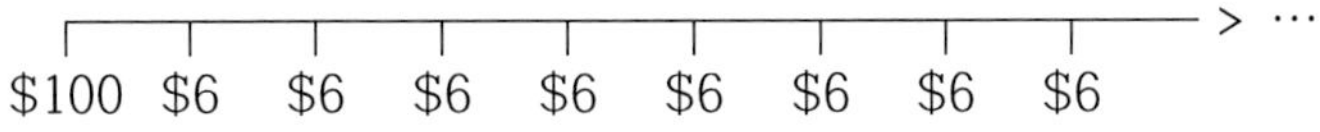

(선의 분할은 각각 1년을 나타낸다.)

다음으로, 예를 들어 3년이 끝나는 시점에 연금을 시작하여, 4년차 말에 첫 연금을 지급받는다고 가정해 보자. 연금은 6달러이고 연이율이 6퍼센트라고 하면, 4년차 초에 이 연금의 현금 가치는 100달러라는 것을 볼 수 있다.

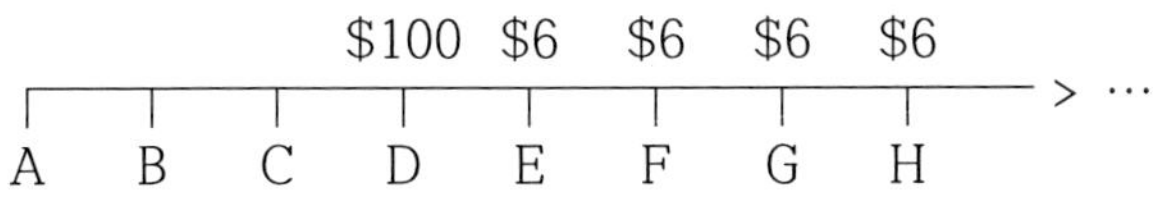

그러나 그 100달러는 지금으로부터 3년 후의 연말에 위치하며, 따라서 지금 100달러의 $(\frac{100}{106})^3$과 동일한 것이다. 즉, 우리는 3년 거치된 연금의 현금 가치를 구한 것이다. 학생이 앞서 논의된 두 가지 사례를 다루는 방법을 알고 있다면, 지금 시작해서 확정적인 몇 년 동안 운용되는 연금의 현금 가치를 쉽게 구할 수 있다. 아래에 제시된 두 가지 종신연금을 비교해야 할 때, 학생은 첫째 경우가 둘째 경우보다 3번 더 지급 받는다는 것을 알 것이다. 즉 첫째 경우가 첫해 말에 6달러, 둘째 해 말에 6달러, 셋째 해 말에 6달러를 더 받는 것이며, 이것들은 지금 시작해서 3년 동안의 연금을 구성한다.

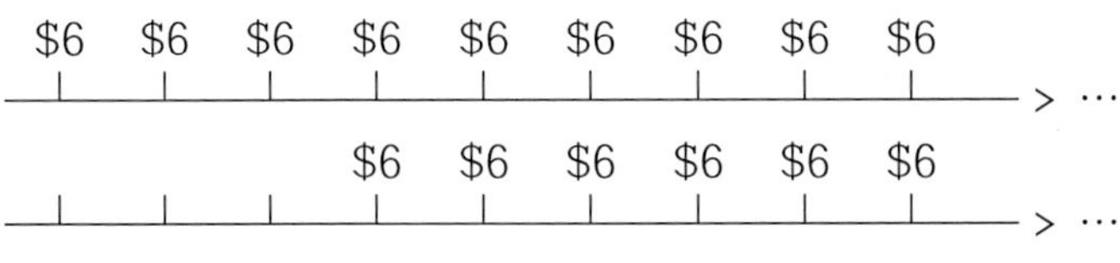

그런데 첫째 연금의 현금 가치는 100달러이고, 둘째 연금의 현금 가치는 100달러의 $(\frac{100}{106})^3$이다. 그러므로 지금 시작하는 6달러 연금을 3년

동안 운용하면, 현금 가치는 100달러−100달러의 $(\frac{100}{106})^3$, 즉 100달러의 $\left\{1-(\frac{100}{106})^3\right\}$이다.

일반적인 공식을 쉽게 얻을 수 있을 뿐만 아니라, 확정적인 몇 년 동안 운용하는 거치 연금의 가치를 쉽게 구할 수 있을 것이다.

16 발전

제곱근

3과 3의 곱은 9이고, 5와 5의 곱은 25이다. 한 변의 길이가 3인 정사각형의 넓이는 9이고, 한 변의 길이가 5인 정사각형의 넓이는 25이다. 9를 3의 제곱, 25를 5의 제곱이라고 한다. 3은 9의 제곱근이고, 5는 25의 제곱근이라고 한다. 3의 제곱은 3^2이라고 쓰며, 3의 제곱근은 $\sqrt{3}$으로 표현한다. 학생은 바로 제곱표를 쓸 수 있을 것이다.

$$
\begin{array}{rcrl}
1^2 & = & 1 & \\
2^2 & = & 4 & \\
3^2 & = & 9 & \\
4^2 & = & 16 & \\
5^2 & = & 25 & [10^2 = 100] \\
6^2 & = & 36 & \\
7^2 & = & 49 & \\
8^2 & = & 64 & \\
9^2 & = & 81 &
\end{array}
$$

학생은 가장 작은 두 자리 수인 10의 제곱이 100이라는 세 자리 수로 표현되는 반면, 한 자리 수의 제곱은 모두 한 자리 수나 두 자리 수로 표현된다는 점에 주목할 것이다.

두 자리 수의 제곱은 세 자리 수나 네 자리 수로 표현됨이 분명하다. 또한, 세 자리 수의 제곱근[46)]은 두 자리 수로 표현되며, 제곱근의 십의 자리 숫자는 처음 수의 왼쪽 첫째 숫자로부터 알 수 있다. 예를 들어, 400과 900 사이

46) 어떤 수의 제곱근을 말할 때, 우리는 일반적으로 제곱근이 자연수인 경우를 가정한다.

에 있는 625는 (제곱근이 자연수라면) 20과 30 사이의 제곱근을 가질 것이며, 즉 제곱근의 십의 자리 숫자는 2가 될 것이다. 마찬가지로, 네 자리 수의 제곱근이 두 자리 수로 표현될 때, 제곱근의 십의 자리 숫자는 처음 수의 앞쪽 두 자리 숫자로부터 결정된다. 따라서 2500과 3600 사이에 있는 수인 2709의 제곱근은 십의 자리 숫자가 5일 것이고, 이는 2709의 27에 의해 결정된 것이다.

다음 제곱표를 써 보자.

$$\begin{array}{rcrl}
10^2 & = & 100 & \\
20^2 & = & 400 & \\
30^2 & = & 900 & \\
40^2 & = & 1600 & \\
50^2 & = & 2500 & \quad [100^2 = 10000] \\
60^2 & = & 3600 & \\
70^2 & = & 4900 & \\
80^2 & = & 6400 & \\
90^2 & = & 8100 &
\end{array}$$

이제, 13의 제곱을 구해보자. 결과는 169이다. 169에서 13으로 되돌아가는 방법을 알기 위해, 어떻게 13에서 169가 만들어지는지 살펴볼 것이다.

$$\begin{array}{r}
13 \\
\underline{13} \\
9 \\
\left.\begin{array}{r}30 \\ 30\end{array}\right\} \\
\underline{100} \\
169
\end{array}$$

10과 3이라는 두 부분으로 구성된 13은 제곱하면 169이다. 169는 10의 제곱인 100, 3의 제곱인 9, 그리고 10과 3의 곱의 2배로 구성된다. 이는 대수를 학습한 학생에게는 익숙할 것이며, 기하학적으로 보일 수 있다. 전체 정사각형은 13^2으로 측정되며, 정사각형의 부분들은 $10^2+2\times(10\times3)+3^2$으로 구성된다. 이제, 169에서 13으로 되돌아가 보자. 169가 100과 400 사이에 있는 수임을 보여주는 백의 자리 숫자 1은 제곱근의 십의 자리 숫자를 알려준다. 따라서 제곱근의 한 부분인 10을 알게 된다. 이 부분의 제곱은 100이고, 주어진 수의 나머지인 69는 다른 부분과 10을 곱한 것의 2배와 다른 부분의 제곱을 더한 것이어야 한다.

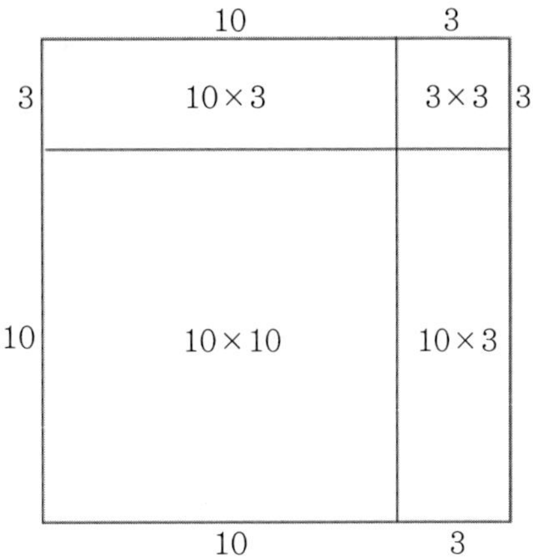


```
169|10
100
 69
```

따라서 10과 2를 곱하고, 69를 이 곱으로 나누면 다른 부분에 대한 단서를 얻을 수 있다. 69를 2×10, 즉 20으로 나누면, 몫이 3보다 조금 크다는 것을 알 수 있다. 이에, 69에서 20의 3배를 빼면 3의 제곱이 남아, 169의 제곱근을 얻게 된다. 분명히, 다음의 경우이다.

```
     169|10 + 3
     100
20 |  69
   |  60
       9 = 3²
```

이제 이 과정을 다음과 같이 조금 더 깔끔하게 써 보자.

$$
\begin{array}{rr|l}
 & 169 & 10+3 \\
 & 100 & \\
\left.\begin{array}{r} 20 \\ +3 \end{array}\right\} & \begin{array}{r} 69 \\ 69 \end{array} &
\end{array}
$$

필요 없는 0을 생략하여 다음과 같이 더욱 단순화할 수 있다.

$$
\begin{array}{rr|l}
 & 169 & 13 \\
 & 1 & \\
23 & 69 & \\
 & 69 &
\end{array}
$$

이제 학생은 모든 세 자리 수 또는 네 자리 수의 제곱근을 구할 수 있게 되었다. 더 큰 수의 제곱근에 대해 생각해 보기 전에, 1·69, 28·09와 같은 수[47]의 제곱근을 살펴보는 것이 좋을 것이다. 학생은 1·69의 제곱근이 1과 2 사이에 있고, 28·09의 제곱근은 5와 6 사이에 있음을 바로 알 것이다. 그리고 그 결과로 1·3, 5·3을 구함으로써 제곱근을 얻는 과정을 쉽게 완료할 수 있을 것이다. 그리고 이러한 문제가 이미 풀어본 것과 다르지 않다는 것을 스스로 발견할 것이다.

이제 큰 수의 제곱근을 살펴볼 준비가 되었다. 먼저 다음 표를 써 보자.

100^2	=	10000	
200^2	=	40000	
300^2	=	90000	
400^2	=	160000	
500^2	=	250000	$[1000^2 = 1000000]$
600^2	=	360000	
700^2	=	490000	
800^2	=	640000	
900^2	=	810000	

47) [역자 주] 원문에서는 1.69와 27.09를 제시하고 그 제곱근을 각각 1.3과 5.3이라고 언급하고 있다. 그러나 5.3의 제곱은 28.09이다. 이에, 원문의 오류를 수정하여 번역하였다.

표를 살펴보면 다섯 자리 수나 여섯 자리 수의 제곱근이 세 자리 수로 표현된다는 결론에 이를 것이다. 제곱근의 (왼쪽에서) 첫째 숫자는, 다섯 자리 수의 경우에는 그 수의 (왼쪽에서) 첫째 숫자에 의해 결정되고, 여섯 자리 수의 경우에는 그 수의 앞쪽 두 자리 숫자에 의해 결정된다. 따라서 16900의 제곱근은 백의 자리 숫자가 1이 되고, 270900의 제곱근은 백의 자리 숫자가 5가 될 것이다. 이어서, 곱셈을 통해 다음을 구할 수 있다.

$$230^2 = 52900$$
$$240^2 = 57600$$

따라서 (말하자면) 54756의 제곱근은 틀림없이 230과 240 사이에 있을 것이고, 제곱근의 앞쪽 두 자리 숫자는 23이어야 한다. 수 54756의 앞쪽 세 자리 숫자 547은 이것이 맞다는 것을 보여주기에 충분하다. 이제 54756의 제곱근을 찾는다고 가정해 보자.

분명히, 제곱근의 첫 부분은 200이다.

$$\begin{array}{l|l} 54756 & 200 \\ \underline{40000} & \\ 14756 & \end{array}$$

이제, 52900의 제곱근 230을 구하고자 했다면, 230은 200과 30이라는 두 부분으로 구성되고, 다음과 같이 계산했을 것이다.

$$\begin{array}{rl} & 52900 \;\big|\; 200+30 \\ & \underline{40000} \\ \left.\begin{array}{r} 200\times 2=400 \\ 30 \end{array}\right\} & \begin{array}{|l} 12900 \\ \hline 12900 \\ \hline \end{array} \end{array}$$

57600에 대해서도 마찬가지이다.

$$
\begin{array}{rr|l}
 & 57600 & 200+40 \\
 & 40000 & \\
200\times 2 = 400 & 17600 & \\
+\ \ 40 & 17600 & \\
\end{array}
$$

이제, 54756의 제곱근을 구할 때 둘째 숫자를 결정하는 방법을 분명히 알게 된다.

$$
\begin{array}{rr|l}
 & 54756 & 200+30 \\
 & 40000 & \\
200\times 2 = 400 & 14756 & \\
+\ \ 30 & 12900 & \\
 & 1856 & \\
\end{array}
$$

아직 제곱근의 일의 자리 숫자를 찾지 못했다. 그러나 이 시점에서 제곱근이 두 부분, 즉 230과 구하려는 부분으로 구성된다고 말할 수 있다. 앞의 경우와 같이 진행할 수 있다.

$$
\begin{array}{rr|l}
 & 54756 & 200+30+4 \\
 & 40000 & \\
400 & 14756 & \\
+\ 30 & & \\
430 & 12900 & \\
230\times 2 = 460 & 1856 & \\
+\ \ 4 & & \\
464 & 1856 & \\
\end{array}
$$

이 과정을 다음과 같이 단축할 수 있다.

```
            54756 |234
            4     ‾‾‾‾
     43   |147
          |129
    464     |1856
            |1856
```

학생이 다섯 자리 수나 여섯 자리 수의 제곱근을 구하는 연습을 하고 나면, 547·56, 5·4756, ·054756과 같은 수의 제곱근을 결정하는 데 어려움이 없을 것이다. 더 많은 자릿수로 표현된 수의 제곱근을 구하는 것으로 쉽게 확장할 수 있을 것이다. 또한 소수점 아래로 두 자리씩 표시해야 할 필요성과 중요성을 깨닫게 될 것이다.

지금까지 제곱근을 구할 수 있는 수에 대해 다루었다. 이는 예컨대 2의 제곱근, 5의 제곱근 등과 같이 제곱근에 대한 근삿값을 다루는 것으로 이어질 것이다. 그러나 제곱근에 대한 근삿값을 다루는 것은 본질적으로 새로운 것을 포함하지 않으므로, 여기서 논의하지 않을 것이다.

분수의 제곱근을 구하는 데 주의를 기울이면서 이 부분을 마무리할 것이다.

$$\frac{2}{3}\times\frac{2}{3}=\frac{4}{9}$$

$\frac{4}{9}$의 제곱근은 $\frac{\sqrt{4}}{\sqrt{9}}=\frac{2}{3}$이다.

분모의 제곱근이 자연수가 아닌 분수의 경우에는 다음과 같이 진행해야 한다. 다음과 같은 예를 살펴보자. $\sqrt{\frac{2}{3}}$:

$$\sqrt{\frac{2}{3}}=\sqrt{\frac{2\times 3}{3\times 3}}=\frac{\sqrt{6}}{3}$$

이 전략의 가치는 명백하다.

세제곱근

제곱근의 지도 방법을 매우 자세히 제시했기 때문에, 세제곱근에 대해서는 아주 간략히 설명해도 충분할 것이다.

세제곱과 세제곱근의 의미는 $3^3 = 27$과 같은 예로부터 알 수 있고, 정육면체의 기하학적인 예시도 사용할 수 있다. 학생은 다음의 표를 기억해야 한다.

$$
\begin{aligned}
1^3 &= 1 \\
2^3 &= 8 \\
3^3 &= 27 \\
4^3 &= 64 \\
5^3 &= 125 \quad [10^3 = 1000] \\
6^3 &= 216 \\
7^3 &= 343 \\
8^3 &= 512 \\
9^3 &= 729
\end{aligned}
$$

한 자리 수, 두 자리 수, 세 자리 수로 표현되는 모든 수의 세제곱근은 한 자리 수이다.

이어서, 다음과 같은 표도 있다.

$$
\begin{aligned}
10^3 &= 1000 \\
20^3 &= 8000 \\
30^3 &= 27000 \\
40^3 &= 64000 \\
50^3 &= 125000 \quad [100^3 = 1000000] \\
60^3 &= 216000 \\
70^3 &= 343000 \\
80^3 &= 512000 \\
90^3 &= 729000
\end{aligned}
$$

네 자리 수, 다섯 자리 수, 여섯 자리 수로 표현되는 모든 수의 세제곱근은 두 자리 수이다. 나아가, 수가 네 자리 수, 다섯 자리 수, 여섯 자리 수이므로, 세제곱근의 첫째 숫자는 각각 처음 수의 (왼쪽에서부터) 첫째 숫자, 앞쪽 두 자리 숫자, 앞쪽 세 자리 숫자로 결정된다. 따라서 수 2744, 39304, 357911의 세제곱근은 모두 두 자리 수로 표현될 것이고, 십의 자리 숫자는 수의 2, 39, 357에 의해 결정되어 각각 1, 3, 7이 된다.

수의 세제곱근을 구하려면, 수의 세제곱이 어떻게 형성되는지를 살펴보아야 한다. 14에 14를 곱하고 그 곱에 또 14를 곱하는 다음의 두 가지 방법을 확인하여 즉시 파악할 수 있다.

$$\begin{array}{rr}
10 + 4 & 14 \\
10 + 4 & 14 \\ \hline
(4 \times 10) + 4^2 & 56 \\
10^2 + (4 \times 10) \qquad & 14 \quad \\ \hline
10^2 + 2(4 \times 10) + 4^2 & 196 \\
10 + 4 & 14 \\ \hline
(4 \times 10^2) + 2(4^2 \times 10) + 4^3 & 784 \\
10^3 + 2(4 \times 10^2) + (4^2 \times 10) \qquad & 196 \quad \\ \hline
10^3 + 3(4 \times 10^2) + 3(4^2 \times 10) + 4^3 & 2744
\end{array}$$

14와 같은 수, 즉 10과 4처럼 두 부분으로 구성되어 있다고 간주되는 수의 세제곱은 첫째 부분의 세제곱, 첫째 부분의 제곱과 둘째 부분의 곱의 3배, 첫째 부분과 둘째 부분의 제곱의 곱의 3배, 둘째 부분의 세제곱으로 구성된다.

이제, 2744로부터 세제곱근으로 되돌아가고자 한다. 분명히, 세제곱근의 십의 자리 숫자는 1이다. 즉, 세제곱근의 첫째 부분은 10이다. 2744에서 10의 세제곱을 빼자.

$$\begin{array}{r|l} 2744 & 10 \\ \cline{2-2} 1000 & \\ \cline{1-1} 1744 & \end{array}$$

나머지는 세 부분으로 구성된다.

(1) 10의 제곱과 둘째 부분의 곱의 3배
(2) 10과 둘째 부분의 제곱의 곱의 3배
(3) 둘째 부분의 세제곱

이제 1744를 10의 제곱의 3배로 나누면, 세제곱근의 둘째 부분에 대한 단서를 얻을 수 있다. 나눗셈을 하여, 둘째 부분으로 5를 취할 수 있다.

$$\begin{array}{l r|l} & 2744 & 10+5 \\ \cline{3-3} & 1000 & \\ \cline{2-2} 3\times 10^2 = 300 & 1744 & \\ & 1500 & \\ \cline{2-2} & 244 & \end{array}$$

$3\times 10^2\times 5$를 빼면 244가 남는데, 이는 앞서 언급했던 부분 (2)와 (3)으로 구성되어야 한다. 그러나, 이 나머지가 충분히 크지 않다는 것을 알 수 있다. 둘째 부분으로 너무 큰 수를 취했기 때문이며, 따라서 더 작은 부분, 즉 4를 취한다.

$$\begin{array}{l r|l} & 2744 & 10+4 \\ \cline{3-3} & 1000 & \\ \cline{2-2} 3\times 10^2 = 300 & 1744 & \\ & 1200 & \\ \cline{2-2} & 544 & \end{array}$$

여기서 나머지는 $3\times10\times4^2+4^3$인 544이고, 따라서 세제곱근이 14라고 결론을 내린다.

또한 $1744=4(3\times10^2+4\times3\times10+4^2)$임을 알 수 있다. 이 과정은 다음과 같이 나타낼 수 있다.

$$
\begin{array}{rl|l}
 & & 2744\ \underline{|10+4} \\
 & & 1000 \\
\left.\begin{array}{r} 3\times10^2=300 \\ 4\times3\times10=120 \\ 4^2=\ \ 16 \end{array}\right\} & & \overline{|1744} \\
\overline{436} & & 1744
\end{array}
$$

이는 다음과 같이 더 단축할 수 있다.

$$
\begin{array}{rl|l}
 & & 2744\ \underline{|14} \\
 & & 1 \\
1^2\times300=300 & & \overline{|1744} \\
1\times4\times30=120 & & \\
4^2=\ \ 16 & & \\
\overline{436} & & 1744
\end{array}
$$

이 방법을 한층 발전시키는 것은 제곱근에서 했던 것과 유사한 방법을 따를 것이다. 814780504와 같이 7~9개의 숫자로 구성된 수의 세제곱근을 구하는 경우는 과정을 어떻게 간략히 할 수 있는지 보여주는 정도로만 지면을 사용할 것이다.

			814 780 504	934
			729	
$90^2 \times 3$	=	24300	85 780	
$3 \times 90 \times 3$	=	810		
3^2	=	9		
$3 \times 90^2 + 3 \times (3 \times 90) + 3^2$	=	25119	75 357	
		9	10 423 504	
		2594700		
		11160		
		16		
		2605876	10 423 504	

셋째 숫자를 결정할 시점에 이르면, 93의 제곱의 3배, 즉 $3(90^2 + 2 \times 90 \times 3 + 3^2)$을 구해야 한다. 이제 위에서 제시한 것처럼, 810은 $3 \times 90 \times 3$이고, 9는 3^2이며, 25119는 $3 \times 90^2 + 3 \times 90 \times 3 + 3^2$이다. 따라서, 810, 9, 25119의 합에 3의 제곱인 9를 더하면, 93의 제곱의 3배를 구한 것이 된다. 이 결과에 0을 2개 붙이면, 93의 제곱의 300배가 된다.

이 전략은 각각의 이어지는 단계에서 이미 구한 부분의 제곱의 300배가 필요할 때 사용할 수 있다.

다음을 언급하면서 이 장을 마무리하고자 한다. 어떠한 수의 네제곱근은 제곱근의 제곱근을 구하여 찾을 수 있고, 여섯제곱근은 세제곱근의 제곱근을 구하여 찾을 수 있다.

수의 심리학과 산술 교수법

초판 발행 2020년 8월 25일
초판 2쇄 발행 2023년 9월 15일

지은이 James A. McLellan · John Dewey
옮긴이 장혜원 · 임미인 · 신새미
펴낸이 오판근
펴낸곳 (주) 교우
주 소 서울시 동대문구 약령시로 8 교우빌딩 2층 (주)교우
전 화 02-925-2861 / **팩 스** 02-925-2860, **편집부** 02-925-2825
홈페이지&북스토어 www.kyowoo.co.kr / 이메일 kyowoo@kyowoo.co.kr

등 록 1994년 3월 24일 제1994-000013호
ISBN 979-11-251-0321-9 (93410)

Published by Kyowoo Co., Ltd. Printed in Korea

(주) 교우는 보다 혁신적이고 참신한 도서를 다양하게 기획하고 있습니다.
책으로 펴내고자 하는 아이디어나 원고는 메일로 보내주세요.
(주) 교우는 전 과정을 책임지고 최선을 다하겠습니다.

값 20,000원

교우미디어는 (주) 교우의 Imprint 사입니다.
수학정원·과학정원은 (주) 교우의 새로운 브랜드명입니다.

잘못된 책은 구입하신 서점에서 교환해 드립니다.